新工科工程型人才培养计算机类系列教材

云计算导论

（第二版）

主　编　许　豪

副主编　曹　蕾　王新超

主　审　刘黎明

西安电子科技大学出版社

内 容 简 介

本书在第一版基础上做了局部修订。全书仍然围绕云计算的基础内容进行讲解，包括云计算的基本概念、基本特征，云计算相关技术，以及云计算在现实生活中的应用领域，云计算的安全和未来面临的问题等。本书首先对云计算、云服务等基本概念进行了细致讲解，从云计算的实现角度分析了当今主流的云计算技术及云管理平台，并针对不同的云计算模型，结合具体实例进行分析；然后从安全的角度对云计算中可能出现的问题进行了分析，并且给出了对应的防护策略和方法；最后对云计算的发展与面临的问题进行了展望，简单描绘了云计算的未来前景。

本书不仅从理论上对云计算进行了讲解，而且结合了大量具体实例进行分析，实用性强。本书适合作为高等院校云计算课程的教材，也可作为云计算爱好者以及相关技术开发人员的参考用书。

图书在版编目(CIP)数据

云计算导论 / 许豪主编. —2 版. —西安: 西安电子科技大学出版社，2021.12(2023.6 重印)
ISBN 978-7-5606-6027-1

Ⅰ. ①云…　　Ⅱ. ①许…　　Ⅲ. ①云计算　　Ⅳ. ①TP393.027

中国版本图书馆 CIP 数据核字(2021)第 245188 号

策　　划　　李惠萍　　戚文艳
责任编辑　　李惠萍
出版发行　　西安电子科技大学出版社(西安市太白南路 2 号)
电　　话　　(029)88202421　88201467　　　　邮　　编　　710071
网　　址　　www.xduph.com　　　　　　　　电子邮箱　　xdupfxb001@163.com
经　　销　　新华书店
印刷单位　　陕西天意印务有限责任公司
版　　次　　2021 年 12 月第 2 版　2023 年 6 月第 3 次印刷
开　　本　　787 毫米×1092 毫米　1/16　印张　15
字　　数　　350 千字
印　　数　　1101～2100 册
定　　价　　38.00 元
ISBN 978-7-5606-6027-1 / TP
XDUP 6329002-3
*** 如有印装问题可调换 ***

前　言

　　自本书第一版面市以来，已历经六个春秋。其间，云计算技术发展日新月异、突飞猛进，第一版的内容已经稍显滞后，因此我们在第一版基础之上，对部分内容进行了修订补充。本次修订内容如下：

　　第四章增加了"4.4 容器"一节，该节主要对一种新的虚拟化技术即容器技术进行了简单讲解，以一个开源的应用容器引擎 Docker 为例，简单介绍容器技术的实现和应用。第六章增加了"6.4 混合云解决方案——华为云"一节，该节主要从计算、存储、网络三个方面讲解华为云的组成、功能、特点等。第七章增加了"7.4 云安全标准"和"7.5 云安全相关法律法规"两节，完善了与云相关的法律法规介绍。本书其余部分未做较大变动，仅对个别段落内容进行了修改、补充和完善。

　　全书仍然分为八章。第一章从云计算的发展演进过程入手，简单地阐述了云计算思想的演化过程，并且对云计算的概念与特征进行了描述，接着介绍了云计算的商业模式。为了让读者对云计算有一个感性的认识，在第一章结尾列举了一系列云计算在当前的应用。第二章基于云计算提出云服务的概念，着重讲解云服务的概念、类型、关键技术及云服务的体系架构；在此基础上，对云服务的三种类型即 IaaS、PaaS、SaaS 进行了讲解分析；最后又从云服务的部署角度出发，阐述了公有云、私有云、混合云的概念。第三至五章主要围绕云计算的相关技术展开讨论。第三章主要讲解云计算中的数据处理技术，并借此对大数据的概念进行了讲解分析，然后从技术层面把云计算中的数据处理抽象成两大部分——数据管理和数据存储，基于此，分别从云存储和并行编程两个方面进行介绍，并且针对某些技术给出具体的实例分析。第四章主要讲解实现云计算的关键技术，即虚拟化技术，分别讲解虚拟化的概念、发展历程和分类，并且对实现虚拟化的技术进行了简单介绍。本章最后列举出当前主流的虚拟化产品，针对每种产品简单分析其架构并且给出具体的配置步骤。第五章主要讲解云计算管理平台技术，阐明云计算管理平台的概念和作用，分析云计算管理平台的相关技术，列举出常见的云计算管理平台及每个平台的特点。通过学习这三章的知识可以让读者对云计算技术有一个全面深入的了解。第六章主要从技术实现的角度对三种不同的云计算模式中的典型应用案例进行了分析。首先以 Amazon 和 Google 的云计算解决方案为例，简单讲解这两个公司在实现云计算中所采用的主要技术。然后对国内新兴云计算公司奇观科技的云桌面解决方案进行了分析，让读者对云计算的实现过程有更直观的理解。第七章主要从云安全角度对云计算进行分析，提出了云安全面临的问题，并给出了相应的防护策略和解决方法，最后介绍了云安全标准及相关的法律法规。第八章对云计算的未来进行了展望，简单描述了云计算未来面临的问题。

本书第二版得以成稿首先要感谢西安电子科技大学出版社李惠萍老师的大力支持、督促与悉心指导，感谢其在写作过程中给予的帮助和建议，没有这些宝贵的指导意见，本书的写作过程将无法展开。

其次，要感谢奇观科技有限公司杨志森经理，感谢其在本书的写作过程中给予的无私帮助，没有其提供的参考资料，本书的部分内容将无法完成。

还要感谢南阳理工学院计算机与软件学院刘黎明院长、移动教研室主任王耀宽先生的大力支持，没有他们的督促与帮助，本书也不会如期定稿。

本书由南阳理工学院计算机与软件学院许豪任主编，南阳理工学院计算机与软件学院曹蕾和南阳农业职业学院王新超任副主编。其中许豪负责第四、六、八章的编写修订工作，王新超负责第二、三、七章的编写修订工作，曹蕾负责第一、五章的编写修订工作。

由于编者水平有限，书中难免有不妥之处，敬请各位读者批评指正。编者的电子邮箱是 xuhao@nyist.edu.cn。

编　者
2021 年 11 月
于南阳理工学院计算机与软件学院

目　录

第一章 云计算的演进

云计算从一出现就受到 Amazon、Google、IBM、阿里巴巴等互联网巨头们的热捧，众多投资资金涌入这个市场。云计算到底是什么，为何会有这么大的魅力，如此吸引大家的目光？本章重点介绍云计算的由来以及演进过程，帮助读者对云计算形成一个初步认识。

1.1 云计算的由来

米兰·昆德拉曾说：生活是一棵充满无限可能的树。几百年前的人们一定想不到人类居然可以上天，甚至飞出地球外再平安归来。他们也一定想不到未来人类不再需要厚厚的文件包、几十平方米的资料库、相片册甚至是纸和笔。随着时间的推移，我们的存储设备外形越来越小，内存却越来越大，而这种"无限小"和"无限大"的趋势也将继续向它的极值接近。终于在 2006 年，人们归纳并总结了这一技术，还给其起了一个好听的名字——"云"。

名字虽新，但"云"所涵盖的内容从互联网诞生以来就一直存在。随着"云"的出现，其后附加的技术、服务、计算的概念在不断地深入、升级。

在云计算概念诞生之前，很多公司就可以通过互联网提供诸多服务，比如订票、地图查询、搜索以及其他硬件租赁业务。随着服务内容和用户规模的不断增加，人们对于服务的可靠性、可用性的需求也急剧增加，这种需求的变化通过集群等方式很难满足，需要通过在各地建设数据中心来达成。对于像 Google 和 Amazon(亚马逊)这样有实力的大公司来说，有能力建设分散于全球各地的数据中心来满足各自业务发展的需求，并且有富裕的可用资源，于是 Google、Amazon 等就可以将自己的基础设施能力作为服务提供给相关的用户，这就是云计算的由来。在云计算的概念诞生之后，从 IBM、Google、Amazon 到 Dell、Microsoft 等，这些公司都在不遗余力地推进云计算的发展，并且都从各自的角度诠释着云计算以及相关的应用。

早在 20 世纪 60 年代，麦卡锡(John McCarthy)就提出把计算能力作为一种像水和电一样的公共事业提供给用户。云计算的第一个里程碑是 1999 年 Salesforce.com 提出的通过网站提供企业级应用的概念；另一个重要进展是 2002 年亚马逊提供了一组包括存储空间、计算能力甚至人力智能等资源服务的 Web Service；2005 年亚马逊又提出了弹性计算云(Elastic

Compute Cloud)，也称亚马逊 EC2 的 Web Service，允许小企业和私人租用亚马逊的计算机来运行它们自己的应用。到了 2008 年，几乎所有的主流 IT 厂商开始谈论云计算，既包括硬件厂商(IBM、HP、Intel、Cisco、SUN 等)、软件厂商(Microsoft、Oracle、VMware 等)，也包括互联网服务提供商(Google、Amazon、Salesforce 等)和电信运营商(中国移动、中国电信、AT&T 等)，当然还有一些小的 IT 企业也将云计算作为企业发展战略。这些企业覆盖了整个 IT 产业链，也构成了完整的云计算生态系统。

1.1.1 思想演化

云计算是指将计算分布在大量的分布式计算机上，而非本地计算机或远程服务器中，企业数据中心的运行将与互联网更相似，这使得企业能够将资源切换到需要的应用上，根据需求访问计算机和存储系统。这好比是从古老的单台发电机模式转向了电厂集中供电的模式，它意味着计算能力也可以作为一种商品进行流通，就像天然气、水、电一样，取用方便，费用低廉，云计算最大的不同在于它是通过互联网进行传输的。

云计算在思想方面主要经历了 4 个阶段才发展到比较成熟的水平，这 4 个阶段按照时间顺序依次是电厂模式、效用计算、网格计算和云计算，如图 1-1 所示。

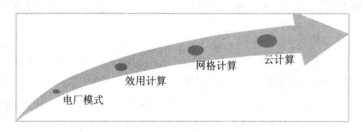

图 1-1 云计算思想方面的发展历程

1. 电厂模式

由于 IT 行业是一个相对新兴的行业，所以从其他行业取经是其发展不可或缺的一步，例如从建筑行业引入"模式"这个概念。虽然在 IT 界，电厂这个概念不像"模式"那样炙手可热，但其影响是深远的，而且有许许多多的 IT 人在不断地实践着这个理念。电厂模式的意思是利用电厂的规模效应来降低电力的价格，并让用户使用起来更方便，且无需维护和购买任何发电设备。

2. 效用计算

在 1960 年左右，计算设备的价格是非常高昂的，远非普通企业、学校和机构所能承受，所以很多人产生了共享计算资源的想法。特别是在 1961 年，人工智能之父麦卡锡在一次会议上提出了"效用计算"(Utility Computing)这个概念，其核心是借鉴了上面所提到的电厂模式，具体目标是整合分散在各地的服务器、存储系统以及应用程序供多个用户共享，让用户能够像把灯泡插入灯座一样使用计算机资源，并且根据其所使用的量来付费。接着，在 1966 年，D. F. Parkhill 在其经典著作《计算机效用事业的挑战》中也提出了类似的观点，但由于当时整个 IT 产业还处于发展初期，很多强大的技术还未诞生，比如互联网，所以虽然这个想法一直都为人称道，但是总体而言却"叫好不叫座"。直到 Internet 迅速发展和成熟后,才使效用计算成为可能,它解决了传统计算机资源、网络以及应用程序的使用方法变得越来越复杂并且管理成本越来越高的问题,按需分配的特点为企业节省了大量时间和设备成本,从而使企业能够将更多的资源放在自身业务的发展上。

3. 网格计算

网格计算是一种分布式计算模式。网格计算技术将分散在网络中的空闲服务器、存储系统和网络连接在一起,形成一个整合系统,为用户提供功能强大的计算机存储能力来处理特定的任务。对于使用网格的最终用户或应用程序来说,网格看起来就像是一个拥有超强性能的虚拟计算机。网格计算的本质在于以高效的方式来管理各种加入了该分布式系统的异构松耦合资源,并通过任务调度来协调这些资源合作完成一项特定的计算任务。网格计算中的网格,也就是"grid",其英文原意是指电力网格,所以其核心含义与上面的效用计算非常接近,但是它的侧重点略有不同。网格计算研究如何把一个需要非常巨大的计算能力才能解决的问题分成许多小的部分,然后把这些部分分配给许多低性能的计算机来处理,最后把这些计算结果综合起来来解决大问题。可惜的是,由于网格计算在商业模式、技术和安全性方面存在不足,它并没有在工程界和商业界取得预期的成功。但在学术界,它还是有一定的应用的,比如用于寻找外星人的"SETI"计划等。

4. 云计算

云计算的核心与前面的效用计算和网格计算非常类似,也是希望IT技术能像使用电力那样方便,并且成本低廉。云计算基本继承了效用计算所提倡的资源按需供应和用户按使用量付费的理念。网格计算为云计算提供了基本的框架支持。云计算和网格计算都希望将本地计算机上的计算能力通过互联网转移到网络计算机上。但与效用计算和网格计算不同的是,云计算在需求方面已经有了一定的规模,同时在技术方面也已经基本成熟了。因此,与效用计算和网格计算相比,云计算的发展将更脚踏实地。

1.1.2 技术支撑

如果没有强大的技术作为基础,云计算也只能是"空中楼阁"。云计算主要有5大类技术支持,分别为摩尔定律、网络设施、Web技术、系统虚拟化和移动设备,如图1-2所示。

图1-2 云计算5大类技术支持

1. 摩尔定律

摩尔定律依旧推动着整个硬件产业的发展,芯片、内存和硬盘等硬件设备在性能和容量方面也得到了极大的提升。在这方面,最明显的例子莫过于芯片。虽然在单线程性能方面,它并没有像奔腾时代那样突飞猛进,但是已经非常强悍了,再加上多核配置,它的整体性能已达到前所未有的水平。比如,最新的x64芯片在性能上已经是40多年前的8086的2000多倍,而用于手机等低能耗移动设备的ARM芯片在性能上比过去的大型主机上的芯片都强大得多，同时，这些硬件设备的价格也比过去更加便宜。此外，诸如 SSD 和 GPU 等新兴产品的出现都极大地推动了 IT 产业的发展。可以说，摩尔定律为云计算提供了充足的"动力"。

2．网络设施

由于光纤入户技术不断普及，根据测速网大数据统计，2020 年第三季度宽带平均下载网速达到 99.75 Mb/s 以上，平均上传网速达到 35.92 Mb/s 以上，基本满足了大多数服务的需求，其中包括视频等多媒体服务。再加上无线网络和移动通信的不断发展，人们在任何时间、任何地点都能使用互联网。互联网早已不再像过去那样是一种奢侈品，而是逐渐演变为社会的基础设施，并使得终端和云紧紧地连在一起。

3．Web 技术

Web 技术经过 20 世纪 90 年代的"混沌期"和 21 世纪初的"阵痛期"，已经进入"快速发展期"。随着 Java Applets、VRML、AJAX、jQuery、Flash、Silverlight 和 HTML 等 Web 技术的不断发展，Chrome、Firefox 和 Safari 等性能出色、功能强大的浏览器不断涌现，Web 已经不再是简单的页面。在用户体验方面，Web 已经越来越接近桌面应用，这样用户只要通过互联网与云连上，就能通过浏览器使用各种功能强大的 Web 应用。

4．系统虚拟化

虽然 x86 芯片的性能已经非常强大了，但每台 x86 服务器的利用率还非常低，可以说在能源和购置成本等方面的浪费极大。但随着 VMware 的 VSP 和开源的 Xen 等基于 x86 架构的系统虚拟化技术的发展，一台服务器能整合过去多台服务器的负载，从而有效地提升硬件的利用率，并减少能源的浪费，降低硬件的购置成本。更重要的是，这些技术有效地提升了数据中心自动化管理的程度，从而极大地减少了在管理方面的投入，使云计算中心的管理更加智能。

5．移动设备

随着苹果 iOS 和 Android 等智能手机系统的不断发展和普及，手机这样的移动设备已经不仅仅是一个移动电话而已，更是一个完善的信息终端，通过它们，可以轻松访问互联网上的信息和应用。由于移动设备整体功能越来越接近台式机，通过这些移动设备能够随时随地访问云中的服务，所以移动设备广泛使用。

由上述讨论可知，云计算并不是突发奇想，而是思想和技术两方面不断成熟和发展的产物。

1.2 云计算的概念与特征

云计算在互联网中炙手可热，那么什么是云计算？它有什么特征？下面我们将对云计算的相关概念做详细介绍。

1.2.1 云计算的基本概念

对云计算的定义有多种说法。到底什么是云计算，至少可以找到 100 种解释。广为人们接受的是美国国家标准与技术研究院(NIST)的定义：云计算是一种按使用量付费的模式，这种模式提供可用的、便捷的、按需的网络访问，进入可配置的计算资源共享池(资源包括网络、服务器、存储、应用软件、服务)，这些资源能够快速提供给用户使用，只需投入很少的管理工作，或与服务供应商进行很少的交互。图 1-3 简单示出了云计算的服务方式。

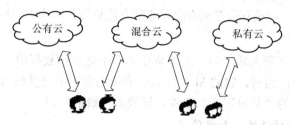

Internet 应用　　　企业或者组织内部 Internet 用户

图 1-3 云计算服务方式

关于云计算的分类，按照是否公开发布服务可将云计算分为公有云(Public clouds)、私有云(Private clouds)、混合云(Mixed clouds)。如表 1-1 所示，它们在服务对象、提供商以及主要目标客户群等方面也有所区别。下面我们简单介绍一下这三种云的特点。

表 1-1　几类云市场的比较

特　征	公　有　云	私　有　云	混　合　云
服务对象	所有用户都可以订购和使用	为某个企业服务，企业成员(或部分)可以使用	部署了私有云的企业用户同时又对公有云有需求
提供商	互联网企业、IT 企业、电信运营商	IT 企业、电信运营商	互联网企业、电信运营商、IT 企业
主要目标客户群	中小型企业、开发者、个人，将大部分 IT 需求托管到公有云上	大中型政企机构(如金融、证券)，大部分自主部署 IT	高校、医院、政府机构、企业(制造、物流、互联网、开发机构等)。部分业务基于自有 IT，部分业务外包给公有云提供商
发展现状	Amazon、Salesforce、Google 等提供的服务已具规模，但总体规模仍然较小	世界 500 强企业中的大部分已经建立或正在部署私有云。大部分大型金融企业、电信运营商都搭建了私有云	部分私有云用户(如宝洁、思科等)开始尝试使用混合云

1. 私有云

私有云是为一个客户(企业)单独使用而构建的，因而提供对数据、安全性和服务质量的最有效的控制。该企业拥有基础设施，并可以控制在此基础设施上部署应用程序的方式。私有云可以部署在企业数据中心的防火墙内，也可以将它们部署在一个安全的主机托管场所，私有云的核心属性是专有资源。

私有云有什么特点呢？我们可以将其大致归纳如下。

1）数据安全

虽然每个公有云的提供商都对外宣称，其服务在各方面都是非常安全的，特别是对数据的管理。但是对企业而言，特别是对大型企业而言，和业务有关的数据是他们的生命线，是不能受到任何形式的威胁的，所以短期而言，大型企业是不会将其 Mission-Critical 的应用放到公有云上运行的。而私有云在这方面是非常有优势的，因为它一般都构筑在防火墙后。

2）SLA(服务质量)

因为私有云一般在防火墙之后，而不是在某一个遥远的数据中心，所以当公司员工访问那些基于私有云的应用时，它的 SLA 应该会非常稳定，不会受到网络不稳定的影响，比如 2009 年 5 月 19 日的"暴风影音"事件，导致大规模的断网。

3）充分利用现有硬件资源和软件资源

大家知道，每个公司，特别是大公司，都会有很多老旧版本的应用程序，而且这些老旧版本的应用程序大多都是其核心应用。很多老旧版本的应用程序都是用静态语言编写的，以 Cobol、C、C++ 和 Java 为主，而公有云的技术虽然很先进，但对这些语言的支持很一般。私有云在这方面就不错，比如通过 IBM 的 Cloudburst 系统能非常方便地构建基于 Java 的私有云。而且一些私有云的工具能够利用企业现有的硬件资源来构建云，这样将极大降低企业的开销。

4）不影响现有IT管理的流程

对大型企业而言，流程是其管理的核心，如果没有完善的流程，企业将会成为一盘散沙。不仅与业务有关的流程非常繁多，而且 IT 部门的流程也不少，比如那些和 Sarbanes-Oxley 相关的流程，并且这些流程对 IT 部门非常关键。在这方面，公有云很吃亏，因为假如使用公有云的话，将会对 IT 部门的流程有很多的冲击，比如在数据管理方面和安全规定等方面。而对于私有云，因为它一般是设在防火墙内的，所以对 IT 部门流程冲击不大。

2. 公有云

公有云通常指第三方提供商为用户提供的能够使用的云。公有云一般可通过 Internet 使用，可能是免费或成本低廉的。这种云有许多实例，可在整个开放的公有网络中提供服务。下面我们重点介绍公有云的特点。

1）云计算的安全性

云计算提供了最可靠、最安全的数据存储中心，用户不用再担心数据丢失、病毒入侵等麻烦的产生。

很多人觉得数据只有保存在自己看得见、摸得着的电脑里才最安全，其实不然。你的电脑可能会因为自己不小心而被损坏，或者被病毒攻击，导致硬盘上的数据无法恢复，而有机会接触你的电脑的不法之徒则可能利用各种机会窃取你的数据。而当你把文档保存在类似 Google Docs 的网络服务器上，或把自己的照片上传到类似 Google Picasa Web 的网络相册里时，你就再也不用担心数据的丢失或损坏了。因为在"云"的另一端，有全世界最专业的团队来帮你管理信息，有全世界最先进的数据中心来帮你保存数据。同时，严格的权限管理策略可以帮助你放心地与你指定的人共享数据。这样，你不用花钱就可以享受到最好、最安全的服务，甚至比在银行里存钱还方便。

2) 云计算的方便性

云计算对用户端的设备要求最低，使用起来也最方便。

大家都有过维护个人电脑上种类繁多的应用软件的经历。为了使用某个最新的操作系统，或使用某个软件的最新版本，我们必须不断升级自己的电脑硬件。为了打开朋友发来的某种格式的文档，我们不得不疯狂寻找并下载某个应用软件。为了防止在下载时引入病毒，我们不得不反复安装杀毒和防火墙软件。所有这些麻烦事加在一起，对于一个刚刚接触计算机、刚刚接触网络的新手来说简直是一场噩梦！如果你再也无法忍受这样的电脑使用体验，云计算也许是你的最好选择。你只要有一台可以上网的电脑，有一个你喜欢的浏览器，你要做的就是在浏览器中键入 URL，然后尽情享受云计算带给你的无限乐趣。

你可以在浏览器中直接编辑存储在"云"的另一端的文档，你可以随时与朋友分享信息，再也不用担心你的软件是否是最新版本，再也不用为软件或文档染上病毒而发愁。因为在"云"的另一端，有专业的 IT 人员帮你维护硬件，帮你安装和升级软件，帮你防范病毒和各类网络攻击，帮你做你以前在个人电脑上所做的一切。

3) 数据共享

云计算可以轻松实现不同设备间的数据与应用共享。

大家不妨回想一下，你自己的联系人信息是如何保存的。一个最常见的情形是，你的手机里存储了几百个联系人的电话号码，你的个人电脑或笔记本电脑里则存储了几百个电子邮件地址。为了方便在出差时发邮件，你不得不在个人电脑和笔记本电脑之间定期同步联系人信息。如果买了新的手机，那你就不得不在旧手机和新手机之间同步电话号码，还有你的 PDA 以及你办公室里的电脑。考虑到不同设备的数据同步方法种类繁多、操作复杂，要在许多不同的设备之间保存和维护最新的一份联系人信息，你必须为此付出难以计数的时间和精力。这时，你真的需要用云计算来让一切都变得更简单。在云计算的网络应用模式中，数据只有一份，保存在"云"的另一端，你的所有电子设备只需要连接到互联网上，就可以同时访问和使用同一份数据。假设离开了云计算，仍然以联系人信息的管理为例，当你使用网络服务来管理所有联系人的信息后，你可以在任何地方、任何一台电脑上找到某个朋友的电子邮件地址，可以在任何一部手机上直接拨通朋友的电话号码，也可以把某个联系人的电子名片快速分享给好几个朋友。当然，这一切都是在严格的安全管理机制下进行的，只有对数据拥有访问权限的人，才可以使用或与他人分享这份数据。

4) 无限可能

云计算为我们使用网络提供了几乎无限多的可能。

云计算为存储和管理数据提供了几乎无限多的空间，也为我们完成各类应用提供了几乎无限强大的计算能力。想象一下，当你驾车出游的时候，只要用手机连入网络，就可以直接看到自己所在地区的卫星地图和实时的交通状况，可以快速查询自己预设的行车路线，可以请网络上的好友推荐附近最好的景区和餐馆，可以快速预订目的地的宾馆，还可以把自己刚刚拍摄的照片或视频剪辑分享给远方的亲友……互联网的精神实质是自由、平等和分享。作为一种最能体现互联网精神的计算模型，云计算必将展示出强大的生命力，并将从多个方面改变我们的工作和生活。无论是普通网络用户，还是企业员工，无论是 IT 管理者，还是软件开发人员，大家都能亲身体验到这种改变。

3. 混合云

混合云融合了公有云和私有云，是近年来云计算的主要模式和发展方向。我们已经知道私有云主要是面向企业用户的，出于安全考虑，企业更愿意将数据存放在私有云中，但是同时又希望可以获得公有云的计算资源，在这种情况下混合云被越来越多地采用，它将公有云和私有云进行混合和匹配，以获得最佳的效果，这种个性化的解决方案达到了既省钱又安全的目的。

混合云在公有云和私有云的特点的基础上，存在以下特点。

1) 更完美

私有云的安全性是超越公有云的，而公有云的计算资源又是私有云无法企及的。在这种矛与盾的情况下，混合云完美地解决了这个问题，它既可以利用私有云的安全，将内部重要数据保存在本地数据中心，同时又可以使用公有云的计算资源，更高效快捷地完成工作。相比私有云或是公有云，混合云都更加完美。

2) 可扩展

混合云突破了私有云的硬件限制，利用公有云的可扩展性，可以随时获取更高的计算能力。企业通过把非机密功能移动到公有云区域，可以降低对内部私有云的压力和需求。

3) 更节省

混合云可以有效地降低成本。企业既可以使用公有云，又可以使用私有云，可以将应用程序和数据放在最适合的平台上，获得最佳的利益组合。

1.2.2 云计算的基本特征

对于云计算，业内不同的人从不同的角度看过去，会有不同的定义。那么云计算有什么特征呢？也许从不同的角度看，云计算也有不同的特点。下面我们分析云计算的特征。

1. 超大规模

"云"具有相当的规模。Google 云计算已经拥有 100 多万台服务器，Amazon、IBM、微软、Yahoo 等的"云"均拥有几十万台服务器。企业私有云一般拥有数百甚至上千台服务器。"云"能赋予用户前所未有的计算能力。

2. 虚拟化

虚拟化是指通过虚拟化技术将一台计算机虚拟为多台逻辑计算机。在一台计算机上同时运行多个逻辑计算机，每个逻辑计算机可运行不同的操作系统，并且应用程序都可以在相互独立的空间内运行而互不影响，从而显著提高计算机的工作效率。

虚拟化使用软件的方法重新定义并划分 IT 资源，可以实现 IT 资源的动态分配、灵活调度、跨域共享，提高 IT 资源利用率，使 IT 资源能够真正成为社会基础设施，服务于各行各业中灵活多变的应用需求。

云计算支持用户在任意位置、使用各种终端获取应用服务。所请求的资源来自"云"，而不是固定的有形实体。应用在"云"中某处运行，但实际上用户无需了解、也不用担心应用运行的具体位置。只需要一台笔记本或者一部手机，就可以通过网络服务来实现我们需要的一切，甚至包括超级计算这样的任务。

云计算通过提供虚拟化、容错和并行处理等软件将传统的计算、网络、存储资源转化成可以弹性伸缩的服务。云计算通过资源抽象特性(通常会采用相应的虚拟化技术)来实现云的灵活性和应用的广泛支持性。使用者所请求的资源来自"云"，而不是固定的有形实体。应用在"云"中某处运行，最终用户不知道云端的应用运行的具体物理资源位置，同时云计算支持用户在任意位置使用各种终端获取应用服务。用户虽然并不控制或了解这些资源池的准确划分，但可以知道这些资源池在哪个行政区域或数据中心。

3. 高可靠性

"云"使用了数据多副本容错、计算节点同构可互换等措施来保障服务的高可靠性，使用云计算比使用本地计算机更为可靠。

4. 通用性

云计算不针对特定的应用，在"云"的支撑下可以构造出千变万化的应用，同一个"云"可以同时支撑不同的应用运行。

5. 高扩展性

"云"的规模可以动态伸缩，满足应用和用户规模不断增长的需要。

6. 按需服务

"云"是一个庞大的资源池，按需购买，云可以像自来水、电、煤气那样计费。大规模、多租户、高安全、高可靠是云计算的特征。"云"是一个庞大的资源池，用户按需购买，无需同服务提供商交互就可以自动地得到自助的计算资源能力，如服务器的时间、网络存储等(资源的自助服务)。服务使用者只需具备基本的 IT 常识，经过一般业务培训就可使用服务，无需经过专业的 IT 培训(现有 IT 用户需要经过专业的 IT 培训和认证)。自助服务的内容包括服务的申请/订购、使用、管理、注销等。

7. 极其廉价

由于"云"的特殊容错措施，人们可以采用极其廉价的节点来构成"云"，"云"的自动化集中式管理使大量企业无需负担日益高昂的数据中心管理成本，"云"的通用性使资源的利用率较之传统系统大幅提升，因此用户可以充分享受"云"的低成本优势，经常只要花费几百美元、几天时间就能完成以前需要数万美元、数月时间才能完成的任务。

云计算可以彻底改变人类未来的生活，但同时也要重视环境问题，这样才能真正为人类进步作出贡献，而不是简单的技术提升。

8. 节能环保

通过虚拟化、效用计算等技术，云计算极大地提高了硬件的利用率，并可以均衡不同物理服务器的计算负载，减少能源浪费。

1.3 云计算的发展现状

中国信息通信研究院发布的《云计算发展白皮书（2019）》显示，2018 年我国云计算市场规模达 962.8 亿元人民币（2019 年将突破千亿元），增速达 39.2%。2018 年公有云市场规模达 437 亿元，比 2017 年增长 65.2%，到 2022 年市场规模将达到 1731 亿元；2018 年私有云市场规模达 525 亿元，较 2017 年增长 23.1%，到 2022 年市场规模将达 1172 亿元。云计算概念方兴未艾，其商用市场上硝烟四起。尽早进入市场的好处显而易见：赢得良好的公关形象，吸引业界的关注，通过与学界和自由智库的磨合不断发展自己的技术。更为关键的是，云计算被视为将用户从桌面推向互联网的关键一步。云计算技术借鉴了多种成熟技术，并在发展的过程中对各种技术加以演进。因此，它也得到了像 Google、Amazon、IBM、Sun 等大公司的支持，这些大公司成为使用云计算技术的先行者。另外，云计算还被 Salesforce、中国移动、阿里巴巴、VMware、Facebook、YouTube 等公司成功地应用在自己所开发的产品中。下面将以几个公司对云计算技术的使用为例，简单介绍云计算当前的发展现状。

1. Amazon

Amazon 公司是率先提出云计算的商家。作为一家超大型零售企业，亚马逊在设计和规划自身电子商务系统 IT 架构的时候，不得不为了应对销售峰值去购买更多的 IT 设备。但是，这些设备平时却处于空闲状态，这在零售企业看来相当不划算。一个精于商务的公司肯定会想办法解决这个问题。正是这种情况让亚马逊有了发展云计算的初衷。亚马逊发现，假如可以运用自身在网站优化上的技术和经验优势，就可以将这些设备、技术和经验作为一种打包产品，为其他企业提供服务，那么闲置的 IT 设备就会创造价值。看似有些"无心插柳"，但任何技术都源于需求——亚马逊自身就是云计算的最早用户。除了满足自身的需求外，同时 Amazon 使用弹性计算云(EC2)和简单存储服务(S3)为企业提供计算和存储服务。收费的服务项目包括存储服务器、贷款、CPU 资源及月租费。月租费与电话月租费类似，存储服务器、带宽按容量收费，CPU 根据时长(小时)运算量收费。Amazon 把云计算做成一个大生意却没有花太长的时间，不到两年时间，Amazon 上的注册开发人员达 44 万人，还有为数众多的企业级用户。由第三方统计机构提供的数据显示，Amazon 与云计算相关的业务收入已达 1 亿美元。云计算是 Amazon 增长最快的业务之一。

2. Google

Google(以下亦称谷歌)当数最大的云计算的使用者。谷歌公司围绕因特网搜索创建了一种超动力商业模式。后来，他们又以应用托管、企业搜索以及其他更多形式向企业开放了他们的"云"。Google 值得称颂的是它不保守。它早已以发表学术论文的形式公开其云计算三大法宝：GFS、MapReduce 和 BigTable，并在美国、中国等高校开设如何进行云计算编程的课程。目前，Google 已经允许第三方在 Google 云计算中通过 Google App Engine 运行大型并行应用程序。

Google 搜索引擎就建立在分布于 200 多个地点、超过 100 万台服务器的支撑之上，这些设施的数量正在迅猛增长。Google 地球、地图、Gmail、Docs 等也同样使用了这些基础设施。采用 Google Docs 之类的应用，用户数据会保存在互联网上的某个位置，可以通过任何一个与互联网相连的系统十分便利地访问这些数据。

之后，谷歌推出了谷歌应用软件引擎(Google AppEngine，GAE)，这种服务让开发人员可以编译基于 Python 的应用程序，并可免费使用谷歌的基础设施来进行托管(最高存储空间达 500 MB)。对于超过此上限的存储空间,谷歌按每 CPU 内核每小时 10 至 12 美分及 1 GB 空间 15 至 18 美分的标准进行收费。谷歌还公布了提供可由企业自定义的托管企业搜索服务计划。Google 云计算还在发展当中,但是有一点是没有疑问的,就是 Google 在云计算发展中起的作用是不可小觑的。

3. IBM

IBM 在 2007 年 11 月推出了"改变游戏规则"的"蓝云"计算平台,为客户带来了即买即用的云计算平台。它包括一系列的自动化、自我管理和自我修复的虚拟化云计算软件,使来自全球的应用可以访问分布式的大型服务器池,使得数据中心在类似于互联网的环境下运行计算。"蓝云"建立在 IBM 大规模计算领域的专业技术基础上,基于由 IBM 软件、系统技术和服务支持的开放标准和开源软件。简单地说,"蓝云"基于 IBM Almaden 研究中心(Almaden Research Center)的云基础架构,包括 Xen 和 PowerVM 虚拟化、Linux 操作系统映像以及 Hadoop 文件系统与并行构建。

2008 年 8 月,IBM 宣布将投资约 4 亿美元用于其设在北卡罗莱纳州和日本东京的云计算数据中心改造。2013 年,IBM 以 20 亿美元左右的价格收购了 SoftLayer Technologies,正式进入公有云市场。2018 年 10 月底,IBM 宣布将以 340 亿美元收购开源软件厂商红帽公司,希望在混合云市场有所作为。

4. Sun

2008 年 5 月,Sun 在 2008 Java One 开发者大会上宣布推出"Hydrazine"计划。至此,集结在"云计算"旗帜之下的软件供应商又增加了一位重量级成员。基于"Hydrazine"计划,Sun 希望利用其核心技术打造一个包含网络环境、数据中心和其他基础设施组建在内的完美解决方案,如 Sun 的 Java FX 丰富互联网应用程序技术、Sun 的 Glassfish 应用服务器、Sun 企业服务总线、Sun 目录服务器、MySQL、"廉价存储"和 Sun 的硬件,从而使得开发人员利用 Sun 平台创建托管应用与服务,并且不用到任何其他地方就可以利用这些应用程序和服务赚钱。此外,作为"Hydrazine"计划的一部分,Sun 还推出了"Insight 计划",这个计划实现的分析功能可以让开发人员知道谁在使用他们的产品,并且利用这个功能注入广告来赚钱。

凭借此举,Sun 正式进军"云计算"领域,也由此展开了与 IBM、微软、Google 等巨头的新一轮竞技。

5. Salesforce

Salesforce 是软件即服务厂商的先驱,它一开始提供的是可通过网络访问的销售力量自动化应用软件。在该公司的带动下,其他软件即服务厂商如雨后春笋般蓬勃而起。

该公司正在建造自己的网络应用软件平台,这一平台可作为其他企业自身软件服务的基础,包括关系数据库、用户界面选项、企业逻辑及一个名为 Apex 的集成开发环境。程序员可以在平台的 Sandbox 上对他们利用 Apex 开发出的应用软件进行测试,然后在 Salesforce 的 AppExchange 目录上提交后续的代码。

6. 中国移动

中国移动从 2007 年就开始进行云计算的研究和开发,是国内最早介入云计算研发和实践的企业之一。它在 Hadoop 开源软件的基础上自主开发了"大云"(Big Cloud)云计算系统,可实现分布式文件系统、海量数据库、分布式计算框架、集群管理、虚拟机管理等关键功能，并已经申请了 10 余项专利。

"大云"云计算平台是中国移动研究院为打造中国移动云计算基础设施而实施的关键技术研究及原型系统开发计划，它是为了满足中国移动 IT 支撑系统高性能、低成本、可扩展、高可靠性的 IT 计算和存储的需要以及为分公司提供互联网业务和服务的需要而研发的。

2008 年底，中国移动进一步建设了 256 台服务器、1000 个 CPU、256TB 存储器组成的"大云"实验平台，结合现网数据挖掘、用户行为分析等需求，在上海、江苏等地进行了应用试点，在提高效率、降低成本、节能减排等方面取得了极为显著的效果。中国移动为尽快抓住产业发展契机，正式将云计算确定为公司战略发展的重要方向之一，并积极从国内外着手，推动云计算在国内外的推广和应用。2016 年，云计算和大数据产品在中国移动内部获得规模化商用。2017 年发布大云 4.0，以"新 IT、全服务、大生态"为核心，实现在大 IT 技术架构下的全新平台、服务和生态构建能力，为各行业提供全新云计算产品以及一站式的企业大数据中心解决方案。目前，中国移动已建成中国移动一级私有云，拥有全球最大的 OpenStack 集群和最大的 SDN 商用集群，并用"大云"建设了中国移动公众服务云，已上线 3000 多个物理节点，面向全网政企客户和互联网客户提供公有云、私有云、混合云等多种服务。

7. 阿里巴巴

2009 年 9 月，阿里巴巴集团在十周年庆典上宣布成立子公司"阿里云"，该公司将专注于云计算领域的研究和研发。阿里云的目标是要打造互联网数据分享的第一平台，成为以数据为中心的先进的云计算服务公司。2020 年 3 月 19 日，阿里云宣布，疫情期间向全球医院免费开放新冠肺炎 AI 诊断技术，20 秒即可完成一次疑似病例的 CT 诊断，准确率达 96%以上，可帮助海外疫情严重地区大幅节省医疗资源。2020 年 7 月 31 日，阿里云宣布位于南通、杭州和乌兰察布的三座超级数据中心正式落成，并陆续开始服务，将新增超百万台服务器，辐射京津冀、长三角、粤港澳三大经济带。

阿里云正在成为"新零售，新制造，新金融，新技术，新能源"的经济基础设施，其自主研发的超大规模通用计算操作系统飞天，可以将遍布全球的百万级服务器连成一台超级计算机，以在线公共服务的方式为社会提供计算能力。基于阿里云成熟的人脸核心技术，阿里的人工智能 ET 的人脸识别已经覆盖了人脸检测、器官轮廓定位、人像美化、性别年龄识别、1 对 1 人脸认证和 1 对多人脸识别等多个方向。结合阿里云的海量存储数据，采用业内领先的机器学习方法，包括卷积神经网络、Supervised Descent Method 等，实现了高精度和高效的技术，人脸检测精度在业内标准测试集 FDDB 上达到 92.7%，处于领先地位，人脸识别率在 LFW 上达到 99.2%。

8. 华为

2017 年 3 月起，华为专门成立了 Cloud BU，全力构建并提供可信、开放、全球线上和线下服务能力的公有云。截至 2017 年 9 月，华为共发布了 13 大类共 85 个云服务，除服务于国内企业，还服务于欧洲、美洲等全球多个区域的众多企业。2019 年，华为云一站式 AI 开发平台 ModelArts 获得 2019 领先科技成果奖——"黑科技"奖项，知识计算云服务、华为云 HiLens 端云协同 AI 平台均获得"新技术"奖项。

华为云是经过行业认证和授权的安全持久的专业云计算平台，采用数据中心集群架构设计，从网络接入到管理配备 7 层安全防护，云主机采用 SAS 磁盘、RAID 技术以及系统券快照备份等，确保云主机 99.9% 的稳定性和安全性。存储方面通过用户鉴权、ACL 访问控制、传输安全以及 MD5 码完整性校验等来确保数据传输网络和数据存储、访问的安全性。此外，基于华为自主研发的监控和故障报警平台，再加上 7×24 小时的专业运维服务团队，华为云提供高等级的 SLA 服务保证。

华为云主要产品为弹性计算云、对象存储服务、云托管。

1.4　云计算的商业模式

1.4.1　云计算是第三次信息技术革命

20 世纪 40 年代，计算机的发明促使人类迈进了信息社会。20 世纪 80 年代，个人计算机(Personal Computer，PC)的出现，使得信息的处理速度大大加快，同时也改变了人们的工作方式。人们把这次信息处理方式的改变称为第一次信息技术(Information Technology，IT)革命。当时，人们对信息的处理通常都放在本地计算机上，计算和数据的存储也多在本地发生，信息的交换和共享则多借助于光盘、软盘等移动存储设备，信息的交互率比较低。

20 世纪 90 年代，互联网技术的蓬勃发展促成了第二次 IT 革命的到来。互联网将各种信息孤岛汇聚成了庞大的内容网络，使得信息的交换和传播变得非常快捷，人们在互联网上娱乐、学习、沟通、宣传、购物，从此人类进入了信息爆炸的时代。此时，个人计算机(PC)的功能虽然也在不断地增强，但是人们更多地把它当成接入互联网的终端来使用。互联网的发展经历了 Web 1.0 时代、Web 2.0 时代和 Web 3.0 时代。

在 Web 1.0 时代，网站提供给用户的内容是经过编辑后的信息，用户阅读网站所提供的内容，这个过程是单向的，具有代表性的网站是新浪、搜狐、网易三大门户网站。Web 2.0 是在 Web 1.0 的基础上发展起来的，采用动态网页技术结合数据库的方式，网络是平台，用户提供信息，通过网络，其他用户获取信息，博客的兴起就是这一时代的典型代表。Web 3.0 是以主动性(Initiation)、数字最大化(max-Digitalizative)、多维化(multi-dimension)等为特征的，以服务为内容的第三代互联网系统。

Web 2.0 技术的发展，改变了信息产生和交互的方式，普通用户也可以参与信息的制造和传播。信息获取和传播的方式从最早的 C/S(Client/Server，客户端/服务器)模式逐渐过渡到 B/S(Browser/Server，浏览器/服务器)模式。在此过程中，信息量的不断增加，大型的互联网信息提供商不断建设新的数据中心，以满足海量的数据存储和处理的需求。随着信息检索需求的不断扩大，互联网上的各大数据中心为了能够有效管理和调度庞大的分布式资源，不断地完善分布式技术，分布式技术逐渐成熟，可以为更多的应用提供技术支持。用户通过浏览器不仅仅只能从某些服务器上获得数据和应用，还能从由几千甚至几万台服务器上组成的庞大集群上获得数据和应用。从此，信息获取从 B/S 模式走向了云计算模式。

　　另外，用户终端由原来的个人计算机逐渐发展为常用的平板电脑、智能手机等体积小、集成度高的移动终端。同时，集成在这些移动手持设备上的软件也由原来的以桌面够用为中心转化成以浏览器服务为中心，总的趋势是终端多样化、操作系统瘦小化、浏览器中心化、网络无线化、存储处理网络化，终端也在发生革命性的变化。随着终端处理的数据越来越多，更多的信息存储和计算能力迁移到了网上，促成了云计算的产生，因此云计算也被称为第三次 IT 革命。由云计算所带来的第三次 IT 革命，不仅仅是技术的革新，同时也是商业模式的革命，它彻底改变了人们获取 IT 服务的方式，降低了社会信息化的门槛，人类进入了一个全新的 IT 时代。

1.4.2　云计算的优势和带来的变革

　　信息技术(Information Technology，简称 IT)是指支撑信息的产生、处理、存储、交换及传播的技术。传统的 IT 员工的主要工作就是安装和维护机器及保证应用程序的正常运行。随着 IT 技术的不断发展，整个 IT 产业结构也在不断发生变化。在 21 世纪初，IT 业渐渐变成了所有商业运营的中心，但是传统 IT 的重要性却在日渐削弱。由云计算所带来的新的 IT 革命将彻底改变人们获取信息、软件甚至硬件资源能力的方式，IT 资源正在被嵌入到越来越多的产品和服务(私有云)当中。它既是互联网发展的更高阶段，也意味着人类将进入一个崭新的 IT 时代，移动互联网、物联网等互联网的新形态都将依赖云计算的发展。

　　以云计算为代表的技术革命对现有的信息产业及应用模式产生了巨大的震动。就连老牌的个人软件企业微软，以及传统的硬件厂商 IBM、惠普、英特尔，都在云计算的浪潮下纷纷发布了其云计算商业和产品策略及规则，软件厂商更是趋之若鹜，纷纷把自己的核心产品冠以云计算的外衣，包装成 SaaS 应用或者 PaaS 平台服务。借助这样的 IT 及信息产业的云时代的脱胎换骨，传统产业乃至人们的生活方式也必将发生极大的改变。

　　下面我们从个人用户、企业机构用户、互联网领域、工业领域以及国家政府领域等几个方面来阐述云计算给我们生活的各个领域带来的变革和机遇。如图 1-4 所示。

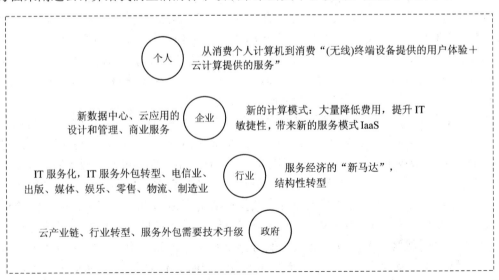

图 1-4　云计算对不同角色带来的机遇与挑战

1．个人用户

云计算时代将产生越来越多的基于互联网的服务，这些服务丰富全面、功能强大、使用方便、付费灵活、安全可靠，个人用户将从主要使用软件转为主要使用服务。在云计算中，服务运行在云端，用户不再需要购买昂贵的高性能的电脑来运行种类繁多的软件，也不需要对这些软件进行安装、维护和升级，这样可以有效减少用户端系统的成本与安全漏洞。更重要的是，与传统软件的使用方式相比，云计算能够更好地服务于用户。在传统方式中，一个人所能使用的软件仅为其个人电脑上的所有软件。而在云计算中，用户可以通过互联网随时访问不同种类和功能的服务。

云计算将数据放在云端的方式给很多人带来了顾虑，通常人们认为数据只有保存在自己看得见、摸得着的电脑里才最安全，其实不然。因为个人电脑可能会被损坏；遭受到病毒攻击，导致硬盘上的数据无法恢复；数据也有可能被木马程序或者有机会接触到电脑的不法之徒窃取或删除；笔记本电脑还存在丢失的风险。而在云环境里，有专业的团队来帮助用户管理信息，有先进的数据中心帮助用户备份数据。同时，严格的权限管理策略可以帮助用户放心地与指定的人共享数据。这就如同把钱存到银行里比放在家里更安全一样。

2．企业机构用户

对于一个企业用户来说，云计算意味着很多。正如上文所述，企业不必再拥有自己的数据中心，大大降低了企业运营 IT 部门所需的各种成本。由于云所拥有的众多设备资源往往不是某一个企业所能拥有的，并且这些设备资源由更加专业的团队进行维护，因此企业的各种软件系统可以获得更高的性能和可靠性。另外，企业不需要为每个新业务重新开发新的系统，云中提供了大量的基础服务和丰富的上层应用，企业能够很好地基于这些已有的服务和应用，在更短时间内推出新业务。

当然，也有很多争论说云计算并不适合所有的企业和机构，比如对安全性、可靠性都要求极高的银行、金融企业，还有涉及国家机密的军事单位等，另外如何将现有的系统迁入云中也是一个难题。尽管如此，很多普通制造业、零售业等类型的企业都是潜在的能够受益于云计算的企业。而且，那些对安全性和可靠性要求很高的企业和机构，也可以选择在云提供商的帮助下建立自己的私有云。随着云计算的发展，必将有更多的企业用户从不同方面受益于云计算。

3．互联网领域

在可以预见的未来，信息消费的模式将是这样的图景：通过宽带网连接的若干数据中心里运行着各种服务的"云"，它们不断将原来储存在个人 PC、手机上的数据吸引到云中，提供给用户超乎想象的计算力，并具有巨大的成本优势。个人及企业用户将不需要学习客户端软件的操作，只需要根据云计算中心提供的简洁的界面和窗口，访问一下站点就可以得到服务。同时，网络化的应用软件能按需定制，收费灵活，并杜绝盗版。

只有云计算，才能在大规模用户聚集的情形下提供可用性的服务，而其较低的服务成本又能保持其竞争优势。这些优势使得云计算受到了互联网服务企业的普遍青睐。较大型的互联网企业，像 Google、雅虎都是云计算平台服务商的先驱，而更多的大型互联网企业如搜狐、百度、腾讯、新浪都在试图从传统的 IDC 架构向云计算平台转型。对于那些每天都在诞生的小型互联网企业，他们看到云计算几乎可以提供无限的廉价存储和计算能力，因此特别愿意采用像亚马逊这样的云计算架构服务商所提供的效能计算和存储，来快速搭建他们自己的互联网应用，从而也成为成功的云应用服务商。

4．工业领域

大多数工业领域企业都在着手利用云计算整合其现有的数据中心，实现对既往投资的IT 资源的充分利用。通过云计算来处理电信运营商所拥有的海量数据，以期降低 IT 系统的成本，提高 IT 系统的效率和性能，加强经营决策的实时程度，将是电信运营商使用云计算的一个重要领域。

以中国移动研究院在上海移动公司实施的基于云计算的数据挖掘的经营分析试验为例，该试验证明了相对于原先使用的 Unix 小型机和国外数据挖掘软件，在采用了自主研发的基于 16 个节点的云计算构架的并行数据挖掘工具之后，完成了同等规模的数据挖掘，包括用户偏好分析、业务关联分析等。试验结果表明后者在时间性能上提高了 7 倍，而成本降低为原有的 1/6。

随着信息通信技术的日益融合，电信运营商将推出基于云计算平台的互联网应用，并开放其云计算平台的 API 和开发环境，鼓励越来越多的开发者推出丰富的互联网应用，带动其业务的增长。

云边协同技术架构体系不断完善，协同管理是关键。边缘计算从初期概念到现阶段的进阶协同，边缘计算关键技术正在逐步完善。

网络层面，5G 数据通信技术作为新一代移动通信发展的核心技术，围绕 5G 技术的移动终端设备超低时延数据传输，将成为必要的解决方案；计算方面，异构计算将成为边缘计算关键的硬件构架，同时统一的 API 接口、边缘 AI 的应用等也将充分发挥边缘侧的计算优势；存储层面，高效存储和访问连续不间断的实时数据是存储关注的重点问题，分布式存储、分级存储和基于分片化的查询优化赋予新一代边缘数据库更高的作用；安全层面，通过基于密码学方法的信息安全保护、基于访问控制策略的越权防护、对外部存储进行加解密等多种技术保护数据安全。(2019.7，《云计算发展白皮书(2019)》，中国信通院)

5G 时代，云已成为新型信息基础设施的重要组成部分，也是面向政企提供数字化服务的主入口，各行业的数字化发展已经离不开云计算的支撑。进入 5G 时代，云计算的发展趋势主要体现在以下几个方面。

一是中国云市场 IaaS、PaaS、SaaS 服务模式继续协同发展，市场规模随客户需求的变化而调整。IaaS 是基础性"现金牛"业务，2018 年 IaaS 市场规模达 270 亿元，比 2017 年增长 81.8%；SaaS 是关键业务，2018 年市场规模为 145 亿元，比 2017 年增长了 38.9%；PaaS 是未来，2018 年 PaaS 市场规模为 22 亿元，与上年相比上升了 87.9%，未来几年市场规模仍将保持较高的增速。

二是全栈云服务是云服务商应对企业多样化需求的必然之路。预计到 2025 年全球企业约 40%业务将直接承载在公有云上，40%业务在专有云/混合云上，只有不到 20%的业务在私有云上承载。云服务商支持公有云、私有云、混合云多种云业务形态，并提供线上(标准云服务)和线下(定制化云服务)交付模式。

三是多云成为普遍需求，跨云管理、数据和服务迁移成为重要技术手段。多云可以为每个企业提供最适合其需求的服务。企业对多云的采用将呈指数增长，Gartner 公司预测，

2019年多云将成为70%企业的共同战略，而混合云管理平台对实现多云管理至关重要。

四是边缘计算成为各路云服务商新的竞争热点，也是5G时代云业务有巨大增长潜力的领域。云服务的头部公司依托云计算技术先发优势，将云技术下沉到边缘侧，以强化边缘侧人工智能为契机，大力发展边缘计算；工业企业依托丰富的工业场景，开展边缘计算实践，强化现场级控制力；电信运营商正迎接5G重大市场机遇，将全面部署边缘节点，为布局下一代智能化基础设施打牢根基。

五是云网融合的有效协同将成为云服务商的巨大优势。电信运营商正在积极丰富云业务类型，而头部的云服务企业也在加大网络的投资建设规模，云业务提供商都希望通过云网融合为客户提供更便捷的云使用体验。随着以"云间互联""上云专线"为代表的云网融合产品的成熟，云网融合逐渐将由简单互联向"云＋网＋业务"方向发展。云与企业应用相融合，使得云网融合产品带有更明显的行业属性并提供更好的用户体验；云与ICT服务融合，使得云网融合产品与基础性服务能力结合更紧密，更加契合行业特性和用户的弹性需求。

5. 国家政府领域

云计算的特殊优势引起了各国政府的关注。

• 美国

云计算在美国政府机构的IT政策额战略中扮演着越来越重要的角色，政府正在大力推行云计算计划。2009年9月，美国政府宣布一项长期的云计算政策，美国白宫则在其2019年预算申请文件中将云计算列为促进美国政府技术基础设施的重要技术。美国国防部于2009年底与惠普达成了一项合作，后者将帮助其建立庞大的云计算基础设施。美国联邦政府CIO还成立了云计算工作组，并任命了云计算CTO，协调云计算产业和政府IT服务。

• 欧盟

2009年10月，英国发布了《数字英国报告》，呼吁政府部门建立统一的政府云。新的政府云计算虚拟网络将允许公共部门自主掌控他们的业务，政府云就如同一个资源库，所有的政府部门和组织都可以根据自己的需求来挑选与组合他们所需的服务，从云计算的易扩展、快速提供、灵活定价的优点中受益。

2019年初，欧盟专家小组在一份关于云计算未来的报告中，建议欧盟及其成员国为云计算研究与技术开发提供激励，并制定适当的管理框架促进云计算的应用。

• 日本

日本为普及云计算，发展国家云计算战略，于2019年初设立云计算特区，广泛招揽国内外企业，构筑其国内最大规模的数据库。日本内务部和通信监管机构计划建立一个大规模的云计算基础设施，建设预计在2019年完工，用来支持所有政府运作所需的资讯科技系统。

• 中国

2009年5月，江苏无锡建成世界第一个"商用云计算中心"，该中心应用了IBM全球最新发布的云计算容量规划方案。江苏省南京市政府与阿里软件在南京建立国内首个"电子商务云计算中心"。2009年8月，广东云计算中心成立。2009年9月，IBM与东营市政府共同签署了"黄河三角洲云计算中心战略合作协议"。2009年12月，成都云计算中心正式开通运行。该中心是国内第一个以企业投资、运营、管理为中心,把政府购买服务形式投入运营的商业化云计算中心,已达到每秒 30 万亿次的计算能力。2019 年,北京市计算中心建成以工业计算为主的 20 万亿次"北京云"计算平台,重点为工业用户提供 SaaS、IaaS等服务。

1.4.3　云计算技术的优点

在前面的介绍中,我们提到各大互联网巨头以及多国政府都在争先恐后地发展云计算,那么云计算到底有什么优点呢?

1. 高性价比

分布式系统占优势的第一个原因就是它具有比集中式系统更好的性价比,不到几十万美元就能获得高性能计算。在海量数据处理等场景中,云计算以 PC 集群分布式处理方式替代小型机加盘阵的集中处理方式,可有效降低建设成本。

在激烈的商战中,守法赚钱当然是第一位的,但是省钱也是另一种"生财之道"。很多IT 企业都遭遇过这样的尴尬,硬盘坏了,就去买一个新的,可是原来那种接口的硬盘却绝版了,只有一狠心将所有的硬盘全都换掉。有时即使找到原来那种接口的硬盘并换上了,但还得做数据迁移,真是麻烦又花钱。使用云存储就聪明多了,云存储是将每一个文件都放到同一个硬盘中,存取过程不需要配合其他硬盘的读写,任何硬盘都可以兼容,旧有的投资不会浪费,如果硬盘坏了,随便买一个插上即可使用,也不需要向原厂采购,甚至公司内部淘汰的服务器都可以并入云存储中,大大增加了硬件的使用期限,也降低了成本。

2. 应用分布性

云计算的多数应用本身就是分布式的。如工业企业的应用,管理部门和现场本来就不在同一个地方。云计算采用虚拟化技术使得跨系统的物理资源统一调配、集中运维成为可能。管理员只需通过一个界面就可以对虚拟化环境中的各个计算机的使用情况、性能等进行监控,发布一个命令就可以迅速操作所有的机器,而不需要在每个计算机上单独进行操作。企业 IT 部门不再需要关心硬件技术细节,可以将自己的力量集中在业务、流程设计上。

3. 高可靠性

冗余不仅是生物进化的必要条件,也是信息技术的内容之一。现代分布式系统具有高度容错机制,控制核反应堆就主要采用分布式系统来实现高可靠性。

4. 可扩展性

云计算提供的资源是弹性可扩展的,可以动态部署、动态调度、动态回收,以高效的方式满足业务发展和平时运行峰值的资源需求。我们知道企业的规模是逐渐变大的,客户的数量是逐渐增多的,随着客户的增多,访问量的急剧膨胀,应用并没有变慢,也不会"塞车"。这些都得归功于云服务商不断为其提供了更多的存储空间、更快速的信息处理能力。当然网络使用量也不是每时每刻都保持一致的,夜里 12 点之后一直到第二天上午的这段时间除了"夜猫子"之外,很少有人上网,而晚上 7 点到 10 点的黄金时间段,网络使用量又会达到峰值。"云"里的资源都可以动态分布,人多的时候,调配来的资源也会相应增多,不会浪费,同时绝对不会难以满足需求。

5. 高利用率

云计算通过虚拟化提高设备利用率，整合现有应用部署，降低设备数量规模。千千万万的计算机都是开着机的，可是真正使用率又是多少呢？我们可能只是开着计算机听歌，或者仅仅只是在写文件，CPU 的利用率都不到 10%，甚至有时候我们仅仅只是开着计算机耗电而已。可以设想，如果每一台计算机都在浪费自己 90%的资源，那这一浪费总量该是多么惊人？云计算和虚拟化结合在一起，就可以避免这种庞大的资源浪费。

在客户眼中，似乎有处理文档的服务器、邮件服务器、照片处理服务器等，但其实这些都是一台服务器完成的，它的 30%的资源去处理文档了，30%的资源去处理照片了。这样，这台服务器的个人潜力便得到了最大程度的挖掘。云计算和虚拟化结合，提高了设备利用率，节省了设备数量。

减少设备规模、关闭空闲资源等措施将促进数据中心的绿色节能。在中国，电力大多是靠煤炭烧出来的，而所有的硬件设施都是要靠电"活着"。通过云计算减少设备的数量，就会大大减少用电量，从而实现节能环保。

1.4.4 云计算的三大商业模式

云计算的一个典型特征就是 IT 服务化，也就是将传统的 IT 产品、运算能力通过互联网以服务的形式交付给用户，于是就形成了云计算商业模式。云计算是一种全新的商业模式，其核心部分依然是数据中心，它使用的硬件设备主要是成千上万的工业标准服务器，它们由英特尔或 AMD 生产的处理器以及其他硬件厂商的产品组成。企业和个人用户通过高速互联网得到计算能力，从而避免了大量的硬件投资。

云计算的商业模式可以简单地划分成基础设施即服务(IaaS)、平台即服务(PaaS)、软件即服务(SaaS)，它们分别对应于传统 IT 中的"硬件""平台"和"(应用)软件"。本小节将从应用的角度简单地介绍这几种架构对当前商业模式的影响，第二章将对这三种架构进行详细描述。

1. IaaS(Infrastructure-as-a-Service)——基础设施即服务

IaaS 是指消费者通过 Internet 可以从完善的计算机基础设施获得服务。云计算发展史上的第二个里程碑，一定属于亚马逊公司。这是一家随着 B2B 和 B2C 的浪潮而兴起的网上卖书和网上购物的公司，最初为了支撑庞大的互联网网上购物业务，尤其是要理论上支持在圣诞节等热销集结的状态下庞大并发用户数量的访问和交易，亚马逊部署了大冗余的 IT 计算和存储资源。后来他们发现 IT 支撑资源在绝大部分时间里都是空闲的。为了充分利用闲置 IT 资源，亚马逊建立起了弹性计算云并对外提供效能计算和存储的租用服务。用户仅需要为自己所使用的计算平台的实际使用付费，这样的因需而定的付费，相比企业自己部署相应的 IT 硬件资源及软件资源便宜很多。这就是以云计算基础设施作为服务的典型(IaaS)，是典型的因技术创新而带动商业模式的成功。

众多的科技创新公司利用亚马逊提供的 IaaS 模式服务，在不必购买 IT 基础设施及操作系统的前提下，通过即付即用的租用模式在亚马逊云计算平台上快速搭建和发布自己的丰富多彩的云服务。其意义在于极大地降低了云服务商的行业进入门槛，改变了传统的 IT 基础设施的购买和交付模式，把中小企业很难负担的固定资产投资转化为与业务量相关的运营成本。在硅谷，每天都有几个大学生利用亚马逊云计算 IaaS 来发布自己的云服务从而赚了大钱的案例。这两三年来，风靡了整个美国的微博客服务 Twitter，正是利用亚马逊弹性计算云构架的成功的互联网应用，它被美国前国防部部长称为"美国巨大战略资产"，而这样的成功故事每天都在发生。

2. PaaS(Platform-as-a- Service)——平台即服务

回顾云计算的起步和发展轨迹，我们不得不再次谈到 Google 的以搜索为核心的互联网应用上的成功故事。

Google 的云计算平台支持很强的容灾性，支持应用的快速自动部署和任务调度，能提供多并发用户的高性能感受。而且最关键的是他们做到了每个用户的访问都达到最低的运营成本。云计算使得 Google 的成本是其竞争对手的 1/40。这就从运营成本角度强有力地支持着 Google 的商业模式，即前向提供用户高体验度的互联网服务、吸聚人气，采用后向广告收费的商业模式。Google 用云计算平台构造了世界上最大的一台超级计算机，不仅便宜而且性能很高，并且很难被复制，从而逐渐发展成为 PaaS 的商业模式。

PaaS 实际上是指将软件研发的平台作为一种服务，以 SaaS 的模式提交给用户。因此，PaaS 也是 SaaS 模式的一种应用。但是，PaaS 的出现可以加快 SaaS 的发展，尤其是加快 SaaS 应用的开发速度。

3. SaaS(Software-as-a-Service)——软件即服务

SaaS 是一种通过 Internet 提供软件的模式，用户无需购买软件，而是向提供商租用基于 Web 的软件来管理企业经营活动。

云计算发展过程中的第三个里程碑来自 Saleforce.com 公司。起初，这家公司想做数据库管理类软件，并把他卖给企业用户。但是经过他们研究发现，在数据库管理类软件领域，他们永远打不过甲骨文公司，同时他们还发现，甲骨文的昂贵价格让很多企业望而却步，很多工业制造和物流行业的企业花了大价钱买了甲骨文的产品后却因为缺少专业知识而不能把它用好。于是，他们决定利用新型的互联网来提供软件服务，从而和甲骨文竞争。

这家公司在 1999 年首次通过自己的互联网站点向企业提供以客户管理为中心的营销支持服务软件 CRM，使得企业不必再像以前那样通过部署自己的计算机系统和软件来进行客户管理及营销服务，而只需通过云端的软件来管理，从而为现在的软件及服务(SaaS)奠定了基础。这家位于旧金山的科技创新公司通过向中小企业提供云服务而迅速壮大，他们的 48 000 个企业客户遍布世界各地，这些中小型企业可以不用购买和安装软件来实现其企业信息化服务，且数据都在云端，从而大量地节省了成本，并能最大限度和最方便地实现信息共享和存取，同时也使得 Saleforce.com 年营业额增速高达 50%。SaaS 模式的云服务可以帮助任何一个不懂 IT 技术的中小企业花很少的运营成本快速并科学构建适合其商业需求的企业信息化平台，从而极大地推进了企业信息化的进程，也加快了信息化和工业化的融合。

在云计算技术的驱动下，运算服务正从传统的"高接触、高成本、低承诺"的服务配置向"低基础、低成本、高承诺"转变。包括 IaaS、PssS、SaaS 等模式的云计算凭借其优势获得了在全球市场的广泛认可。企业、政府、军队等各种重要部门都正在全力研发和部署云计算相关的软件和服务，云计算已进入国计民生的重要行业。IBM 和 Google 开始与一些大学合作进行大规模云计算理论研究项目，政府和军队的"私有云"正在悄然建设，许多新兴的初创公司和大型企业正在全力研发和部署云计算相关的软件和服务，与此同时，风险投资和技术买家的兴趣也正在迅速升温。"迎着朝阳前进"——这是 IT 技术发源地——美国硅谷对云计算目前发展状态的定位。

1.5　丰富多彩的云应用

随着云计算技术的不断发展，基于云计算的各种应用也如雨后春笋般地出现，这些云应用已经充斥人们生活的方方面面，如云办公、云存储等都是云计算技术在生活中的应用，本节将给读者进一步介绍这些云应用。

1.5.1　云办公

在这个世界上，已经有超过 1/5 的人实现了远程办公，他们或使用移动设备查看编辑文档，或在家中与同事协同办公，或是直接在交通工具上制作幻灯片，办公并不一定要受限于工作地点、时间或者设备。Ewzoo 发布《2020 全球移动市场报告》，2020 年全球智能手机用户达 35 亿，其中来自中国的用户已占据超过四分之一的比例。同时越来越多的人拥有多款设备。面对用户使用习惯与设备的变化，云服务的普及帮人们快速实现了随时随地的办公，为我们带来了前所未有的生产力。

云办公形象地说就是可以使办公室"移动"起来的一种全新的办公方式，这种方式可以实现办公人员在任何时间、任何地点处理与业务相关的任何事情。也就是说，办公人员可以在办公室以外的地方，能够随时随地地对办公材料进行查阅、回复、分发、展示、修改或宣读，实现将办公室放在云端，随身携带进行办公的办公方式。

云办公是通过把传统的办公软件以瘦客户端或智能客户端的形式运行在网络浏览器中，从而使得员工可以在脱离固定的办公地点时同样完成单位的日常工作。实际上，云办公可以看作原来人们经常提及的在线办公的升级版。云办公是指个人和组织所使用的办公类应用的计算和储存两个部分功能，不通过安装在客户端本地的软件提供，而是由位于网络上的应用服务予以交付，用户只需通过本地设备即可实现与应用的交互功能。云办公的实现方式是标准的云计算模式，隶属于软件即服务(SaaS)范畴。

云办公与传统的在线办公相比，具有以下几点优势：

1. 随时随地协作

人们在使用传统的办公软件实现信息共享时，需要借助于电子邮件或移动存储设备等辅助工具。在云办公时代，与原来基于电子邮件的写作方式相比，省去了邮件发送、审阅、沟通的流程，人们可以直接看到他人的编辑结果，无需任何等待。云办公可以使人们能够围绕文档进行直观的沟通讨论，也可以进行多人协同编辑，从而提高团队的工作效率。

2. 跨平台能力

云办公应用可以使用户不受任何终端设备和办公软件的限制，在任何时候、任何地方都可以使用相同的办公环境，访问相同的数据，极大地提高了使用设备的方便性。

3. 使用更便捷

用户使用云办公应用省去了安装客户端软件的步骤，只需要打开网络浏览器即可实现随时随地的办公。同时，利用 SaaS 模式，用户可以采取按需付费的方式，从而降低办公成本。

常用的云办公用品主要有 Google Docs、Office 365、35 云办公等。下面简单地为大家介绍几种常用的云办公用品。

Google Docs(谷歌文档)是谷歌公司开发的一款类似于微软的 Office 的一套云办公产品。它的功能包括在线文档、电子表格和演示文稿三类。通过 Google Docs 用户可以处理和搜索文档、表格、幻灯片，并可以通过网络和他人分享，只要有谷歌的账号就能使用。

Office 365 是一套完整的办公服务解决方案。通过云技术微软将多人的办公应用整合为一组服务，能够为多用户提供便利的办公软件服务。它将 Office 桌面端应用的优势结合企业级邮件处理、文件分享、即时消息和可视网络会议的需求(Exchange Online，SharePoint Online and Lync Online)融为一体，达到不同类型企业的办公需求。用户甚至能以一支普通中性笔般低廉的日均成本，享受新的云端服务。

35 云办公是"三五互联"推出的一种低成本、易维护的轻量型云办公模式。它融合了企业办公微博、企业邮箱、协同办公系统、企业即时通信、视频会议系统等云服务功能，并且能够在 PC 端、手机端、平板电脑端等多平台之间实现存储在云端的信息的自由交互。

1.5.2　云存储

计算机依然是人们在日常生活中常常会使用到的核心工具，大部分人依然习惯使用个人计算机来处理文档、存储资料，通过电子邮件或者移动存储设备来与他人交换信息。同时，人们需要不断对安装在本地计算机上的系统软件和应用软件的漏洞进行修补，并对存储数据的安全进行保障，以免遭受黑客或者病毒的袭击而导致数据丢失。随着云计算的出现，用户可以不必将需要处理的数据信息存储在本地计算机上，而是存储在云计算的数据中心上，用户所需的应用程序并不运行在用户的个人计算机、手机等终端设备上，而是运行在云计算数据处理中心大规模的服务器集群中。提供云计算服务企业的专业 IT 人员负责云计算上资源的分配、负载的均衡、软件的部署、安全的控制等，维护用户数据的正常运作，为用户提供足够强大的存储空间和计算能力。用户只需接入互联网，就可以通过计算机、手机等终端设备，在任何地点方便快捷地处理数据和享受服务。云计算能使跨设备跨平台的数据同步，并解决了数据共享的问题。

因此，云存储是在云计算概念上延伸和发展出来的一个新的概念，是指通过集群应用、网格技术或分布式文件系统等功能，将网络中大量各种不同类型的存储设备通过应用软件集合起来，协同工作，共同对外提供数据存储和业务访问功能的一个系统。当云计算系统运算和处理的核心是大量数据的存储和管理时，云计算系统中就需要配置大量的存储设备，那么云计算系统就转变成一个云存储系统，所以云存储是一个以数据存储和管理为核心的云计算系统。

云存储对使用者来讲，不是指某一个具体的设备，而是指一个由许许多多个存储设备和服务器所构成的集合体。使用者使用云存储，并不是使用某一个存储设备，而是使用整个云存储系统带来的一种数据访问服务。所以严格来讲，云存储不是存储，而是一种服务。

云存储的核心是应用软件与存储设备相结合，通过应用软件来实现存储设备向存储服务的转变。

　　各大网站都推出了各自的云盘，用户比较熟悉的国外厂商有微软、亚马逊、苹果、Google等，国内的厂商就更不胜枚举，有新浪、阿里、华为、酷盘、中国电信、腾讯等。下面将介绍几个个人用户常用的云存储服务，以帮助读者理解云存储的功能及应用。

1. iCloud

　　2009年4月9日，Xcerion发布iCloud，此为世界首台免费联机计算机，可向世界上的任何人提供他们自己的联机计算，外加可从任何地方连接到Internet的计算机都可使用的免费存储、应用程序、虚拟桌面和备份访问等特性。2011年6月7日，苹果在旧金山MosconeWest会展中心召开的全球开发者大会(简称WWDC2011)上，正式发布了iCloud云服务，该服务可以让现有苹果设备实现无缝对接。

　　iCloud是苹果公司为苹果用户提供的一个私有云空间，方便苹果用户在不同设备间共享个人数据。iCloud支持用户设备间通过无线方式同步和推送数据，比苹果传统的iTunes方案(需要数据线连接)更加容易操作，用户体验更加出色。

　　iCloud将苹果音乐服务、系统备份、文件传输、笔记本及平板设备产品线等元素有机地结合在了一起，而且联系非常紧密。在乔布斯看来，iCloud是一个与以往云计算不同的服务平台，苹果提供的服务器不应该只是一个简单的存储介质，它还应该带给用户更多方便的功能。

　　在iOS设备或者Mac上设置iCloud并连接上网络之后，用户就可以使用以下功能进行工作了。

　　(1) 内容无处不在。用户可以在自己的任何苹果设备上自动获取iTunes Store、App Store和iBooks Store上的购买项目，并随时下载以前购买的内容。

　　(2) 照片存储与共享。用户可以使用iCloud照片图库在iCloud中存储整个资料库的照片和视频，并通过iCloud使这些文件在所有的iOS设备(iOS 8或更高版本)、Mac计算机(OS X v10.10.3或更高版本)和iCloud.com上都保持最新状态。使用iCloud照片共享功能可与用户选择的人共享照片和视频，并允许他们将照片、视频和评论添加到共享相簿。

　　(3) iCloud Drive。可在iCloud中安全地储存和整理各种文稿，并可在iCloud.com上的iCloud Drive和设置iCloud Drive的设备上方便地进行使用。

　　(4) 家人共享。允许最多六名家庭成员在不共享账户的情况下，共享iTunes Store、App Store和iBooks Store的购买项目。可使用同一张信用卡支付家庭购买项目，并从家长的设备上准许孩子的购买行为。此外，还可以共享照片、家庭日历、提醒事项和位置。

　　(5) 邮件、通讯录、日历、备忘录和提醒事项。使用iCloud.com上的邮件、通讯录、日历、备忘录和提醒事项，并通过iOS设备、Mac和Windows计算机上的App，可使邮件、通讯录、日历、备忘录和提醒事项保持最新状态。

　　(6) 查找我的iPhone。使用iCloud.com上的"查找我的iPhone"，可查找用户或用户的家庭成员丢失的iOS设备或Mac。

　　(7) Pages、Numbers和Keynote。可以使用iCloud.com上的Pages、Numbers和Keynote测试版以及iOS设备和Mac上对应的App，在iCloud Drive中存储电子表格、演示文稿和

其他文稿。

(8) 书签、阅读列表和 iCloud 标签页。可以查看用户在 Mac 和 iOS 设备上打开的网页。即使在离线状态下，也可以阅读"阅读列表"中的文章。另外，还可以在 iOS 设备、Mac 和 Windows 计算机上使用相同的书签。

(9) iCloud 钥匙串。可使用户的密码、信用卡信息等更多信息保持最新状态，并可在 iOS 设备和 Mac 计算机上自动输入这些信息。

(10) iMovie Theater。可在用户的所有设备上观看下载完成的电影和预告片。

(11) 备份和恢复。当用户的设备打开、锁住和连接到电源时，iCloud 可以通过 Wi-Fi 每日自动备份用户的 iOS 设备。可以使用 iCloud 备份恢复 iOS 设备或设置新设备。

(12) 返回我的 Mac。通过 Internet 可将 Mac 安全地连接到远程 Mac，然后共享远程 Mac 的屏幕或文件。

在设置 iCloud 的设备上，iCloud 会为苹果用户提供一个电子邮件账户以及 5 GB 的免费储存空间，供邮件、文稿、照片和 iOS 设备备份使用。用户所购买的音乐、App、电视节目和图书不会占用设备的可用空间。

2. 百度云盘

百度云存储 BCS(Baidu Cloud Storage)，提供 Object 网络存储服务，旨在利用百度在分布式以及网络方面的优势为开发者提供安全、简单、高效的存储服务。百度云存储提供了一系列简单易用的 REST API 接口、SDK、工具和方案，使得开发者通过网络即可随时、随地存储任何类型的数据、进行安全分享及灵活的资源访问权限管理。通过使用百度云存储服务，开发者可以轻松地开发出扩展性强、稳定性好、安全快速的分布式网络服务；通过使用云存储服务提供的 API、SDK 及管理平台，开发者也可以迅速开发出适合各种业务的网络程序。百度云存储可以支持文本、多媒体、二进制等任何类型的数据，支持签名认证及 ACL 权限设置进行资源访问控制，开发者可以通过管理控制台直接进行页面上传、下载或通过 REST API、Shell Tool、SDK、Curl 等方式实现上传、下载。

百度提供的云存储服务具有以下优势：

(1) 容量大。支持 0～2 TB 的单文件上传、下载，可实现任何网络环境中的数据需求。

(2) 稳定可靠。多机房部署保证数据访问稳定，三份冗余存储，确保服务稳定性达到 99.999%以上，可用性达到 99.9%。

(3) 安全性强。资源用户隔离，加上签名认证和 ACL 权限设置确保资源访问控制，确保存储及访问安全。

(4) 易用性强。简单的 REST API、多语言 SDK、Shell Tool、Curl 等工具可极大提升开发效率。

(5) 适应性广。分片上传和断点下载功能可适应复杂的网络环境。

(6) 可扩展性好。30%冗余机制，系统支持自动扩容，无需人工干预，开发者可根据实际需求动态修改存储方案。

3. Dropbox

Dropbox 是一款非常实用的网络文件同步工具，它通过云计算技术实现实时同步本地文件到云端，用户可以存储并共享文件和文件夹。它支持在多台计算机多种操作中自动同步，并可当作大容量的网络硬盘使用。Dropbox 提供免费和收费服务，Dropbox 为不同操作系统提供客户端软件并且有网页客户端。

Dropbox 支持文件的批量拖拽上传，单文件最大上限为 300 MB。如果是用客户端上传则无最大单个文件的限制，免费账户总容量最大达 18.8 GB，但若流量超标，整个账户的外链流量就会被取消。用户可以通过邀请来增加容量，并且支持多种文件外链。用户可以通过 Dropbox 客户端，把任意文件丢入指定文件夹，然后就会被同步到云以及该用户其他装有 Dropbox 客户端的计算机中。

4. Google Drive

Google Drive 为用户提供 5 GB 的免费存储空间。用户可以通过统一的谷歌账户进行登录。Google Drive 服务会有本地客户端版本，也有网络界面版本，后者与 Google Docs 界面相似。还会针对 Google Apps 客户推出特殊服务，配上特殊域名。Google 还会向第三方提供 API 接口，允许人们从其他程序上存储内容到 Google Drive 中。

Google Drive 与 Google Docs 进行了深度整合。在 Google Drive 中可以打开并查看任何文件。就像 Google 的其他网络服务一样，用户无需在自己的电脑上安装任何插件，通过一个浏览器就可以像在本地一样查看它们。借助 Google 公司的搜索技术，Google Drive 提供的快速搜索功能可以提供比本地办公软件更精准的搜索服务。

1.5.3 云教育

教育是一个国家的头等大事，它与每一个人都息息相关，同时也是保持国家可持续发展与创新的基础，是整个社会关注的焦点。随着计算机技术的发展，教育科研领域的信息化建设也日新月异地发生着改变，云计算在教育科研领域信息化建设中的优势也日益明显。

传统的课堂授课，采取的是教师口述并通过板书配合讲解的方式。这种方式比较枯燥，学生不能对教学内容形成直观的感受。为了改善教学效果，利用多媒体授课已经成为比较普遍的授课方式，这样可以增加教学的互动性，激发学生的兴趣和想象力。多媒体教学内容的共享需要高效、普遍的信息化基础设施，但是，教育资源分布不均衡的现状不能保证大范围的共享多媒体教育内容，因此，教育行业可以采取集中式的信息化基础设施通过网络远程访问，实现优质教学资源的共享和新型教学方式的推广。云平台能够为教育的信息化建设提供技术支撑。通过云计算搭建教育云平台，是教育信息化建设的重要方向。

教育云可以将整个教育行业的信息都包含进云端，实现信息的共享。从基础教育到高等教育，从政府的教育管理部门到企业的职业培训，从各个图书馆的资源到学生，各个参与教育的个人或团体都可以通过云终端获取或共享自己所需要的信息。

在世界高等教育信息化实践中，已经有一些机构和个人有选择地使用云服务，其中使用最多的是 E-mail 云端化和利用云端平台服务、计算服务等辅助科学研究。出于对数据安全、隐私保护、业务连贯性等潜在风险的考虑，新西兰大部分高校暂未考虑将其他服务云端化。2010 年，麦考瑞大学成为澳大利亚第一所将研究、教学、行政工作人员 E-mail 服务全部外包给云服务提供商的高校。英国很多高校也将学生的 E-mail 服务外包给云服务提供商，并且有更多高校在考虑这一做法。加拿大高等教育的"云端化"进程则相对缓慢，因为该国对境外个人信息管理有严格立法，这限制了高等教育机构对境外云服务提供商的选择。在美国，Kuali 基金会发起诸如 Kuali Ready 等开源项目面向多所高校提供云服务。2010年，NSF 和微软宣布将选出一批研究人员和研究团体，允许他们免费访问 Windows Azure 的云计算资源。在英国，纽卡斯尔大学的 Paul Wastson 教授和他的团队基于 JISC 资助的项目研究经验，开发了基于云计算技术的平台 e-Science Central，支持跨学科的研究活动。除此之外，谷歌、微软、IBM 等一些云服务提供商也在积极寻求与高校或专业组织合作，以推广其服务。一些教师和学生也以个人方式自由选择 Gmail、Google Docs、Eucalyptus 等多种云端服务，辅助日常存储、编辑及科学研究工作。

　　在我国，根据国家"十二五"规划课题之一"素质教育云平台"的要求，由亚洲教育网进行研发并开始使用的"智慧云人人通"平台，搭建了一个教育社区平台，利用"公有云+私有云"的构架，实现优质教育资源的共建共享，消除信息孤岛。该平台使老少边穷地区可以通过网络享受国内外优质的教育资源，实现教育均衡和教育公平。同时，以最基础的班级为单位，将考勤、消费、评价、成绩等数据源源不断地上传至平台，形成学生个人和班级成长档案，为教育部门、学校和用户教育教学管理提供了动态科学的分析。

1.5.4　云医疗

　　在我国，医疗资源不均衡一直是老百姓看病难、看病贵的主要原因之一。在一些一线城市，每年挂专家号的人次可达到一亿以上，远远超过我国大部分一线城市专家每年可接待的能力。在这些挂专家号的患者中，很多只是感冒之类的小症状，完全不必在大型专科医院或综合性医院求医。资源调配的不合理严重影响了医疗行业的整体效率，也直接导致了医疗质量难以保证，地区之间医疗水平参差不齐、医患纠纷增多的状况。图 1-5 为云健康医疗平台示意图。

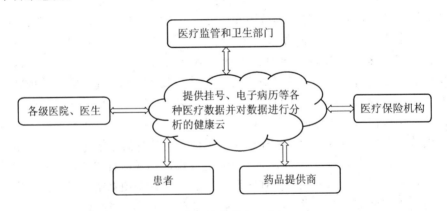

图 1-5　健康医疗云平台

　　随着云计算技术的发展，这些医疗上的问题其实是可以通过医疗健康云来解决的，把政府医疗监管、政府卫生管理部门、各大医院、社区医院、药品供应商、药品物流配送公司、医疗保险公司以及患者统一到医疗健康云平台上，就可以解决医疗系统中长期存在的问题。

　　在医疗健康云平台上，患者可以通过手机或 PC 登录个人的云医疗终端进行看病预约、网上挂号，无需再去医院排队就医，医疗费用的报销也可以在云终端上自动进行。医生可以通过云平台共享患者的就医信息，同时能够实时上传或查询患者的患病史和治疗史，从而快速准确地为患者诊断病情。药品供应商则根据医生在云平台上所开具的电子病历，就可以把患者所需要的药品配送至医院或患者手中，可以避免药品中间商的层层盘剥，解决了药品贵的难题。政府医药监管或卫生部门只需要在云中漫步来完成自己相应的监管工作。由于云中的数据是共享的，政府部门所看到的监管信息是从药品生产厂商到流通企业，再到医院和患者手中的药品全流通过程，这些都是监管可控的。另外，医疗保险公司在云中可以对患者进行保险服务，患者可以得到及时的费用报销。

为了促使这样的云医疗服务平台尽快出现，很多国家的政府都在考虑基于云计算的医疗行业的解决方案。美国的医疗计划中就有这样一个方案，通过云计算改造美国医疗信息系统，让每个人都能在学校、图书馆等公共场所连接到全美的医院，查询最新的医疗信息。在我国，政府正在全力推广以电子病历为先导的智能医疗系统，要对医疗行业中的海量数据进行存储、整合和管理，满足远程医疗的实施要求。云计算是建立智能医疗系统的理想解决方案，通过将电子健康档案和云计算平台融合在一起，每个人的健康记录和病历都能够被完整地记录和保存下来，在合适的时候为医疗机构、监管部门、卫生部门、保险公司和科研单位所使用。

1.5.5　云政务

广义上讲：基于云计算的电子政务应用称为电子政务云，云是对互联网、网络的比喻说法。电子政务云结合了云计算技术的特点，对政府管理和服务职能进行精简、优化、整合，并通过信息化手段在政务上实现各种业务流程办理和职能服务，为政府各级部门提供可靠的基础 IT 服务平台。2018 年，我国政务云市场规模达 370.8 亿元，政务云已实现全国 31 个省级行政区全覆盖，地级市行政区覆盖比例达到 75%。基于云计算的电子政务即电子政务云是为政府搭建的底层架构平台，将传统的政务应用迁移至云端，政府相关部门通过云平台共享政务资源，以此提高政府管理效率及相关服务能力。例如，湖北省政府近 90% 的部门和业务系统已经在云上运行，采用政务云模式为政府节约了近三成的信息化支出，近九成的政务事项实现了"最多跑一次"的效率。上海作为开展"数字城市"建设较早的城市，以上海政务云为载体，大数据中心为城市枢纽，上海将"一网通办"作为主要任务，让数据跑路代替民众跑路，民生服务进一步完善。广东省建设的"数字广东"以政务云平台为基础，通过广东政务服务网、"粤省事"平台，提升政府治理能力和民众办事体验。广东省已面向社会开放 3326 个政府数据集，超过 1.39 亿条政府数据。

云政务有以下几个方面的优势：

(1) 职能部门之间数据共享，实现政府部门之间的信息联动与政务工作的协同进行。

基于云计算模式的政务系统很好地继承了云计算"资源共享"的优点，可以实现政府各个部门之间的信息共享交换，在政府部门内部之间、区域政府之间和跨区域政府部门之间建立信息桥梁，将各单位的电子政务系统连接到云政务平台中，实现不同部门之间的信息整合、交换和共享，简化了部门之间数据资源整合的流程，大大提高了政府部门的工作效率。

(2) 建立云政务平台能够节约开销，降低国家行政管理的财政支出。

云计算不仅可以实现软件资源的共享，也可以实现硬件资源的共享。云政务平台通过资源共享和硬件复用机制，降低政府的系统搭建成本。因而，建设电子政务云平台将极大地降低国家的财政支出。

(3) 提供有力的后台保障。

政府门户网站往往包含了大量的图片和视频信息，并且政府门户网站的用户日趋增多，访问量也呈现惊人的上升趋势，要储存或处理这些海量的信息就要借助于云计算强大的数据处理能力，同时云计算能够作为处理海量信息的有效支撑，并能减少传统政务数据中心的建设、运行和维护的成本，也能保证数据信息的安全。

我国各级政府机构正在积极开展"公共服务平台"的建设，只为打造一个"公共服务型政府"的形象；云计算会是中国各级政府机构"公共服务平台"建设的有力帮手。这个过程中，云计算可以助力搭建一个稳定可靠的政府公共服务运营平台；利用各种技术整合内部的信息化基础设施和系统，不断提升政府的服务能力和服务水平。

1.5.6 云金融

金融云四个细分领域在监管要求和业务需求上有显著区别，导致金融云在行业应用时产生了不同的侧重，具体如图1-6所示。

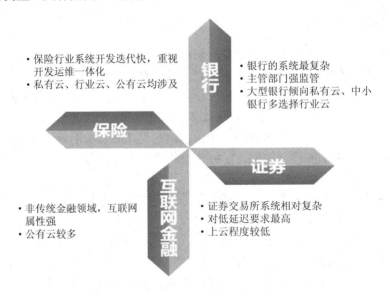

图 1-6 金融细分行业监管要求和业务需求

银行方面，行业对服务可用性和数据持久性要求较高。银行科技公司成为银行云主体，兴业银行、招商银行、建设银行、民生银行、工商银行、光大银行、华夏银行、北京银行、平安银行等纷纷成立科技公司，提供包含 IaaS、PaaS、SaaS 的全方位的云计算服务，银行领域科技公司总注册资金超过 37 亿元人民币。

证券方面，由于证券交易对交易系统的响应时延要求苛刻，所以系统上云不能显著影响交易速度。证券交易系统在数据库、操作系统和小型机等方面对传统部署方式依赖度较大，上云推进缓慢。但也有证券公司探索开启云平台建设，中信证券已经建设完成金融服务云平台和私募基金云服务平台，构建"平台+服务"新型商业模式；招商证券利用混合云架构实现系统弹性与数据安全，国泰君安证券搭建金融云平台提升灾备管理，赋能业务创新。

　　互联网金融方面，银行与 ICT 服务商争相成立互联网金融公司。阿里成立蚂蚁金服，京东成立京东金融，腾讯扶持的微众银行，为互联网金融企业提供定制化的云计算解决方案；民生银行、江苏银行、兴业银行、工商银行、浦发银行、北京银行、华夏银行等纷纷成立直销银行，进军互联网金融领域，利用"互联网+云计算"为客户提供理财、基金等服务；苏宁、海尔、国美等厂商纷纷成立消费金融公司，利用云计算技术为客户提供方便快捷的在线支付手段。

　　保险方面，云计算公司纷纷布局保险行业，阿里云、腾讯云、百度云、华为云、青云、云栈科技等云计算公司利用容器、微服务等新技术手段构建核心架构的上云方案，实现保险系统快速开发迭代。

思考与练习

1. 简述云计算的思想演进过程。
2. 简述云计算的概念、特征及优缺点。
3. 总结目前云计算在国内外的发展现状和未来的发展趋势。
4. 总结云计算在生活中的应用。

第二章 云 服 务

我们把云计算所提供的软件服务称为"云服务"。本章我们主要讨论云服务的概念、云服务的三种主要类型、云服务关键技术，以及云服务的部署。

တတတတတတတတတတတတတတတတတ

2.1 云服务概述

本节主要简述云服务的概念，云服务的特征、云服务的设计原则以及云服务的优缺点。

2.1.1 云服务的概念

云服务是指可以在互联网上使用一种标准接口来访问一个或多个软件功能。调用云服务的传输协议不局限于 HTTP 和 HTTPS，还可以通过消息传递机制来实现。云服务有点类似于云计算出来之前的"软件即服务"。此前的"软件即服务"指服务提供商只需要在几个固定的地方安装和维护软件，而不需要到客户现场去安装和调试软件，同时，客户可以通过互联网随时随地地访问各类服务，从而访问和管理自己的业务数据。

云服务还容易与 SaaS(Software as a Service，软件即服务)相混淆。通常情况下，在"软件即服务"系统上，服务提供商自己提供和管理硬件平台与系统软件。对于云计算平台上的云服务，服务提供商一般不需要提供硬件平台和系统软件。或者说，云计算允许公司在不属于自己的硬件平台和系统软件上提供软件服务。这是云服务和"软件即服务"的一个主要区别。对于公司来说，这是一个好事：软件公司可以将硬件和系统软件问题委托给云计算平台来负责。

企业作为云服务的客户，通过访问服务目录来查询相关软件服务，然后订购服务。云平台提供了统一的用户管理和访问控制管理。一个用户使用一个用户名和密码就可以访问所订购的多个服务。云平台还需要定义服务响应的时间。如果超过该时间，云平台需要考虑负载平衡，如安装服务到一个新的服务器上。云平台还需要考虑容错性，当一个服务器瘫痪时，其他服务器能够接管，在整个接管中，要保证数据不丢失。多个客户在云计算平台上使用云服务，要保证各个客户的数据安全性和私密性。要让各个客户觉得只有他自己在使用该服务。服务定义工具包括使用服务流程将各个小服务组合成一个大服务。

中国云计算服务网的定义是：云服务是指可以拿来作为服务内容提供给用户使用的云计算产品，包括云主机、云空间、云开发、云测试和综合类产品等。

云计算服务是指将大量用网络连接的计算资源统一管理和调度，构成一个计算资源池向用户提供按需服务，用户通过网络以按需、易扩展的方式获得所需资源和服务。云服务基本结构示意图如图 2-1 所示。

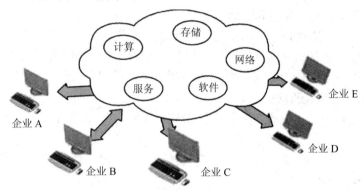

图 2-1 云服务基本结构示意图

2.1.2 云服务的特征

云服务是按照 SOA 来设计的，云服务之间是一个松散耦合。云计算将软件系统看作一些有标准接口的服务集合。针对不同的业务需求，企业可以将不同服务组合在一起，来构造一个新的业务系统。

根据美国国家标准和技术研究院的定义，云计算服务应该具备以下特征：
- 按需自助服务。
- 随时随地用任何网络设备访问。
- 多人共享资源池。
- 快速重新部署的灵活度。
- 可被监控与量测的服务。

一般认为云计算服务还有如下特征：
- 基于虚拟化技术快速部署资源或获得服务。
- 减少用户终端的处理负担。
- 降低用户对于 IT 专业知识的依赖。

在云计算平台上，软件不像传统的软件那样作为一个商品来销售，而是作为一个服务来销售。其变化在于：软件服务需要天天维护。

由以上的特性可知，云计算的出现为企业系统架构提供了更加灵活的构建方式。如果基于云计算来构建系统架构，就可以从架构上保证整个系统的松耦合性和灵活性，为未来企业的业务逻辑的扩展打好基础。

2.1.3 云服务的设计原则

云服务是采用 SOA 来设计的，在 SOA 中，系统的体系结构通常由无状态、全封装和自描述的服务组成。设计云服务时，要坚持以下一些原则：

(1) 要有构思良好的服务。这些服务能够使业务更加灵活和敏捷；它们通过松散耦合、封装和信息隐藏使重构更加容易。

(2) 服务间的依赖减至最少。

(3) 服务是无状态的。

(4) 服务抽象是内聚、完整和一致的。

(5) 服务的命名和描述是面向用户的，需要通俗易懂。

(6) 将重用性作为标识和定义服务的最主要的标准之一。如果组件或服务不能重用，就无法将其作为服务进行部署。服务定义为一组可重用的组件，这些组件又可以用来构建新的应用程序或集成现有的软件。

(7) 不要被现有的系统束缚。如果我们考虑太多现有的 IT 系统，而不是现在和将来的业务需求，那么自底向上的业务流程往往会导致不好的业务服务。

(8) 服务可以是低级函数，也可以是高级函数。选择时，要综合考虑其灵活性、可维护性和可重用性等性能。

(9) 要高度重视各种服务质量需求，避免系统在运行时出现重大问题。

(10) 定义企业命名模式(如 Java 包、Internet 域名)。一般用名词命名服务，用动词命名操作。

(11) 在构建云计算平台的云服务时，需要特别注意无状态服务的设计和对于服务粒度的控制。

使用 SOA 设计的具体云服务都应该是独立的、自包含的请求，不应该依赖于其他服务的上下文和状态，也就是说，SOA 架构中的云服务应该是无状态的服务。SOA 系统中的服务粒度的控制也是一项十分重要的设计任务。一般来说，要公开在整个系统外部的服务中推荐使用粗粒度接口，而企业系统架构的内部一般使用相对较细的服务接口。从技术上讲，粗粒度的服务接口可能是一个特定服务的完整执行，而细粒度的服务接口可能是实现这个粗粒度接口的具体内部操作。虽然面向服务的体系结构不强制使用粗粒度的服务接口，但是我们一般使用它们作为外部集成的接口。选择正确的抽象级别是服务建模的一个关键问题，在不损害相关性、一致性和完整性的情况下应尽可能地使用粗粒度建模。

2.1.4　云服务的优缺点

1. 云服务的优点

云服务的优点之一就是规模经济。与同在单一的企业内开发相比，利用云计算供应商提供的基础设施，开发者能够提供更好、更便宜和更可靠的应用。如果需要，应用能够利用云的全部资源，而不必要求公司投资类似的物理资源。

由于云服务遵循一对多的模型，与单独的桌面程序部署相比，极大地降低了成本。云应用通常是"租用的"，以每用户为基础计价，像订阅模型而不是资产购买模型，这就意味着更少的前期投资和一个更可预知的月度业务费用流。

对于部门来说，所有的管理活动都是经过一个中央位置而不是一个单独的站点或工作站来管理的，各部门员工能够通过 Web 来远程访问应用。云服务还能实现用需要的软件快速装备用户。当需要更多的存储空间或宽带时，公司只需要从云中添加一个虚拟服务器，这比在自己的数据中心购买、安装和配置一个新的服务器容易得多。

对于开发者而言，有了云服务，升级一个云应用比传统的桌面软件更容易。只需要升级集中的应用程序，应用特征就能快速、顺利地得到更新，而不必手工去升级每台台式机上的单独应用。有了云服务，一个改变就能影响运行应用的每一个用户，大大降低了开发者的工作量。

2. 云服务的缺点

云服务最大的缺点就是其安全性。由于云服务是基于 Web 的应用，而基于 Web 的应用长时间以来就被认为具有潜在的安全风险。因此，很多公司还是宁愿将应用、数据和 IT 操作保持在自己的掌控之下。

其次就是数据丢失，利用云托管的应用和存储在少数情况下会产生数据丢失。尽管可以说，一个大的云托管公司可能比一般的企业有更好的数据安全和备份的工具，然而，在任何情况下，即便是感知到的来自关键数据和服务异地托管的安全威胁也可能阻止一些公司这么做。

另外一个潜在不足就是云计算宿主离线导致的事件。对那些需要可靠和安全平台的客户来说，平台故障和数据消失就像被粗鲁地唤醒一样。更进一步讲，如果一个公司依赖于第三方的云平台来存放数据而没有其他的物理备份，该数据可能处于危险之中。

2.2 云服务体系简介

被广泛引用的云架构包含三个基本层次：基础设施层(Infrastructure Layer)、平台层(Platform Layer)和应用层(Application Layer)。该架构层次中每层的功能都以服务的形式提供，这就是云服务类型分类方式的来源，即从云架构不同层次所提供的服务来进行划分。本节主要介绍云架构层次和云服务体系的划分。

2.2.1 云架构层次

按照基本功能来分，云分为基础设施云、平台云和应用云，这样的分类已经包含了云架构的基本层次。云架构通过虚拟化、标准化和自动化的方式有机地整合了云中的硬件和软件资源，并通过网络将云中的服务交付给用户。广泛应用的云架构包含三个层次，各个层次为用户提供各种级别的服务，即业界普遍认同的典型云计算服务体系——基础设施即服务(IaaS)、平台即服务(PaaS)和软件即服务(SaaS)。

基础设施层以 IT 资源为中心，包括经过虚拟化后的硬件资源和相关管理功能的集合。云的硬件资源包括计算、存储以及网络等资源。基础设施层通过虚拟化技术对这些物理资源进行抽象，并实现高效的管理、操作流程自动化和资源优化，从而为用户提供动态、灵活的基础设施层服务。

平台层介于基础设施层和应用层之间。该层以平台服务和中间件为中心，包括具有通用性和可复用的软件资源的集合，是优化的"云中间件"，提供了应用开发、部署、运行相关的中间件和基础服务，能更好地满足云应用在可用性、可伸缩性和安全性等方面的要求。

　　应用层是云上应用软件的集合，这些应用是构建在基础设施层提供的资源和平台层提供的环境之上的，通过网络交付给用户。云应用种类繁多，主要包括三类。一类如文档编辑、日历管理等能满足个人用户的日常生活办公需求的应用；一类如财务管理、客户关系管理等主要面向企业和机构用户的可定制解决方案；另一类为由独立软件开发商或团队为了满足某一特定需求而提供的创新性应用。

　　图 2-2 为逐层依赖的云架构。某个云计算提供商所提供的云计算服务可能专注在云架构的某一层，而无需同时提供三个层次上的服务。位于云架构上层的云提供商在为用户提供该层的服务时，同时要实现该架构下层所必须具备的功能。事实上，上层服务的提供者可以利用那些位于下层的云计算服务来实现自己的云计算服务，而无需自己实现所有下层的架构和功能。

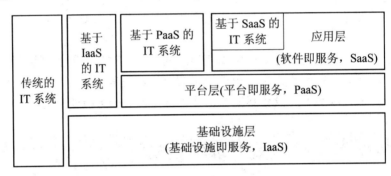

图 2-2　云架构层次示意图

　　图 2-2 展示了在云计算时代企业 IT 系统可能的实现方式。从左到右经历四种方式：首先是传统的 IT 系统，即企业自建自营从硬件到软件到应用的整个 IT 系统；其次，企业将自己特定的软件系统运行在 IaaS 服务上，从而减轻运营维护 IT 硬件的负担；再者，企业可以将应用系统运行在 PaaS 所提供的服务上，这样可以更大程度地减轻运营管理 IT 系统的负担；最后就是企业可以直接采用云应用，不再拥有 IT 系统，而直接通过云服务来满足自己所需的各种软件服务。当然，企业采取何种形式的云服务取决于企业的 IT 战略发展规划。总体来说云计算带来的种种优势为企业 IT 系统发展提供了极大的便利。

2.2.2　云服务体系

　　由上节可知，被广泛引用的云架构包含三个基本层次：基础设施层(Infrastructure Layer)、平台层(Platform Layer)和应用层(Application Layer)。该架构层次中每层的功能都以服务的形式提供，这就是云服务类型分类方式的来源，即从云架构不同层次所提供的服务来进行划分。该架构各个层次为用户提供各种级别的服务，即业界普遍认同的典型云计算服务体系——基础设施即服务(IaaS)、平台即服务(PaaS)和软件即服务(SaaS)，如图 2-3 所示。

图 2-3　经典云计算服务体系

这些服务的交付可以与云计算实现模型的不同层次对应：IaaS 服务主要依托于云计算基础设施层，向外提供基础资源服务；PaaS 服务主要依托于平台层，向外提供应用开发与运行托管服务；SaaS 服务主要通过云计算应用软件层向外提供应用软件服务。需要注意的是：IaaS、PaaS、SaaS 都是在云计算基础架构上提供的服务，都利用了云计算基础架构提供的基础资源能力，不同的服务只是在基础架构上叠加了不同的实现部件，具有不同的服务内容和服务交付方式。另外，IaaS、PaaS、SaaS 只是层次不同，没有必然的上下层关系，即 PaaS 不一定架构在 IaaS 之上，而 SaaS 不一定架构在 PaaS 之上。

2.2.3 云服务的组成

云服务是将应用程序功能作为服务提供给客户端应用程序或其他服务的一种。当使用 SOA 构建软件系统时，除了要考虑系统的功能外，还要关注整个架构的可用性、性能问题、可重用性、安全性、容错能力、可靠性、可扩展性等各个方面。因此云服务的组成可以分为功能部分和服务质量部分。

1. 服务的功能

服务的功能主要包括服务通信协议、服务描述、实际可用的服务和业务流程。

(1) 通信协议、传输协议用于将来自服务使用者的服务请求传送给服务提供者，并且将来自服务提供者的响应传送给服务使用者。通信协议是基于传输协议层的协议。

(2) 服务描述用于描述服务是什么、如何调用服务以及调用服务所需要的数据。服务代理是一个服务和数据描述的存储库，服务提供者可以通过服务注册中心发布他们的服务，服务使用者可以通过服务注册中心查找可用的服务。

(3) 业务流程是一个服务的集合，我们可以按照特定的顺序并使用一组特定的规则调用多个服务，以满足一个业务需求。

2. 服务质量

服务质量主要包括安全管理和其他一些质量要求。其中，安全管理是管理服务使用者的身份验证、授权和访问控制。其他的服务质量要求包括：性能、可升级性、可用性、可靠性、可维护性、可扩展性、易管理性及安全性。在设计架构过程中需要平衡所有这些服务质量的需求。

为了保证云服务的服务质量和非功能性需求，我们必须监视和管理已经部署的云服务。

2.3 云服务类型及应用

云服务的类型主要有基础设施即服务(IaaS)、平台即服务(PaaS)和软件即服务(SaaS)。

2.3.1 基础设施即服务(IaaS)

基础设施即服务(IaaS)交付给用户的是基本的基础设施资源。它将多台服务器组成的"云端"计算资源和存储资源作为计量服务提供给用户，将内存、I/O、存储功能和计算能力整合成一个虚拟的资源池向业界用户提供存储资源和虚拟化服务器等服务。用户无需购买、维护硬件设备和相关系统软件，就可以直接在该层上构建自己的平台和应用。支撑该服务的技术体系主要包括虚拟化技术和相关的资源动态管理与调度技术。

1. IaaS 的基本抽象模型

从图 2-4 中可以看出，首先对 IT 基础设施进行资源池化 (Pooling)，即通过整合树立 IT 基础设施，采取相应技术形成动态资源池。然后，对资源池的各种资源进行管理，诸如调度、监控、计量等，为服务打下基础。最后，交付给用户可用的服务包，一般是用户通过网络访问统一的服务界面，按照服务目录提供的相关服务包来选择并获取所需的服务。

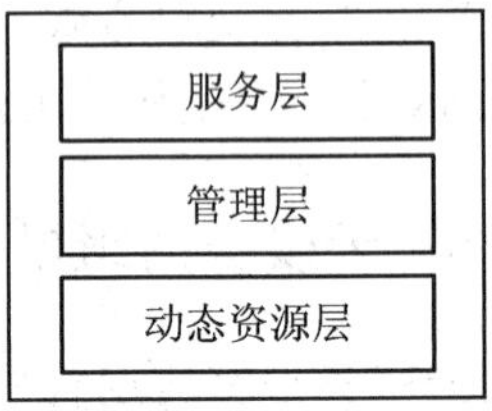

IaaS 服务的核心思想是以产品的形式向用户交付各种能力，而这些能力直接来自各种资源池，因此 IaaS 的技术架构对于资源池化、产品设计与封装以及产品交付等方面有一定要求。

服务层
管理层
动态资源层

图 2-4　IaaS 的抽象模型

2. IaaS 的技术架构

在 IaaS 的技术架构中，通过采用资源池构建、资源调度、服务封装等手段，可以将 IT 资源迅速转变为可交付的 IT 服务，从而实现 IaaS 云的按需自服务、资源池化、快速扩展和服务可度量。一般来讲，基础设施即服务(IaaS)的总体技术架构主要分为资源层、虚拟化层、管理层和服务层四层架构。如图 2-5 所示。

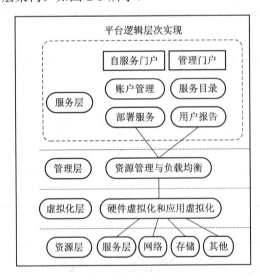

图 2-5　IaaS 的技术架构

为了有效地交付 IaaS，服务提供商首先需要搭建和部署拥有海量资源的资源池。当获取用户的需求后，服务提供商从资源池中选取用户所需的处理器、内存、磁盘、网络等资源，并将这些资源组织成虚拟服务器提供给用户。在资源池层，服务提供商通过使用虚拟化技术，将各种物理资源抽象为能够被上层使用的虚拟化资源，以屏蔽底层硬件差异的影响，提高资源的利用率。在资源管理层，服务提供商利用资源管理软件根据用户的需求对基础资源层的各种资源进行有效的组织，以构成用户需求的服务器硬件平台。在使用 IaaS

时，用户看到的就是一台能够通过网络访问的服务器。在这台服务器上，用户可以根据自己的实际需要安装软件，而不必关心该服务器底层硬件的实现细节，也无需控制底层的硬件资源。但是，用户需要对操作系统、系统软件和应用软件进行部署和管理。

1) 资源层

资源层位于架构的最底层，主要包含数据中心所有的物理设备，如硬件服务器、网络设备、存储设备等其他设备。在云平台中，位于资源层中的资源不是独立的物理设备个体，而是将所有的资源形象地集中在"池"中，组成一个集中的资源池，因此，资源层中的所有资源都将以池化的概念出现。这种汇总或池化不是物理上的，只是概念上的，便于 IaaS 管理人员对资源池中的各种资源进行统一的、集中的运维和管理，并且可以按照需求随意地进行组合，形成一定规模的计算资源或计算能力。其中，资源层中的主要资源包括计算资源、存储资源和网络资源。

2) 虚拟化层

虚拟化位于资源层之上，按照用户或者业务的需求，从池化资源中选择资源并打包，从而形成不同规模的计算资源，也就是常说的虚拟机。虚拟化层主要包含服务器虚拟化、存储器虚拟化和网络虚拟化等虚拟化技术，虚拟化技术是 IaaS 架构中的核心技术，是实现 IaaS 架构的基础。

服务器虚拟化能够将一台物理服务器虚拟成多台虚拟服务器，供多个用户同时使用，并通过虚拟服务器进行隔离封装来保证其安全性，从而达到改善资源利用率的目的。服务器虚拟化的实现依赖处理器虚拟化、内存虚拟化和 I/O 设备虚拟化等硬件资源虚拟化技术。

存储虚拟化将各个分散的存储系统进行整合和统一管理，并提供了方便用户调用资源的接口。存储虚拟化能够为后续的系统扩容提供便利，使资源规模动态扩大时无需考虑新增的物理存储资源之间可能存在的差异。

网络虚拟化可以满足在服务器虚拟化应用过程中产生的新的网络需求。服务器虚拟化使每台虚拟服务器都拥有自己的虚拟网卡设备才能进行网络通信，运行在同一台物理服务器上的虚拟服务器的网络流量则统一经由物理网卡输入/输出。网络虚拟化能够为每台虚拟服务器提供专属的虚拟网络设备和虚拟网络通路。同时，还可以利用虚拟交换机等网络虚拟化技术提供更加灵活的虚拟组网。

虚拟化资源管理的目的是将系统中所有的虚拟硬件资源"池"化，实现海量资源的统一管理、动态扩放，以及对用户进行按需配合。同时，虚拟化资源管理技术还需要为虚拟化资源的可用性、安全性、可靠性提供保障。

3) 管理层

管理层位于虚拟化层之上，主要对下面的资源层进行统一的运维和管理，包括收集资源的信息，了解每种资源的运行状态和性能情况，选择如何借助虚拟化技术选择、打包不同的资源，以及如何保证打包后的计算资源——虚拟机的高可用性或者如何实现负载均衡等。

通过资源层，一方面可以了解虚拟化层和资源层的运行情况和计算资源的对外提供情况，另一方面，管理层可以保证虚拟化层和资源层的稳定、可靠，从而为最上层的服务层的功能实现打下坚实的基础。

4) 服务层

服务层位于整体架构的最上层，主要面向用户提供使用管理层、虚拟化层以及资源层的能力。

基于动态云方案构建的云计算包含了完善的自服务系统，为平台上的客户提供 7×24 小时资源支持，并可在线提交服务请求，与客户直接沟通。自服务云平台首先提供服务的自由选择，用户可以根据实际业务的需求选择不同的服务套餐，同时自服务云平台还将提供订阅资源的综合运行监控管理，一目了然地掌握系统实时运行状态。通过自服务系统，用户可以远程管理和维护已购买的产品和服务。

另外，对所有基于资源层、虚拟化层、管理层，但又不限于这几层资源的运维和管理任务，将被包含在服务层中。这些任务在面对不同的企业、业务时往往有很大差别，其中包含比较多的自定义、个性化因素。例如，用户账号管理、虚拟机权限设定等各类服务。

以上 4 层的结构是 IaaS 架构中的基础部分，只有将以上内容规划好才能为服务层提供良好的支撑。

3. 代表性产品

最具代表性的 IaaS 产品有：IBM Blue Cloud、Amazon EC2、Cisco UCS 和 Joyent。

1) IBM Blue Cloud

IBM Blue Cloud(蓝云)解决方案是由 IBM 云计算中心开发的业界第一个，同时也是在技术上比较领先的企业级云计算解决方案。该解决方案可以对企业现有的基础架构进行整合，通过虚拟化技术和自动化管理技术来构建企业自己的云计算中心，并实现对企业硬件资源和软件资源的统一管理、统一分配、统一部署、统一监控和统一备份，也打破了应用对资源的独占，从而帮助企业能享受到云计算所带来的诸多优越性。

2) Amazon EC2

Amazon EC2 基于著名的开源虚拟化技术 Xen，主要以提供不同规格的计算资源(也就是虚拟机)为主。通过 Amazon 的各种优化和创新，EC2 不论在性能上还是在稳定性上都已经可以满足企业级的需求，而且它还提供完善的 API 和 Web 管理界面来方便用户使用。

3) Cisco UCS

Cisco UCS 是一个集成的可扩展多机箱平台，在一个紧密结合的系统中整合了计算、网络、存储与虚拟化功能。该系统包含一个低延时、无丢包和支持万兆以太网的统一网络阵列，以及多台企业级 x86 架构刀片服务器等设备，并在一个统一的管理域中管理所有资源。用户可以通过在 UCS 上安装 VMWare vSphere 来支撑多达几千台虚拟机的运行。通过 Cisco UCS，能够让企业快速在本地数据中心搭建基于虚拟化技术的云环境。

4) Joyent

Joyent 提供基于 Open Solaris 技术的 IaaS 服务。其 IaaS 服务中最核心的是 Joyent Accelerator，它能够为 Web 应用开发人员提供基于标准的、非专有的、按需供应的虚拟化计算和存储解决方案。基于 Joyent Accelerator，用户可以使用具备多核 CPU、海量内存和存储的服务器设备来搭建自己的网络服务，并提供超快的访问、处理速度和超高的可靠性。

4．优势

与传统的企业数据中心相比，IaaS 服务在很多方面都具有一定的优势，其中比较明显的表现在以下几个方面。

(1) 用户免维护。用户不用操心 IaaS 服务的维护工作，主要的维护工作都由 IaaS 云供应商来负责。

(2) 成本低，经济性好。使用 IaaS 服务，用户不用购买大量的前期硬件，免去了用户前期的硬件购置成本，而且由于 IaaS 云大都采用虚拟化技术，所以应用和服务器的整合率普遍在 10 (也就是一台服务器运行 10 个应用)以上，这样能有效降低使用成本。

(3) 开放标准。IaaS 在跨平台方面稳步向前，这样应用能在多个 IaaS 云上灵活地迁移，而不会被固定在某个企业数据中心内。

(4) 伸缩性强。传统的企业数据中心则往往需要几周时间才能给用户提供一个新的计算资源，而 IaaS 云只需几分钟，并且计算资源可以根据用户需求来调整其资源的大小。

(5) 支持的应用广泛。因为 IaaS 主要是提供虚拟机，并且普通的虚拟机就能支持多种操作系统，所以 IaaS 所支持的应用范围也非常广泛。

2.3.2　平台即服务(PaaS)

PaaS 是为用户提供应用软件的开发、测试、部署和运行环境的服务。开发环境包括服务器平台、硬件资源等。用户在服务提供商的基础架构上开发程序并通过网络传送给其他用户(最终用户)。支撑该服务的技术体系主要是分布式系统。

1．PaaS 基本架构

PaaS 把软件开发环境当作服务提供给用户，用户可以通过网络将自己创建的或者从别处获取的应用软件部署到服务提供商提供的环境上运行。

PaaS 的基本架构由服务器集群、分布式系统和运营管理系统构成。如图 2-6 所示。

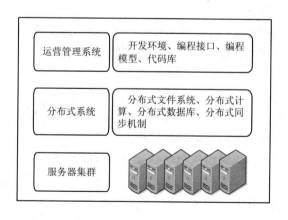

图 2-6　PaaS 基本架构

PaaS 平台构建在物理服务器集群或虚拟服务器集群上，通过分布式技术解决集群系统的协同工作问题。从图中可知，PaaS 分布式系统由分布式文件系统、分布式计算、分布式数据库和分布式同步机制 4 部分组成。分布式文件系统和分布式数据库共同完成 PaaS 平台结构化和非结构化数据的存取，分布式计算确定了 PaaS 平台的数据处理模型，分布式同步机制主要用于解决并发访问控制问题。

为了使用 PaaS 提供的环境，用户部署的应用软件需要使用该环境提供的接口进行编程。运营管理系统针对 PaaS 服务特性，解决用户接口和平台运营相关问题。在用户接口方面，需要提供代码库、编程模型、编程接口、开发环境等在内的工具。PaaS 运营平台除完成计费、认证等运营管理系统基本功能外，还需要解决用户应用程序运营过程中所需要的存储、计算、网络基础资源的供给和管理问题，需要根据应用程序实际的运行情况动态地增加或减少运行实例。同时，该系统还需要保证应用程序的可靠运行。

2．PaaS 关键技术——分布式技术

大多数 PaaS 服务提供商都将分布式系统作为其开放平台的基础构架，并且分布式基础平台能直接集成到运行环境中，使利用 PaaS 服务运行的应用在数据存储和处理方面具有很强大的可扩展能力。分布式技术主要包括分布式文件系统、分布式数据库、并行计算模型和分布式同步等。

分布式文件系统的目的是在分布式系统中以文件的方式实现数据的共享。分布式文件系统实现了对底层存储资源的管理，屏蔽了存储过程的细节，实现了位置透明和性能透明，使用户无需关心文件在云中的存储位置。与传统的分布式文件系统相比，云计算分布式文件系统具有更为海量的存储能力、更强的系统可扩展性和可靠性，也更为经济。

分布式文件系统偏向于对非结构化的文件进行存储和管理，分布式数据库利用分布式系统对结构化/半结构化数据实现存储和管理，是分布式系统的有益补充，它能够便捷地实现对数据的随机访问和快速查询。

分布式计算研究如何把一个需要非常巨大的计算能力才能解决的问题分解成许多小的部分，并由许多相互独立的计算机进行协同处理，以得到最终结果。如何将一个大的应用程序分解为若干可以并行处理的子程序，有两种可能的处理方法，一种是分割计算，即把应用程序的功能分割成若干个模块，由网络上的多台机器协调完成；另一种是分割数据，即把数据分割成小块，由网络上的计算机分别计算。对于海量数据分析等数据密集型问题，通常采取分割数据的分布式计算方法；对于大规模分布式系统，可能同时采取分割计算和分割数据两种方法。

分布式计算的目的是充分利用分布式系统进行高效的并行计算。之前的分布式并行计算普遍采用将数据移动到计算节点进行处理的方法，但在云计算中，计算资源和存储资源分布的更为广泛并通过网络互联互通，海量数据的移动将导致巨大的性能损失。因此，在云计算系统中，分布式计算通常采用把计算移动到存储节点的方式完成数据处理任务，这将具有更高的性能。

分布式协同管理的目的是确保系统的一致性，防止云计算系统网络中的数据操作的不一致性，从而严重影响系统的正常运行。

3. PaaS 代表性产品

和 SaaS 产品相比，PaaS 产品主要以少而精为主，其中相关代表产品主要有 Force.com、Google App Engine、Windows Azure Platform 和 Heroku。

1) Force.com

就像上面所说的那样，Force.com 是业界第一个 PaaS 平台，基于多租户的架构，其主要通过提供完善的开发环境等功能来帮助企业和第三方供应商交付健壮的、可靠的和可伸缩的在线应用。Force.com 是一组集成的工具和应用程序服务，ISV 和公司 IT 部门可以使用它构建任何业务应用程序并在提供 Salesforce CRM 应用程序的相同基础结构上运行该业务应用程序。

2) Google App Engine

Google App Engine 是一种使用户可以在 Google 的基础架构上运行自己的网络应用程序的 PaaS 应用程序。该应用程序还提供一整套开发工具和 SDK 来加速应用的开发，并提供大量免费额度来节省用户的开支。Google App Engine 易于构建和维护，并可根据用户的访问量和数据存储需要的增长轻松扩展。

3) Windows Azure Platform

Windows Azure Platform 是微软推出的 PaaS 产品，运行在微软数据中心的服务器和网络基础设施上，通过公共互联网来对外提供服务。Windows Azure Platform 由具有高扩展性的云操作系统、数据存储网络和相关服务组成，而且服务都是通过物理或虚拟的 Windows Server 2008 实例提供的。另外，它附带的 Windows Azure SDK 软件开发包提供了一整套开发、部署和管理 Windows Azure 云服务所需要的工具和 API。

4) Heroku

Heroku 是一个用于部署 Ruby On Rails 应用的 PaaS 平台，并且其底层基于 Amazon EC2 的 IaaS 服务，支持多种编程语言，而且在 Ruby 程序员中有非常好的口碑。

4. PaaS 的优势

和现有的基于本地的开发和部署环境相比，PaaS 平台主要有如下几方面的优势：

(1) 友好的开发环境。PaaS 平台通过提供 SDK 和 IDE(Integrated Development Environment，集成开发环境)等工具可让用户不仅能在本地方便地进行应用的开发和测试，而且能进行远程部署。

(2) 丰富的服务。PaaS 平台会以 API 的形式将各种各样的服务提供给上层的应用。

(3) 精细的管理和监控。PaaS 平台能够提供应用层的管理和监控，能够观察应用运行的情况和具体数值来更好地衡量应用的运行状态，还能通过精确计量应用所消耗的资源来更好地计费。

(4) 多租户(Multi-Tenant)机制。许多 PaaS 平台都自带多租户机制，不仅能更经济地支撑庞大的用户规模，而且能提供一定的可定制性以满足用户的特殊需求。

(5) 伸缩性强。PaaS 平台会自动调整资源来帮助运行于其上的应用程序更好地应对突发流量。

(6) 整合率高。PaaS 平台的整合率非常高，比如 Google App Engine 能在一台服务器上承载成千上万个应用。

5．PaaS 与 IaaS 的比较

IaaS 提供的只是"硬件"，保证同一基础设施上的大量用户拥有自己的"硬件"资源，实现硬件的可扩展性和可隔离性。PaaS 在同一基础设施上同时为大量用户提供其专属的应用运行平台，实现多应用的可扩展性和隔离运行，使用户的应用不受影响，具有很好的性能和安全性。

PaaS 消除了用户自行搭建软件开发平台和运行环境所需要的成本和开销，但应用软件的实现功能和性能会受到服务提供商提供的环境的约束，特别是当前各个服务提供商提供的应用接口尚不统一，彼此之间有差异性，影响了应用软件的跨平台的可移植性。

2.3.3　软件即服务(SaaS)

SaaS 是一种以互联网为载体，以浏览器为交互方式，把服务器端的程序软件传给远程用户来提供软件服务的应用模式。将应用软件统一部署于服务器(集群)，通过网络向用户提供软件，用户根据实际需求定制或者租用应用软件。SaaS 消除了企业或者机构购买、构建和维护基础设施与应用程序的投入。

SaaS 一般可以分为两大类：一种是面向个人消费者的服务，这类服务通常是把软件服务免费提供给用户，只通过广告来赚取收入；另一种是面向企业的服务，这种服务通常采用用户预定的销售方式，为各种具有一定规模的企业和组织提供可定制的大型商务解决方案。

1．SaaS 的一般技术框架

一般情况下，SaaS 从上到下依次包含用户界面层、控制层、业务逻辑层和数据访问层，如表 2-1 所示。

表 2-1　SaaS 的主要层次

层 次 体 系	主 要 技 术
用户界面层	Web 2.0
控制层	Struts
业务逻辑层	元数据开发模式
数据访问层	Hibernate

用户界面层封装系统界面和用户接口，用于对业务逻辑层的显示，该层的传统方式主要是使用 Web 技术，以提高界面的交互性和丰富性。控制层封装系统在整个 SaaS 系统中起到沟通用户界面层和业务逻辑层的作用，负责用户在视图上的输入，并转发给业务逻辑层进行处理。业务逻辑层用于处理用户请求的数据，是整个 SaaS 的核心部分。业务逻辑层和控制层通常采用 Struts 和元数据开发模式来实现。Strust 技术用来搭建基本程序框架，实现业务逻辑层和控制层的分离。元数据用来描述程序框架中的各应用程序模块，这样客户就可以通过创建及配置新的元数据来定制具有个性化的应用程序，从而达到软件的可配置性。数据访问层将业务逻辑层和控制层对数据管理方面的内容独立出来，负责对数据库的操作，包括数据结构的管理、数据存取和物理数据结构与逻辑数据结构间的转换。数据访

问层对物理数据源的访问进行了有效的封装。以上三层都不需要关心数据源的构造及其存取方式，只需对数据访问层的逻辑数据进行操作即可。SaaS 系统各层不是相互独立的，整合于多租户软件框架之上。

2. SaaS 的关键技术

SaaS 系统的关键技术主要包括 Web 呈现技术和多租户技术。

1）Web 呈现技术

人们之所以开始使用 SaaS，是因为 SaaS 随时随地都可以使用，但是人们仍然希望保持原有的用户体验，即"像使用本地应用程序那样使用 SaaS 应用"。因此，呈现技术就决定了云应用是否能够实现本地应用那样的用户体验。

满足 SaaS 交付需求的 Web 技术至少应该包括以下几个要素：动态的交互性；可以接收非文字输入的丰富的交互手段；较高的呈现性能；Web 界面的定制化；离线使用；使用教程的直观展示。

基于浏览器的 Web 呈现有重要改变的技术包括 HTML 5、CSS 3 及 Ajax。HTML 5 是对传统 HTML 语言的改进，其新增加的特性能较好地满足 SaaS 应用的需要。CSS 3 是对 CSS 2.1 的升级，使页面显示呈现出更炫的效果。Ajax 的应用改变了用户提交请求后全页面刷新的长时间等待问题，可以使用户感受到更好的交互性。

2）多租户技术

采用多租户方式开发的应用软件，一个实例可以同时处理多个用户的请求，即所有的应用共享一个高性能的 Server，成千上万的客户通过这个 Server 访问应用，共享一套代码，同时可以通过配置的方式改变特性。

多租户架构具有以下特点：

（1）软件部署在软件托管方，软件的安装、维护、升级对于用户是透明的，这些工作由软件供应商来完成；

（2）该架构采用先进的数据存储技术，保证了各租户之间的数据相互隔离，使得各租户之间在保证自身数据安全的情况下能共享同一程序软件，因此，租户之间是相互透明的。

数据存储问题是多租户架构的关键问题，在 SaaS 设计中多租户架构在数据存储上主要有独立数据库、共享数据库单独模式和共享数据库共享模式三种解决方案。

（1）独立数据库：每个客户的数据单独存放在一个独立数据库，从而实现数据隔离。在应用这种数据模型的 SaaS 系统中，客户共享大部分系统资源和应用代码，但物理上有单独存放的一整套数据。系统根据元数据来记录数据库与客户的对应关系，并部署一定的数据库访问策略来确保数据安全。这种方法简单便捷，数据隔离级别高，安全性好，又能很好地满足用户个性化需求，但是其成本和维护费用高，因此适合安全性要求高的用户。

（2）共享数据库单独模式：客户使用同一数据库，但是各自拥有一套不同的数据表组合存在于其单独的模式之内。当客户第一次使用 SaaS 系统时，系统在创建用户环境时会创建一整套默认的表结构，并将其关联到客户的独立模式上。这种方式在数据共享和隔离之间获得了一定的平衡，它既借由数据库共享使得一台服务器就可以支持更多的用户，又在物理上实现了一定程度的数据隔离以确保数据安全，不足之处是当出现故障时，数据恢复比较困难。

（3）共享数据库共享模式：用一个数据库和一套数据表来存放所有客户的数据。在这种模式下一个数据表内可以包含多个客户的记录，由一个客户 ID 字段来确认哪条记录是属于哪个客户的。这种方案共享程度最高，支持的客户数量最多，维护和购置成本也最低，但隔离级别低。

以上三种方案可以通过物理隔离、虚拟化和应用支持的多租户架构来实现。物理分割法为每个用户配置其独占的物理资源，安全性和扩展性都很好，但是硬件成本高。虚拟化方法通过虚拟技术实现物理资源的共享和用户的隔离。

3）元数据

元数据就是命令指示，描述了应用程序如何运行的各个方面。元数据以非特定语言的方式描述在代码中定义的每一类型和成员。它可能存储以下信息：程序集的说明、标识、导出的类型、依赖的其他的程序集，运行程序所需的安全权限，类型的说明、名称、基类和实现的接口、成员、属性，修饰的类型和成员的其他说明性元素等。元数据被广泛地应用在 SaaS 模式中，应用程序的基本功能以元数据的形式存储在数据库中，当用户在 SaaS 平台上选择自己的配置时，SaaS 系统就会根据用户的设置，把相应的元数据组合并呈现在用户的界面上。

元数据是一种对信息资源进行有效组织、管理、利用的基础命令集和工具。使用元数据开发模式，可以提高应用开发人员的生产效率，提高程序的可靠性，具有良好的功能可扩展性。

3．代表性产品

SaaS 产品起步较早，而且开发成本低，所以在现在的市场上，SaaS 产品不论是在数量还是在种类上都非常丰富。同时，也出现了多款经典产品，其中最具代表性的莫过于 Google Apps、Salesforce CRM、Office Web Apps 和 Zoho。

1）Google Apps

Google Apps 中文名为"Google 企业应用套件"，它提供企业版 Gmail、Google 日历、Google 文档和 Google 协作平台等多个在线办公工具，而且大部分应用程序组件都有单独的文档站点，包括产品特定的文档和常见问题解答。该套件价格低廉，使用方便，并且已经有大量企业购买了 Google Apps 服务。

2）Salesforce CRM

Salesforce CRM 是一款在线客户管理工具，并在销售、市场营销、服务和合作伙伴这 4 个商业领域中提供完善的 IT 支持，还提供强大的定制和扩展机制，使用户的业务更好地运行在 Salesforce 平台上。这款产品常被业界视为 SaaS 产品的"开山之作"。

3）Office Web Apps

Office Web Apps 是微软所开发的在线版 Office，提供基于 Office 2010 技术的简易版 Word、Excel、PowerPoint 及 OneNote 等功能。它属于 Windows Live 的一部分，并与微软的 SkyDrive 云存储服务有深度的整合，而且兼容 Firefox、Safari 和 Chrome 等非 IE 系列浏览器。Office Web Apps 以两种不同方式提供给消费者和企业用户，作为在线版 Office 2010，它主要为用户提供随时随地的办公服务，而且无需用户在本地安装微软 Office 客户端。对于普通消费者，Office Web Apps 完全免费提供，用户只需使用有效 Windows Live ID 即可在浏览器内使用 Office Web Apps。和其他在线 Office 相比，它的最大优势是，由于其本身属于 Office 2010 的一部分，所以在与 Office 文档的兼容性方面该在线 Office 远胜其他在线 Office 服务。

4) Zoho

Zoho 是 AdventNet 公司开发的一款在线办公套件。在功能方面，它绝对是现在业界最全面的，有邮件、CRM、项目管理、Wiki、在线会议、论坛和人力资源管理等几十个在线工具供用户选择。同时包括美国通用电气公司在内的多家大中型企业已经开始在其内部引入 Zoho 的在线服务。

4. SaaS 的优势

虽然和传统桌面软件相比，现有的 SaaS 服务在功能方面还稍逊一筹，但是在其他方面 SaaS 还是具有一定的优势的。

(1) 操作简单。在任何时候或者任何地点，只要接上网络，用户就能访问这个 SaaS 服务，而且无需安装、升级和维护。

(2) 成本低。使用 SaaS 服务时，不仅无需在使用前购买昂贵的许可证，而且几乎所有的 SaaS 供应商都允许免费试用。

(3) 安全保障。SaaS 供应商需要提供一定的安全机制，不仅要使存储在云端的用户数据处于绝对安全的境地，而且也要通过一定的安全机制来确保与用户之间通信的安全。

(4) 支持公开协议。现有的 SaaS 服务在公开协议的支持方面都做得很好，用户只需一个浏览器就能使用和访问 SaaS 应用。这对用户而言非常方便。

2.3.4 IaaS、SaaS、PaaS 之间的关系

IaaS 为用户提供虚拟计算机、存储、防火墙、网络、操作系统和配置服务等网络基础架构部件，用户可根据实际需求扩展或收缩相应数量的软硬件资源，主要面向企业用户。

PaaS 是一套平台工具，用户可以使用平台提供的数据库、开发工具和操作系统等开发环境进行开发、测试和部署软件。PaaS 主要面向应用程序研发人员，有利于实现快速开发和部署。

SaaS 通过互联网为用户提供各种应用程序，直接面向最终用户。服务提供商负责对应用程序进行安装、管理和运营，用户无需考虑底层的基础架构及开发部署等问题，可直接通过网络访问所需的应用服务。SaaS 服务可基于 PaaS 平台提供，也可直接基于 IaaS 提供。

SaaS、PaaS、IaaS 三者之间没有必然的联系，只是三种不同的服务模式，都是基于互联网，按需按时付费，就像水、电、煤气一样。从用户体验角度而言，它们之间的关系是独立的，因为它们面对的是不同的用户。从实际的商业模式角度而言，PaaS 的发展确实促进了 SaaS 的发展，因为提供了开发平台后，SaaS 的开发难度降低了。从技术角度而言，三者并不是简单的继承关系，因为 SaaS 可以基于 PaaS 或者直接部署于 IaaS 之上，其次 PaaS 可以构建于 IaaS 之上，也可以直接构建在物理资源之上。

SaaS、PaaS、IaaS 之间的关系如图 2-7 所示。

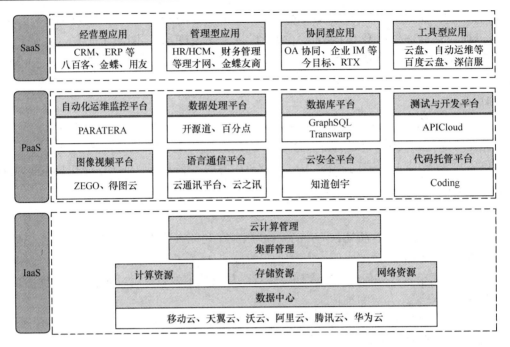

图 2-7　SaaS、PaaS 和 IaaS 之间的关系

2.4　云部署模式

根据 NISI 的定义，云计算按照部署可以分为公有云、私有云、社区云和混合云四种云服务部署模式。不同的部署模式对基础架构提出了不同的要求，在正式进入云计算网络设计之前，我们必须弄清楚这几种云计算部署模式之间的不同。

1.　公有云

公有云由某个组织拥有，其云基础设施对公众或某个很大的业界群组提供云服务。这种模式下，应用程序、资源、存储器和其他服务，都由云服务提供商提供给用户，这些服务多半是免费的，也有部分按需按使用量来付费的使用，都是通过互联网提供服务。目前典型的公共云有微软的 Windows Azure Platform、Amazon EC2，以及国内的阿里巴巴等。

对使用者而言，公有云的最大优点是，其所应用的程序、服务以及相关的数据都存放在公共云的提供者处，自己无需做相应大的投资和建设。但由于数据不存储在自己的数据中心，其安全性存在一定的风险。同时，公有云的可用性不受使用者控制，这方面也存在一定的不确定性。

2.　私有云

私有云的建设、运营和使用都在某个组织或企业内部完成，其服务的对象被限制在这个企业内部，没有对外公开接口。私有云不对组织外的用户提供服务，但是私有云的设计、部署与维护可以交由组织外部的第三方完成。私有云的部署比较适合于有众多分支机构的企业或政府部门。随着这些大型企业数据中心的集中化，私有云将会成为他们部署 IT 系统的主流模式。

相对于公有云，私有云部署在企业自身内部，其数据安全性、系统可用性都可由自己控制。但是私有云投资较大，尤其是一次性建设的投资较大。

3．社区云

社区云是面向一群由共同目标、利益的用户群体提供服务的云计算类型。社区云的用户可能来自不同的组织或企业，因为共同的需求如任务、安全要求、策略和准则等走到一起，社区云向这些用户提供特定的服务，满足他们的共同需求。

由大学教育机构维护的教育云就是一个社区云业务，大学和其他的教育机构将自己的资源放到云平台上，向校内外的用户提供服务。在这个模型中，用户除了为在校学生，还可能有在职进修学生、其他机构的科研人员，这些来自不同机构的用户，因为共同的课程作业或研究课题走到一起。

社区云虽然也面向公众提供服务，但与公有云比较起来，更具有目的性。社区云的发起者往往是具有共同目的和利益的机构，而公有云则是面向公众提供特定类型的服务，这个服务可以被用作不同的目的，一般没有限制。所以社区云一般比公有云小。

4．混合云

混合云也是云基础设施，是由两个或多个云(公有云、私有云或社区云)组成的综合云，其中各个云独立存在，但是它们通过标准的或私有的技术绑定在一起，这些技术促成数据和应用的可移植性。

混合云服务的对象非常广，包括特定组织内部的成员，以及互联网上的开放公众。混合云架构中有一个统一的接口和管理平面，不同的云计算模式通过这个结构以一致的方式向最终用户提供服务。与单独的公有云、私有云或社区云相比较，混合云具有更大的灵活性和可扩展性，在应对需求的快速变化时具有无可比拟的优势。

在市场产品消费需求越来越成熟的过程中，可能还会出现其他派生的云部署模式。云架构方案设计时的构架思路对将来方案的灵活性、安全性、移动性及协作能力都有很大的影响。同样的道理，对于以上的四个设计模式，采用私有的还是开放的方案也需要仔细考量。

思考与练习

1. 简述云服务的体系结构。
2. 云服务的特征有哪些？
3. 分别阐述 IaaS、PaaS、SaaS 的关键技术和优势。
4. 阐述各种云部署模式及其各自特点。

第三章　云数据处理

提起云计算，离不开大数据。大数据本质上也是数据，其关键技术依然逃不脱大数据的存储和管理。本章主要介绍云计算中的数据处理技术，主要包括云存储的两种常用方式 Google File System 和 Hadoop Distributed File System，以及 MapReduce 并行编程模型和数据管理的两种常用技术 Bigtable 和 Hbase。

3.1　大数据概述

大数据指一个超大的、难以用现有常规的数据库管理技术和工具进行处理的数据集。大数据技术描述了一种新一代技术和架构，用于以很经济的方式、以高速的捕获、发现和分析技术，从各种大规模的数据中提取价值。本节主要介绍大数据的概念和大数据技术。

3.1.1　大数据的发展

根据 IDC 作出的估测，数据一直都在以每年 50%的速度增长，也就是说每两年就增长一倍(大数据摩尔定律)，这意味着人类在最近两年产生的数据量相当于之前产生的全部数据量，到 2020 年，全球总共拥有约 35 亿 GB 的数据量，相较于 2010 年，数据量增长近 30 倍。这不是简单的数据增多的问题，而是全新的问题。举例来说，在当今全球范围内的工业设备、汽车、电子仪表和装运箱中，都有着无数的数字传感器，这些传感器能测量和交流位置、运动、震动、温度和湿度等数据，甚至还能测量空气中的化学变化。将这些交流传感器与计算智能连接起来，就是"物联网"(Internet of Things)或"工业互联网"(Industrial Internet)。在信息获取的问题上取得进步是促进"大数据"发展趋势的重要原因。

研究发现，大数据量可显著提高机器学习算法的准确性；训练数据集越大，数据分类精度越高；大数据集上的简单算法能比小数据集上的复杂算法产生更好的结果，因此数据量足够大时有可能使用代价很小的简单算法来达到很好的学习精度。同时，海量数据隐含着更准确的事实。然而，由于应用数据规模的急剧增加，传统计算面临严重的挑战。例如，中国移动一个省电话通联记录(CDR)数据每月可达 0.5～1 PB，而整个中国移动每月电话通联记录则高达 7～15 PB 的数据；南京市公安局 320 道路监控云计算系统数据量为三年 200 亿条、总量 120 TB 的车辆监控数据；百度存储数百 PB 数据，每天处理数据 10 PB；淘宝存储 14 PB 交易数据，每天新增数据 40～50 TB。如此巨大的数据量使得 Oracle 等数据库系统已经难以支撑和应对。

　　未来急剧增长的数据迫切需要寻求新的处理技术手段，一些大国加入大数据研究行列。美国联邦政府下属的国防部、能源部、卫生总署等 7 部委联合推动，于 2012 年 3 月底启动了大数据研发专项研究计划(Big DataInitiative)，投入 2 亿美元用于研究开发科学探索、环境、生物医学、教育和国家安全等重大领域与行业所急需的大数据处理技术和工具，把大数据研究上升到国家发展战略。这是继 1993 年美国宣布"信息高速公路"计划后的又一次重大科技发展部署。美国政府认为大数据是"未来的新石油"，将"大数据研究"上升为国家意志，对未来的科技与经济发展必将带来深远影响。一个国家拥有数据的规模和运用数据的能力将成为综合国力的重要组成部分，对数据的占有和控制也将成为国家间和企业间新的争夺焦点。

3.1.2　大数据的概念

　　大数据(Big data)又称海量数据(Massive Data)，是一种规模大到在获取、存储、管理、分析方面大大超出了传统数据库软件工具能力范围的数据集合。大数据本质上和传统的数据本无差异，它们大多是结构化、半结构化或者非结构化的数据。只是因为它们的数量级增长太快，我们需要用全新的方式来计算这些数据。

　　大数据归结起来具有海量的数据规模、快速的数据流转、多样的数据类型和较低的价值密度等 4 个基本特征，即 4 V：数量(Volume)、速度(Velocity)、类型(Variety)和价值(Value)。

　　(1) 数据容量巨大(Volume)。

　　数据的大小决定所采集的数据和潜在的相关信息，大数据的规模从 TB 级到 PB 级甚至 EB 级。

　　(2) 数据流转速度快(Velocity)。

　　数据流转速度指获得数据的速度、处理数据的速度。借助软硬件手段，比如分布式云计算中心和并行运算等，可提高数据收集和处理的效率。

　　(3) 数据类型繁多(Variety)。

　　数据类型的多样性，包含结构化、非结构化和半结构化数据，例如网络日志、视频、图形、图像、地理位置等各种信息。

　　(4) 价值密度低(Value)。

　　价值密度低，商业价值高。通过数据挖掘和分析，提供辅助决策信息，以低成本创造高价值。例如大量的交通录像、安防视频等。

　　大数据带来的问题具有以下特点：

　　(1) 大数据来自应用行业，具有极强的行业应用需求特性；

　　(2) 数据规模极大，达到 PB 甚至 EB 量级，超过任何传统数据库系统的处理能力；

　　(3) 大数据处理给传统计算技术带来极大挑战，大多数传统算法在面向大数据处理时都面临问题，需要重写算法。

研究大数据的基本途径是：寻找新算法，降低计算复杂度；分而治之并行化处理；降低尺度，寻找数据尺度无关近似算法。大数据对于悲观者而言，意味着数据存储世界的末日，对于乐观者而言，这里孕育了巨大的市场机会，庞大的数据就是一个信息金矿，随着技术的进步，其财富价值将很快被我们发现，而且越来越容易实现。

3.1.3 大数据技术

大数据本身是一个现象而不是一种技术，伴随着大数据的采集、传输、处理和应用的相关技术就是大数据处理技术，是使用非传统的工具来对大量的结构化、半结构化和非结构化数据进行处理，从而获得分析和预测结果的一系列数据处理技术。大数据技术将是 IT 领域新一代的技术与架构，它将帮助人们存储管理好大数据并从大体量、高复杂度的数据中提取有价值的信息。与大数据相关的技术、产品将不断涌现，将有可能给 IT 行业开拓一个新的黄金时代。

大数据研究的层面和主要内容如表 3-1 所示。大数据的本质也是数据，其关键技术依然逃不脱大数据存储和管理以及大数据的检索使用(包括数据挖掘和智能分析)。对于越来越多的大规模数据处理应用的需求，传统数据处理系统难以提供足够的存储和计算资源以供人们进行处理，云计算技术是最理想的解决方案。调查显示，目前，IT 专业人员对云计算中诸多关键技术最为关心的是大规模数据并行处理技术。对于应用行业来说，云计算平台软件、虚拟化软件都不需要自己开发，但行业的大规模数据处理应用没有现成和通用的软件，需要针对特定的应用需求专门开发，这将涉及诸多并行化算法、索引查询优化技术研究，以及系统的设计实现。

表 3-1　大数据的研究层面和主要内容

研究层面		角　色	大数据主要内容
应用层	大数据行业应用/服务层	行业用户	电信/公安/商业/金融/遥感遥测/勘探/生物医药……
		领域专家	领域应用/服务需求和计算模型
	应用开发层	应用开发者	行业应用系统开发
算法层	应用算法层	—	社会网络，排名与推荐，商业智能，自然语言处理，生物信息，媒体分析检索，Web 挖掘与检索，三维建模与可视化计算……
	基础算法层	—	并行化机器学习与数据挖掘算法
系统层	并行编程模型与计算框架层	计算技术研究和开发者	MapReduce，BSP，MPI，CUDA，OpenMP，定制式,混合式(如 MapReduce + CUDA，MapReduce + MPI)
	大数据存储管理层		大数据查询(SQL，NoSQL，实时查询，线下分析) 大数据存储(DFS，HBase，MemDB，RDB) 大数据预处理
平台层	并行架构和资源平台层		集群，多核，GPU，混合式构架(如集群 + 多核，集群 + GPU)云计算资源与支撑平台

3.2 云 存 储

随着大数据的到来,传统的网络存储方式远远满足不了现代应用几十 TB(1 TB=1000 GB)到几 PB(1 PB=1000 TB)的需求。大型的网络存储解决方案中也出现了分布式计算、网格计算、虚拟化技术等云计算相关技术的身影。云存储技术由此源起和发展,它是多种技术的集合体,由于这些技术能够实现"云"流动飘忽、按需取用、海量扩展的特性,所以被称为云存储。

3.2.1 云存储的概念

近来,云存储变得越来越热,大家众说纷"云",各有各的观点,那么到底什么是云存储?

云存储是在云计算(Cloud Computing)概念上延伸和发展出来的一个新的概念。云计算是分布式处理(Distributed Computing)、并行处理(Parallel Computing)和网格计算(Grid Computing)的发展,是透过网络将庞大的计算处理程序自动拆分成无数个较小的子程序,再交由多部服务器所组成的庞大系统,经计算分析之后将处理结果回传给用户。通过云计算技术,网络服务提供者可以在数秒之内,处理数以千万计甚至亿计的信息,达到和"超级计算机"同样强大的网络服务。

云存储的概念与云计算类似,它是指通过集群应用、网格技术或分布式文件系统等功能,将网络中大量的、不同类型的存储设备通过应用软件集合起来协同工作,共同对外提供数据存储和业务访问功能的一个系统。

存储技术的发展如图 3-1 所示。

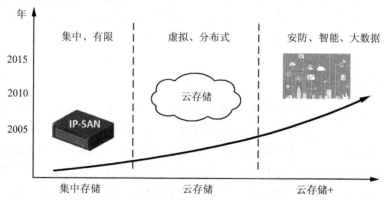

集中存储:传统NVR/NAS/SAN存储,多设备独立运行,存储容量有限。
云存储:海量设备容量虚拟化整合,分布式存储。
云存储+:数据挖掘,智能分析,助力行业大数据应用。

图 3-1 存储技术的发展

云存储不是存储,而是服务。就如同云状的广域网和互联网一样,云存储对使用者来讲,不是指某一个具体的设备,而是指一个由许许多多个存储设备和服务器所构成的集合体。使用者使用云存储，并不是使用某一个存储设备，而是使用整个云存储系统带来的一种数据访问服务。所以严格来讲，云存储不是存储，而是一种服务。云存储的核心是应用程序软件与存储设备相结合，通过应用软件来实现存储设备向存储服务的转变。它包含两方面的含义：在面向用户的服务形态上，它提供按需服务的应用模式，用户可以通过网络连接云端存储资源，实现用户数据在云端随时随地的存储；在云存储服务的构建上，它通过虚拟化、分布式、智能配置等技术，实现海量、可弹性扩展、低成本、低能耗的共享存储资源。

在云计算 3 层服务架构(IaaS、PaaS、SaaS)中云存储提供的服务主要集中在 IaaS 和 SaaS 层。站在不同的角度，其内涵不同。站在 IaaS 层的角度，云存储主要提供数据存储、归档、备份等服务。站在 SaaS 的角度，云存储提供的服务显得多姿多彩，例如在线备份、网盘业务、照片保存与分享、文档笔记的保存等服务。

下面通过用户使用云存储 IaaS 服务的例子来帮助大家理解云存储。

一企业在搭建业务平台时，未采购大量的物理存储设备，而是通过远程在云存储 IaaS 服务提供商的网站上下单，购买了具有一定的可靠性、安全性的云存储空间服务。服务在 10 分钟之内迅速生效，该企业立即获得了可通过 Internet 远程访问使用的存储资源。

该企业和企业的用户可以快速访问存储资源，企业还享有所购买的存储服务，包括热点数据加速访问、数据多副本、灵活的配置策略等。存储资源还可以根据企业使用情况弹性扩展。企业依据实际使用的存储空间支付相应的费用。

通过使用云存储，企业可以获得以下好处：

(1) 非常经济。大大节约了采购存储设备的成本。

(2) 建设周期短。大大缩短了系统建设周期。

(3) 节约人力。减少了维护存储设备的人力和资源费用。

云存储服务商通过云化的管理，也得到了不少的益处。首先，自身的存储资源整合后，将多余的存储空间租赁给企业，不仅可有效利用资源，而且也降低了企业运营成本。其次，云存储虚拟化和智能管理技术使服务商能够对云存储系统进行简便、高效的运营维护。最后，用户可以远程存储资源，颠覆了用户对存储设备部署的体验。

3.2.2 云存储的结构模型

在云存储的发展中，出现过多种不同结构的存储模型图。与传统的存储设备相比，云存储不仅仅是一个硬件，而且还是一个网络设备、存储设备、服务器、应用软件、公用访问接口、接入网和客户端程序等多个部分组成的复杂系统。各部分以存储设备为核心，通过应用软件来对外提供数据存储和业务访问服务。云存储系统的结构模型如图 3-2 所示。

云存储系统的结构模型由存储层、基础管理层、应用接口层和访问层 4 层组成。

1. 存储层

存储层是云存储最基础的部分。存储设备可以是光纤通道存储设备、NAS 和 iSCSI 等 IP 存储设备，也可以是 SCSI 或 SAS 等 DAS 存储设备。

云存储系统对外提供多种不同的存储服务，各种服务的数据统一存放在云存储系统中，形成一个海量数据池。从大多数网络服务后台数据组织方式来看，传统基于单服务器的数据

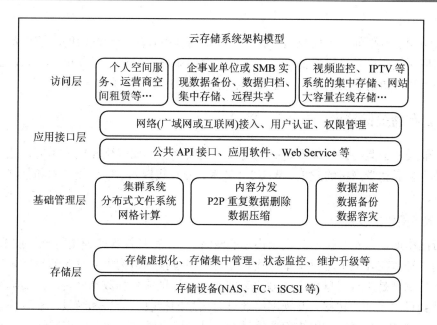

图 3-2　云存储系统架构模型

组织难以满足广域网多用户条件下的吞吐性能和存储容量需求；基于 P2P 架构的数据组织需要庞大的节点数量和复杂的编码算法保证数据可靠性。相比而言，基于多存储服务器的数据组织方法能够更好地满足在线存储服务的应用需求，在用户规模较大时，构建分布式数据中心能够为不同地理区域的用户提供更好的服务质量。

云存储的存储层将不同类型的存储设备互连起来，实现海量数据的统一管理，同时实现对存储设备的集中管理、状态监控以及容量的动态扩充，实质是一种面向服务的分布式存储系统。

2. 基础管理层

基础管理层是云存储最核心的部分，也是云存储中最难以实现的部分。这一层的主要功能是在存储层提供的存储资源上部署分布式文件系统或者建立和组织存储资源对象，并将用户数据进行分片处理，按照设定的保护策略将分片后的数据以多副本或者冗余纠删码的方式分散存储到具体的存储资源上去。

基础管理层通过集群、分布式文件系统和网格计算等技术，实现云存储中多个存储设备之间的协同工作，使多个存储设备可以对外提供同一种服务，并提供更大、更强、更好的数据访问性能。

内容分发系统（CDN）、数据加密技术保证云存储中的数据不会被未授权的用户所访问，同时，通过各种数据备份、容灾技术及措施可以保证云存储中的数据不会丢失，保证云存储自身的安全和稳定。

3. 应用接口层

应用接口层是云存储平台中可以灵活扩展的、直接面向用户的部分。根据用户需求，可以开发出不同的应用接口，提供相应的服务。比如视频监控应用平台、IPTV 和视频点播应用平台、网络硬盘应用平台、远程数据备份应用平台等。

4．访问层

通过访问层，任何一个授权用户都可以在任何地方使用一台联网的终端设备，按照标准的公用应用接口来登录云存储平台，享受云存储服务。云存储运营单位不同，云存储提供的访问类型和访问手段也不同，主要有服务模式、HW 模式和 SW 模式。

3.2.3　云存储关键技术

云存储技术应具备高可靠性、高可用性、高安全性、规范化和低成本等特征，这些特征的实现主要靠宽带网络的发展、Web 2.0 技术、分布式接入、虚拟化技术和数据编码等技术的支持。

1．宽带网络的发展

宽带网络就是以宽带技术为基础构建的网络体系，宽带技术即使用特殊的技术或设备，利用不同的频道在介质上进行多重传输。宽带网络按技术结构可以分为传输网、交换网和接入网。传输网是所有信息元素传输的基础通道，信息单元和数据就是通过传输网络实现从源地址到目的地址的转移。交换网络通过对信息的接收、分拣和转发，实现信息的交换过程。接入网是宽带网络与用户相连的最后一段，用户通过它连入宽带网络。

随着计算机技术和通信技术的发展，人们对各种业务的需求越来越高，要求业务的种类越来越多样化。为了满足上述业务迅速上升的需求，网络建设不断向宽带化方向发展。宽带网络发展带来的直观变化就是，网速越来越快，能承载的业务种类越来越多，传输质量越来越高。

真正的云存储系统将会是一个多区域分布，遍布全国，甚至遍布全球的庞大公用系统，使用者需要通过 ADSL、DDN 等宽带接入设备来连接云存储，而不是通过 FC、SCSI 或以太网线缆直接连接到一台独立的、私立的存储设备上。只有宽带网络得到充足的发展，使用者才有可能获得足够大的数据传输带宽，实现大量数据的传输，真正享受到云存储服务。

2．Web 2.0 技术

Web 2.0 推动了 Web 的功能创新、信息共享程度和用户使用体验的大大进步，已经成为当今实际意义上的标准互联网运用模式。以博客(Blog)、内容聚合(RSS)、百科全书(Wiki)、社交网络(SNS)和对等网络(P2P)为代表的 Web 2.0 的应用已经被用户广泛接受和使用。Web 2.0 打破了 Web 1.0 时代单调的信息发布模式，用户既是网站内容的浏览者，也是网站内容的制造者，同时也让互联网应用成为网络应用的发展趋势。

Web 2.0 的出现和流行深刻影响了用户使用互联网的方式。如今，人们越来越习惯从互联网获得所需的应用与服务，同时将自己的数据在网络上共享与保存。而以往，这些工作都是在个人电脑上完成的。如今，个人电脑逐渐不再是为用户提供应用、保存用户数据的中心，它已经蜕变成为接入互联网的终端设备。Web 2.0 提供了云计算的接入模式，也为云计算培养了用户习惯。

随着 Web 2.0 的产生和流行，互联网用户更加习惯将自己的数据在网络上存储共享。同时，为了给用户提供新颖而有吸引力的服务，Web 应用的开发周期越来越短，因为只有更加快捷的业务响应才能让应用提供商在激烈的竞争中生存。因此，他们需要有这样一个能够提供充足的资源保证其业务增长，能够提供可以复用的功能模块保证其快速开发的平台。这也是云计算和云存储产生的内在需求。

3. 应用存储的发展

用户对存储设备的需求已经不仅仅满足于数据存储功能，都希望存储设备可以在一定程度上取代常规的应用服务器。这样就可以简化系统结构，减少设备数量，节约系统建设成本。这样的需求促使了应用存储的出现，并使之得到了快速的发展。应用存储是一种可以内嵌某种应用软件功能的新型存储设备，它除了具有数据存储功能，还具有服务器的部分应用功能，可以将其看作服务器和存储设备的集合体。

随着硬件技术快速发展，存储设备所采用的 CPU 或专用芯片的运算能力及处理速度成倍提高。在许多系统中，存储设备不仅能满足系统的数据存储和访问功能，有的往往有较大的性能冗余。同时，随着存储设备的整体价格不断降低，用户在设备选型及购买时，一般会选择稍高级别的存储设备。为了有效地利用存储设备的富裕资源，在存储设备控制器部分中内嵌了特殊功能的应用软件，使得存储设备不仅为系统提供数据存储服务，还能提供一定的软件应用服务。

云存储不仅仅是存储，更多的是应用。应用存储技术的发展可以大量减少云存储中服务器的数量，从而降低系统建设成本。它还能减少系统中由服务器造成的单点故障和性能瓶颈，在减少数据传输环节、提高系统性能及效率和保证整个系统的高效稳定运行方面起着重要作用。

4. 分布式技术

分布式技术与集中式技术相对应，是一种基于网络的计算机处理技术。PC 性能的极大提高、使用的普及和网络技术的发展，使计算机的处理能力分布到网络上的所有计算机成为可能。借助分布式技术，可将一个需要非常巨大的计算机能力才能解决的问题分成许多小的部分，然后把这些部分分配给多台计算机进行处理，最后把这些计算结果综合起来得到最终结果。

在分布式系统中，一组计算机展现给用户的是一个统一的整体，就好像是一个系统似的。系统拥有多种通用的物理和逻辑资源，可以动态地分配任务，分散的物理和逻辑资源通过网络实现信息交换。系统中存在一个以全局的方式管理计算机资源的分布式操作系统。对用户来说，分布式系统通常只有一个模型。在操作系统之上有一层软件中间件负责实现这个模型。

云存储系统是一个多存储设备、多应用、多服务协同工作的集合体，任何一个单点的存储系统都不是云存储。云存储系统既然是由多个存储设备构成的，不同存储设备之间就需要通过集群技术、分布式文件系统和网格计算等技术，实现多个存储设备之间的协同工作，使多个存储设备可以对外提供同一种服务，并提供更大更强更好的数据访问性能。如果没有这些技术的存在，云存储就不可能真正实现，那么云存储只能是一个个独立的系统，不能形成云状结构。

5. 存储虚拟化技术

存储虚拟化，就是对存储硬件资源进行抽象化表现，即在物理存储系统和上层之间增加一个抽象层，来管理所有的存储设备并对上层提供存储服务。这样，上层就不需要直接与存储硬件直接交互，存储硬件的增减、调换、拆分、合并对上层完全透明。

　　存储虚拟化的思想是将资源的逻辑与物理存储分开，从而为系统和管理员提供一幅简化、无缝的资源虚拟视图。对用户来说，虚拟化的存储资源就是一个巨大的"存储池"，用户不会看到具体的磁盘，也不必关心自己的数据经过哪一条路径通往哪一个具体的存储设备。从管理的角度来看，虚拟存储池是采取集中化的管理，并根据具体的需求把存储资源动态地分配给各个应用。利用虚拟化技术，可以将硬盘阵列模拟成一块磁盘，为应用提供速度像磁盘一样快、容量却大得多的存储资源。云存储中的存储设备数量庞大且分布广泛，如何实现不同厂商、不同类型、不同型号的多台设备之间的逻辑卷管理是一个巨大的难题。这个问题得不到解决，存储设备就会是云存储系统的性能瓶颈，结构上也无法形成一个整体，而且还会带来后期容量和性能扩展难等问题。

　　存储设备运营管理问题是云存储中的存储设备数量庞大、分布地域广的另外一个问题。虽然这些问题对云存储的使用者来讲根本不需要关心，但对于云存储的运营单位来讲，却必须通过切实可行和有效的手段来解决集中管理难、状态监控难、故障维护难、人力成本高等问题。因此，云存储必须要具有一个高效的类似与网络管理软件一样的集中管理平台，可实现云存储系统中所有存储设备、服务器和网络设备的集中管理和状态监控，该平台就建立在存储虚拟化技术之上。

6. 数据编码技术

　　数据编码是指把需要加工处理的信息用特定的数字来表示的一种技术，是根据一定数据结构和目标的定性特征，将数据转换为代码或编码字符，在数据传输中表示数据的组成，并作为传送、接受和处理的一组规则和约定。由于计算机要处理的数据信息十分庞杂，有些数据所代表的含义又使人难以记忆，为了便于使用和容易记忆，常常要对加工处理的对象进行编码，用一个编码符号代表一条信息或一串数据。对数据进行编码在计算机的管理中非常重要，可以方便地进行信息分类、校核、合计、检索等操作。因此，数据编码就成为计算机处理信息的关键。不同的信息记录应当采用不同的编码，一个码点可以代表一条信息记录。人们可以利用编码来识别每一个记录，区别处理方法，进行分类和校核，从而克服项目参差不齐的缺点，节省存储空间，提高处理速度。

　　在云存储系统中使用数据压缩编码可以在不丢失信息的前提下，缩减数据量以减少存储空间，提高其传输、存储和处理效率，这对提高要处理海量数据的云存储系统性能有重要作用。采用加密编码，可以保证所存储数据的保密性、完整性。采用冗余编码，可以检测和纠正数据在传输、灾难中发生的错误，提高了存储系统的容错性。由此看来，一种好的数据编码技术对云存储意义重大。

3.2.4　分布式数据存储的概念

　　云计算是一种新型的计算模式。它的最主要特征是系统拥有大规模数据集、基于该数据集，向用户提供服务。为保证高可用、高可靠和经济性，云计算采用分布式存储的方式来存储数据，采用冗余存储的方式来保证存储数据的可靠性，即为同一份数据存储多个副本。此外，云系统需要同时满足大量用户的需求，并行地为用户提供服务。因此，云计算的数据存储技术必须具有高吞吐率和高传输率的特点。云计算的数据存储技术主要有谷歌的非开源的 GFS (Google File System)及 Hadoop 开发团队研发的 HDFS (Hadoop Distributed File System)。下面分别介绍分布式存储的概念、GFS 和 HDFS 技术。

随着云计算和大数据两大热门领域的产生，云计算、大数据和互联网公司的各种应用，其后台基础设施的主要目标都是构建低成本、高性能、可扩展、易用的分布式存储系统。何为分布式存储？与目前常见的集中式存储技术不同，分布式存储技术并不是将数据存储在某个或多个特定的节点上，而是通过网络使用企业中的每台机器上的磁盘空间，并将这些分散的存储资源构成一个虚拟的存储设备，数据分散地存储在企业的各个角落。因此，分布式存储可以定义如下：分布式存储系统是大量普通 PC 服务器通过 Internet 互联，对外作为一个整体提供存储服务。

分布式存储具有如下特性：

(1) 成本低。分布式存储系统的自动容错、自动负载均衡机制使其可以构建在普通 PC 机之上。同时，线性扩展能力也使得其增加、减少机器非常方便，可以实现自动运维。

(2) 可扩展。分布式存储系统可以扩展到几百台甚至几千台的集群规模，随着规模的增长，系统整体性表现为线性增长。

(3) 高性能。无论是整个集群还是单台服务器，都要求分布式存储系统具有高性能。

(4) 易使用。分布式存储系统需要能够提供易用的对外接口，还需要具备完善的监控、运维工具，并方便地与其他系统集成。

分布式存储系统的关键在于数据、状态信息的持久化，也就是要求在自动迁移、自动容错、并发读写的过程中保证数据的一致性。分布式存储系统设计的关键技术主要包括分布式系统及数据库。要解决的问题如下：

(1) 数据分布问题。

如何保证数据能够均匀地分布在多台服务器上？对于分布在多台服务器上的数据，如何实现跨服务器读写操作？

(2) 数据一致性问题。

如何将数据的多个副本复制到多台服务器上，即使在异常情况下，也能够保证不同副本之间的数据一致性？

(3) 负载均衡问题。

新增服务器和集群正常运行过程中如何实现自动负载均衡？数据迁移的过程如何保证不影响已有服务？

(4) 容错问题。

如何检测到服务器故障？如何自动将出现故障的服务器上的数据和服务迁移到集群中其他服务器上？

(5) 事务与并发控制问题。

怎样实现分布式事务？怎样实现多版本并发控制？

(6) 易使用。

如何设计对外接口使得系统容易使用？如何设计监控系统并将系统的内部状态以方便的形式暴露给运维人员？

(7) 压缩/解压缩问题。

如何根据数据的特点设计合理的压缩/解压缩算法？怎样平衡压缩算法节省的存储空间和消耗的 CPU 设计资源？

3.2.5 Google 文件系统(GFS)

1. GFS 架构

Google 文件系统(Google File System，GFS)是一个大型的分布式文件系统。它主要用来处理云计算的数据的迅速增长问题，有别于常见的 FAT32、NTFS 等文件系统。GFS 具备分布式文件系统的所有特点，包括存储效率、可伸缩性、可靠性及可再用性等。大型的 GFS 分布式文件系统可以由几千个甚至几万个普通的硬盘串联而成，不需要使用高阶存储设备就可以维持文档的存储质量。GFS 具备容错功能，可以通过 GFS 的容错检测以及自动恢复系统将损毁的文档恢复，可以给大量的用户提供总体性能较高的服务。

一个 GFS 集群由一个 Master(主服务器)和大量的 Chunkserver(数据块服务器)构成，并被许多客户(Client)访问，如图 3-3 所示。Master 是 GFS 的管理节点，在逻辑上只有一个，它保存系统的元数据，负责整个文件系统的管理，是 GFS 文件系统中的"大脑"。Chunk Server 负责具体的存储工作。数据以文件的形式存储在 Chunk Server 上，Chunk Server 的个数可以有多个，它的数目直接决定了 GFS 的规模。GFS 将文件按照固定大小进行分块，默认是 64 MB，每一块称为一个 Chunk(数据块)，每个 Chunk 都有一个对应的索引号(Index)。Client 是 GFS 提供给应用程序的访问接口，它是一组专用接口，不遵守 POSIX 规范，以库文件的形式提供。应用程序直接调用这些库函数，并与该库链接在一起。

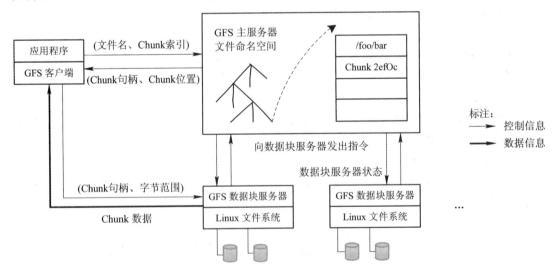

图 3-3　Google 文件系统架构

客户端在访问 GFS 时，首先访问 Master 节点，获取将要与之进行交互的 Chunk Server 信息，然后直接访问这些 Chunk Server 完成数据存取。GFS 的这种设计方法实现了控制流和数据流的分离。Client 与 Master 之间只有控制流，而无数据流，这样就极大地降低了 Master 的负载，使之不成为系统性能的一个瓶颈。Client 与 Chunk Server 之间直接传输数据流，同时由于文件被分成多个 Chunk 进行分布式存储，Client 可以同时访问多个 Chunk Server，从而使得整个系统的 I/O 高度并行，系统整体性能得到提高。

2. GFS 的特点

相对于传统的分布式文件系统，GFS 从多个方面进行了简化，从而在一定规模下达到成本、可靠性和性能的最佳平衡。具体来说，它具有以下几个特点。

1) 采用中心服务器模式

GFS 采用中心服务器模式来管理整个文件系统，可以大大简化设计，从而降低实现难度。Master 管理了分布式文件系统中的所有元数据。Master 维护了一个统一的命名空间，同时掌握整个系统内 Chunk Server 的情况，据此可以实现整个系统范围内数据存储的负载均衡。由于只有一个中心服务器，元数据的一致性问题自然得到解决。对于 Master 来说，每个 Chunk Server 只是一个存储空间，Chunk Server 之间无任何关系，Client 发起的所有操作都需要先通过 Master 才能执行。这样增加新的 Chunk Server 只需要注册到 Master 上即可。如果采用完全对等的、无中心的模式，那么如何将 Chunk Server 的更新信息通知到每一个 Chunk Server，这将是设计的一个难点，而这也将在一定程度上影响系统的扩展性。当然，中心服务器模式也带来了一些固有的缺点，比如 Master 极易成为整个系统的瓶颈等。GFS 采用多种机制来避免 Master 成为系统性能和可靠性上的瓶颈，如尽量控制元数据的规模、对 Master 进行远程备份、控制信息和数据分流等。

2) 不缓存数据

GFS 文件系统根据应用的特点，从必要性和可行性两方面考虑，没有实现缓存。从必要性上讲，客户端大部分是流式顺序读写，并不存在大量的重复读写，缓存这部分数据对系统整体性能的提高作用不大；而对于 Chunk Server，由于 GFS 的数据在 Chunk Server 上以文件的形式存储，如果对某块数据读取频繁，本地的文件系统会将其缓存。从可行性上讲，在 GFS 中各个 Chunk Server 的稳定性都无法确保，加之网络等多种不确定因素，因此，如何维护缓存与实际数据之间的一致性是一个极其复杂的问题。此外由于读取的数据量巨大，以当前的内存容量无法完全缓存。而对于存储在 Master 中的元数据，GFS 采取了缓存策略。GFS 中 Client 发起的所有操作都需要先经过 Master，Master 需要对其元数据进行频繁操作，为了提高操作的效率，Master 的元数据都是直接保存在内存中进行操作。同时，采用相应的压缩机制降低了元数据占用空间的大小，提高了内存的利用率。

3) 在用户态下实现

文件系统通常位于操作系统底层，在内核态实现。在内核态实现文件系统，可以更好地和操作系统本身结合，向上提供兼容的 POSIX 接口。然而，GFS 却选择在用户态下实现，主要基于以下考虑。

在用户态下实现，直接利用操作系统提供的 POSIX 编程接口就可以存取数据，无需了解操作系统的内部实现机制和接口，从而降低了实现的难度，并提高了通用性；POSIX 接口提供的功能更为丰富，在实现过程中不像内核编程那样受限；用户态下有多种调试工具，而在内核态中调试相对比较困难；用户态下，Master 和 Chunk Server 都以进程的方式运行，单个进程不会影响到整个操作系统，还可以对其进行充分优化；在内核态下，如果不能很好地掌握其特性，效率不但不会提高，甚至还会影响到整个系统运行的稳定性；用户态下，GFS 和操作系统运行在不同的空间，两者耦合性降低，从而方便 GFS 自身和内核的单独升级。

4) 只提供专用接口

通常的分布式文件系统一般都会提供一组与 POSIX 规范兼容的接口。其优点是应用程序可以通过操作系统的统一接口来透明地访问文件系统，而不需要重新编译程序。GFS 在设计之初是完全面向 Google 应用的，采用了专用的文件系统访问接口。接口以库文件的形式提供，应用程序与库文件一起编译，Google 应用程序在代码中通过调用这些库文件的 API，完成对 GFS 文件系统的访问。

采用专用接口降低了实现的难度。通常与 POSIX 兼容的接口需要在操作系统内核一级实现，而 GFS 是在应用层实现的；采用专用接口可以根据应用的特点对应用提供一些特殊支持，如支持多个文件并发追加的接口等；专用接口直接和 Client、Master、Chunk Server 交互，减少了操作系统之间上下文的切换，降低了复杂度，提高了效率。

GFS 还具有相应的 Master 容错和 Chunk Server 容错功能。

(1) Master 容错。Master 上保存了 GFS 文件系统的三种元数据：命名空间(Name Space)，也就是整个文件系统的目录结构；Chunk 与文件名的映射表；Chunk 副本的位置信息，每一个 Chunk 默认有三个副本。对于前两种元数据，GFS 通过操作日志来提供容错功能。第三种元数据信息则直接保存在各个 Chunk Server 上，当 Master 启动或 Chunk Server 向 Master 注册时自动生成。因此当 Master 发生故障时，在磁盘数据保存完好的情况下，可以迅速恢复以上元数据。为了防止 Master 彻底死机的情况，GFS 还提供了 Master 远程的实时备份，这样在当前的 GFS Master 出现故障无法工作的时候，另外一台 GFS Master 可以迅速接替其工作。

(2) Chunk Server 容错。GFS 采用副本的方式实现 Chunk Server 的容错。每一个 Chunk 有多个存储副本(默认为三个)，分布存储在不同的 Chunk Server 上。副本的分布策略需要考虑多种因素，如网络的拓扑、机架的分布、磁盘的利用率等。对于每一个 Chunk，必须将所有的副本全部写入成功，才视为成功写入。在其后的过程中，如果相关的副本出现丢失或不可恢复等状况，Master 会自动将该副本复制到其他 Chunk Server 上，从而确保副本保持一定的个数。尽管一份数据需要存储三份，好像磁盘空间的利用率不高，但综合比较多种因素，加之磁盘的成本不断下降，采用副本无疑是最简单、最可靠、最有效，而且实现的难度也最小的一种方法。

GFS 中的每一个文件被划分成多个 Chunk，Chunk 的默认大小是 64 MB，这是因为 Google 应用中处理的文件都比较大，以 64 MB 为单位进行划分，是一个较为合理的选择。Chunk Server 存储的是 Chunk 的副本，副本以文件的形式进行存储。每一个 Chunk 以 Block 为单位进行划分，大小为 64 KB，每一个 Block 对应一个 32 bit 的校验和。当读取一个 Chunk 副本时，Chunk Server 会将读取的数据与校验和进行比较，如果不匹配，就会返回错误，从而使 Client 选择其他 Chunk Server 上的副本。

3. 系统管理相关技术

严格意义上来说，GFS 是一个分布式文件系统，包含从硬件到软件的整套解决方案。除了上面提到的 GFS 的一些关键技术外，还有相应的系统管理技术来支持整个 GFS 的应用，这些技术可能并不一定为 GFS 所独有。

1) 大规模集群安装技术

安装 GFS 的集群中通常有非常多的节点，现在的 Google 数据中心动辄有万台以上的机器在运行。因此迅速地安装、部署一个 GFS 的系统，以及迅速地进行节点的系统升级等，都需要相应的技术支撑。

2) 故障检测技术

GFS 是构建在不可靠的廉价计算机之上的文件系统，由于节点数目众多，故障发生十分频繁，如何在最短的时间内发现并确定发生故障的 Chunk Server，需要相关的集群监控技术。

3) 节点动态加入技术

当有新的 Chunk Server 加入时，如果需要事先安装好系统，那么系统扩展将是一件十分烦琐的事情。如果能够做到只需将裸机加入，就会自动获取系统并安装运行，那么将会大大减少 GFS 维护的工作量。

4) 节能技术

有关数据表明，服务器的耗电成本大于当初的购买成本，因此 Google 采用了多种机制来降低服务器的能耗，例如对服务器主板进行修改，采用蓄电池代替昂贵的 UPS(不间断电源系统)，提高能量的利用率。一篇关于数据中心的博客文章中表示，这个设计让 Google 的 UPS 利用率达到 99.9%，而一般数据中心只能达到 92%～95%。

3.2.6　Hadoop 分布式文件系统(HDFS)

Hadoop 分布式文件系统(Hadoop Distributed File System，HDFS)可以部署在廉价硬件之上，能够高容错、可靠地存储海量数据。HDFS 可以和 MapReduce 编程模型很好地结合，能够为应用程序提供高吞吐量的数据访问，适用于大数据集应用程序。

1. HDFS 体系结构

HDFS 是一个主从结构的体系，HDFS 集群由一个管理结点(NameNode)和 N 个数据结点(DataNode)组成。Namenode 是中心服务器，管理文件系统的元数据，DataNode 存储实际的数据。客户端联系 Namenode 以获取文件的元数据，而真正的 I/O 操作是直接和 DataNode 进行交互的。

Namenode 就是主控制服务器，负责维护文件系统的命名空间(Namespace)并协调客户端对文件的访问，记录命名空间内的任何改动或命名空间本身的属性改动。每个 DataNode 结点均是一台普通的计算机，负责它们所在的物理节点上的存储管理。在使用上同熟悉的单机上的文件系统非常类似，一样可以建目录，创建、复制、删除文件，查看文件内容等。但其底层实现上是把文件通常按照 64 MB 切割成不同的 Block，然后这些 Block 分散地存储于不同的 DataNode 上，每个 Block 还可以复制数份存储于不同的 DataNode 上，达到容错容灾之目的。NameNode 则是整个 HDFS 的核心，它通过维护一些数据结构，记录了每一个文件被切割成多少个 Block，这些 Block 可以从哪些 DataNode 中获得各个 DataNode 的状态等重要信息。如果客户端要访问一个文件，首先，客户端从 NameNode 获得组成文件的数据块的位置列表，也就是要知道数据块被存储在哪些 DataNode 上，然后客户端直接从 DataNode 上读取文件数据。NameNode 不参与文件的传输。HDFS 的结构示意图如图 3-4 所示。

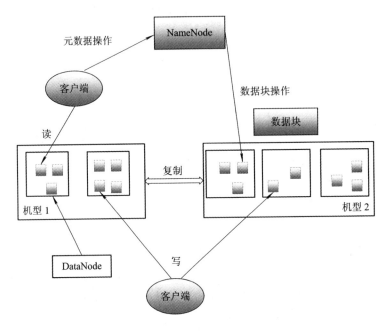

图 3-4　HDFS 的结构示意图

　　HDFS 的典型部署是在一个专门的机器上运行 NameNode，集群中的其他机器各自运行一个 DataNode。这种一个集群只有一个 NameNode 的设计大大简化了系统构架。

2. 可靠性保障措施

　　HDFS 的主要设计目标就是在有故障的情况下也能保证数据存储的可靠性，HDFS 也采取了冗余备份、副本存放、数据完整性检测、空间收回和故障恢复机制，可以实现在集群中可靠地存储海量数据。

　　1) 冗余副本策略

　　HDFS 将每个文件存储成一系列可配置大小的数据块，为了容错，文件的所有数据都会有副本。HDFS 的文件都是一次性写入的，并严格限制为任何时候都只有一个写用户。DataNode 使用本地文件系统存储 HDFS 的数据，但它对 HDFS 的文件一无所知，只是用一个个文件存储 HDFS 的每个数据块。当 DataNode 启动时，它会遍历本地文件系统，产生块报告，即产生一份 HDFS 数据块和本地文件对应关系的列表，并将这个报告发给 DataNode。块报告包括了 DataNode 上所有块的列表。

　　2) 机架策略

　　HDFS 集群一般运行在多个机架上，不同机架上机器的通信需要通过交换机来完成。通常，副本的存放策略很关键，机架内节点之间的带宽比跨机架节点之间的带宽要大些，它影响 HDFS 的可靠性和性能。HDFS 采用机架感知策略来改进数据的可用性、可靠性和网络带宽的利用率。通过机架感知，NameNode 可以确定每个 DataNode 所属的机架 ID。

3) 心跳机制

NameNode 周期性地从集群中的每个 DataNode 接受心跳包和块报告,收到心跳包说明该 DataNode 工作正常,对于最近没有心跳的 DataNode,NameNode 会标记其为死机,不会发给它们任何新的 I/O 请求。任何存储在死机 DataNode 上的数据将不再有效,DataNode 的死机会造成一些数据块的副本数下降并低于指定值。NameNode 会不断检测这些需要复制的数据块,并在需要的时候重新复制。需要重新复制的原因有多种,比如 DataNode 不可用、DataNode 上的磁盘错误、数据副本的损坏或复制因子增大等等。

4) 安全模式

系统启动时,NameNode 会进入一个安全模式,在此模式下不会出现数据块的写操作。NameNode 会收到各个 DataNode 拥有的数据块列表对的数据块报告,因此 NameNode 获得所有的数据块信息。当数据块达到最小副本数时,该数据块就被认为是安全的。当检测到副本数不足的数据块时,该数据块会被复制到其他数据节点,以达到最小副本数。在一定比例的数据块被 NameNode 检测确认是安全的之后,再等待若干时间,NameNode 自动退出安全模式状态。

5) 效验和

多种原因都会造成从 DataNode 获取的数据块有可能是损坏的。HDFS 客户端软件实现了对 HDFS 文件内容的校验和检查。在 HDFS 文件创建时,计算每个数据块的校验和,并将校验和作为一个单独的隐藏文件保存在命名空间下,当客户端获取文件后,它会检查从 DataNode 获得的数据块对应的校验和是否和隐藏文件中的相同,如果不同,客户端就会认为数据块有损坏,将从其他 DataNode 获取该数据块的副本。

6) 回收站

文件被用户或应用程序删除时,并不是立即就从 HDFS 中移走,而是先把它移动到/trash 目录里。文件只要还在这个目录里,就可以被迅速恢复。文件在这个目录里的时间也是可以配置的,超过这个时间,系统就会把它从命名空间中删除。文件的删除操作会引起相应数据块的释放,但是从用户执行删除操作到从系统中看到剩余空间的增加可能会有一个时间延迟。只要文件还在/trash 目录里,用户就可以取消删除操作。但如果用户想取消,可以浏览这个目录并取回文件,这个目录只保存被删除文件的最后副本。这个目录还有一个特性,就是 HDFS 会使用特殊策略自动删除文件。

7) 元数据保护

映像文件和事务日志是 HDFS 的核心数据结构。如果这些文件损坏,将会导致 HDFS 不可用。NameNode 可以配置为支持维护映像文件和事务日志的多个副本,任何对映像文件或事务日志的修改,都将同步到它们的副本上。这样虽然会降低 NameNode 处理命名空间事务的速度,不过这个代价是可以接受的,因为 HDFS 是数据密集的,而非元数据密集的。当 NameNode 重新启动时,总是选择最新的一致的映像文件和事务日志。在 HDFS 集群中 NameNode 是单点存在的,如果它出现故障,必须手动干预。

8) 快照机制

快照支持存储某个时间的数据复制,当 HDFS 数据损坏时,可以回滚到过去一个已知正确的时间点恢复数据。

3.3　并行编程模式

对于出现的越来越多的超大规模数据处理应用需求，传统系统难以提供足够的存储和计算资源进行处理，云计算平台是最理想的解决方案。调查显示，目前，IT 专业人员对云计算中诸多关键技术最为关心的是大规模数据并行处理技术。

本节主要从并行编程的模型、逻辑数据流和实现机制方面来阐述并行编程模式。

3.3.1　并行编程模式的重要性

磁盘容量增长远远快过存储访问带宽和延迟的提高。磁盘容量从 80 年代中期数十 MB 到今天的 1~2 TB，增长 10 万倍，而延迟仅提高 2 倍，带宽仅提高 50 倍！也就是说，处理数据的能力大幅落后于数据增长速度。研究发现：训练数据集越大，数据分类精度越高；大数据集上的简单算法能比小数据集上的复杂算法产生更好的结果。即海量数据隐含着更准确的事实。因此说大规模数据处理和行业应用需求日益增加和迫切。对于应用行业来说，云计算平台软件、虚拟化软件都不需要自己开发，但行业的大规模数据处理应用软件没有通用的软件，需要针对特定的应用需求专门开发，涉及诸多并行化算法、索引查询优化技术研究，以及系统的设计实现。

Google 在 2004 年提出了一种通用的大规模数据并行计算平台和编程模型及框架——MapReduce。MapReduce 发明后，Google 将其大量用于各种海量数据处理，目前 Google 内部有 7000 以上的程序基于 MapReduce 实现，包括其搜索引擎的全部索引处理。面对大数据(Big Data)应用需求，2008 年，在 Google 成立 10 周年之际，《Nature》杂志出版一期专刊专门讨论未来的大数据处理相关的一系列技术问题和面临的挑战。

3.3.2　MapReduce 并行编程模型简介

MapReduce 是 Google 提出的一个软件架构，是一种处理海量数据的并行编程模式，用于大规模数据集(通常大于 1 TB)的并行运算。该软件框架向用户提供了一个具有数据流和控制流的抽象层，并隐藏了所有数据流实现的步骤，比如，数据分块、映射、同步、通信和调度。MapReduce 的整个构架由 Map(映射)函数和 Reduce(化简)函数构成，这两个主函数能由用户重载以达到特定目标。只要在程序设计时使用 Map 函数和 Reduce 函数，系统就会用 Map 函数从原始数据中整理分类出中介数据，然后用 Reduce 函数简化这些中介数据。当程序输入一大组 Key/Value 键值对时，Map 函数自动将原本的 Key/Value 拆分为多组中介的键值对，然后 Reduce 函数再将具有相同 Key 的中介值配对，化简成最后的输出结果。

MapReduce 的运行模型如图 3-5 所示。图中有 M 个 Map 操作和 R 个 Reduce 操作。

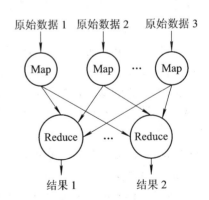

图 3-5　MapReduce 的运行模型

一个 Map 函数可对一部分原始数据进行指定的操作。每个 Map 操作都针对不同的原始数据。因此，Map 与 Map 之间是互相独立的，这就使得它们可以充分并行化。一个 Reduce 操作就是对每个 Map 所产生的一部分中间结果进行合并操作，每个 Reduce 所处理的 Map 中间结果是互不交叉的，所有 Reduce 产生的最终结果经过简单连接就形成了完整的结果集，因此 Reduce 也可以在并行环境下执行。

MapReduce 是一种编程模型，Map 函数和 Reduce 函数都是使用 MapReduce 编程模型的开发者自己编写的函数。

1．Map 映射函数

对于每个输入键值对(key，value)，并行地应用 Map 函数，并产生新的中间键值对(key，value)，如下所示：

$$(\text{key1, value1}) \xrightarrow{\text{Map函数}} [(\text{key2, value2})]$$

Map 输入：键值对(key1，value1)表示的数据。

处理：文档数据记录(如文本文件中的行，或数据表格中的行)将以"键值对"的形式传入 Map 函数；Map 函数将处理这些键值对，并以另一种键值对形式输出处理的一组键值对的中间结果[(key2，value2)]。

输出：键值对[(key2，value2)]表示的一组中间数据。

2．Reduce 函数

Reduce 函数对每个 Map 函数产生一部分中间结果进行合并操作，如下所示：

$$(\text{key2, [value2]}) \xrightarrow{\text{Reduce函数}} [(\text{key3, value3})]$$

输入：由 Map 输出的一组键值对[(key2，value2)]将被进行合并处理，将同样主键下的不同数值合并到一个列表[value2]中，故 Reduce 的输入为(key2，[value2])。

处理：对传入的中间结果列表数据进行某种整理或进一步的归并处理，最终形成[(key3，value3)]的结果。这样，一个 Reduce 函数处理了一个 key，所有 Reduce 函数的结果并在一起就是最终结果。

输出：最终输出结果[(key3，value3)]。

例如，假设我们想用 MapReduce 来计算一个大型文本文件中各个单词出现的次数，Map 的输入参数指明了需要处理哪部分数据，以<在文本中的起始位置需要处理的数据长度>表示，经过 Map 处理，形成一批中间结果<单词，出现次数>。而 Reduce 函数则是把中间结果进行处理，将相同单词出现的次数进行累加，得到每个单词总的出现次数。

3.3.3　MapReduce 逻辑数据流

Map 和 Reduce 函数的输入和输出数据都有特殊的结构。Map 函数的输入数据是以(key，value)对形式出现。Map 函数的输出数据的结构类似于(key，value)对，成为中间(key，value)对。用户自定义的 Map 函数处理每个输入的(key，value)对，并产生很多的中间(key，value)对，目的是为 Map 函数并行处理所有输入的(key，value)对。如图 3-6 所示。

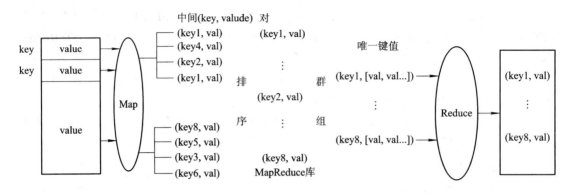

图 3-6　MapReduce 逻辑数据流图

Reduce 函数以中间值群组的形式接收中间(key，value)对，这个中间值群组和一个中间 key(key，[set of values])相关。MapReduce 首先是对中间(key，value)对排序，然后以相同的 key 来把 value 分组。需要注意的是，数据的排序是为了简化分组过程。Reduce 函数处理每 个(key，[set of values])群组，并产生(key，value)对集合作为输出。

为了阐明 MapReduce 应用中的数据流，我们以"单词计数"为例来介绍 MapReduce 应用。"单词计数"是用来计算一批文档中每一个单词出现的次数的。图 3-7 说明了一个简 单文档的"单词计数"问题的数据流。该文件包含下列三行话：

(1)"the weather is good"；

(2)"today is good"；

(3)"good weather is good"。

图 3-7　"单词计数"问题的数据流

在这个例子中，Map 函数同时为每一行内容产生若干个中间(key，value)对，所以每个 单词都用带"1"的中间键值作为其中间值，如(good，1)。然后，MapReduce 收集所有产 生的(key，value)对，进行排序，再把每个相同的单词分组为多个"1"，如(good，[1,1,1,1])， 最后将群组并行送给 Reduce 函数，所以就把每个单词的"1"累加起来，并产生文件中每 个单词出现的实际数目，例如(good，4)。

3.3.4　MapReduce 实现机制

MapReduce 框架的主要作用是在一个分布式计算系统上高效运行用户程序。

MapReduce 操作的执行流程如图 3-8 所示。

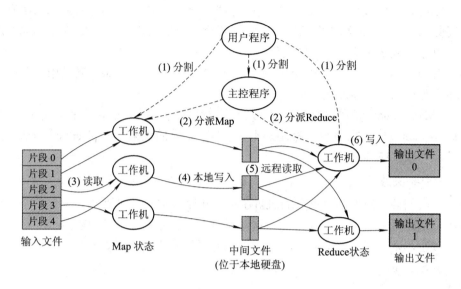

图 3-8　MapReduce 主要执行流程图

当用户程序调用 MapReduce 函数时，就会引起如下操作(图中的数字序号标示和下面的数字序号标示相对应)。

(1) 数据分区(分割)。用户程序中的 MapReduce 函数库首先把输入文件分成 M 块，每块大概 16～64 MB(可以通过参数决定)，接着在集群的机器上执行处理程序。

(2) 计算分区和决定主服务器(Master)及服务器(Worker)(分派)。计算分区可以通过 Partitioner 类来设置，并在 MapReduce 框架中被隐式处理。所以，MapReduce 库只生成用户程序的多个复制，它们包含了 Map 和 Reduce 函数，然后在多个可用的计算引擎上分派并启用它们。这些分派的执行程序中有一个程序比较特别，它是主控程序 Master。剩下的执行程序都是作为 Master 分派工作的 Worker(工作机)。总共有 M 个 Map 任务和 R 个 Reduce 任务需要分派，Master 选择空闲的 Worker 来分派这些 Map 或者 Reduce 任务。

(3) 读取输入数据和使用 Map 函数(读取)。每一个映射服务器(Worker)读取其输入数据的相应部分，处理相关的输入块，且将分析出的(key, value)对传递给用户定义的 Map 函数。Map 函数产生的中间结果(key，value)对暂时缓冲到内存。进行 Reduce 处理之前，必须等到所有的 Map 函数做完，因此，在进入 Reduce 前需要有一个同步障(barrier)，这个阶段 Reduce 也负责对 Map 的中间结果数据进行收集整理(aggregation & shuffle)处理，以便 Reduce 更有效地计算最终结果。

(4) 中间数据写入硬盘并通知 Reduce 函数(本地写入)。这些缓冲到内存的中间结果将被定时写到本地硬盘，这些数据通过分区函数分成 R 个区。中间结果在本地硬盘的位置信息将被发送回 Master，然后 Master 负责把这些位置信息传送给 Reduce Worker。

(5) Reduce Worker 读取数据并排序(远程读取)。当 Master 通知 Reduce 的 Worker 关于中间(key，value)对的位置时，它调用远程过程来从 Map Worker 的本地硬盘上读取缓冲的中间数据。当 Reduce Worker 读到所有的中间数据后，它就使用中间 key 进行排序，这样可以使得相同 key 的值都在一起。因为有许多不同 key 的 Map 都对应相同的 Reduce 任务，所以排序是必需的。如果中间结果集过于庞大，那么就需要使用外排序。

(6) Reduce 函数(写入)。Reduce Worker 会根据每一个唯一中间 key 来遍历所有的排序后的中间数据，并把 key 和相关的中间结果值集合传递给用户定义的 Reduce 函数。Reduce 函数的结果作为最终的结果输出到文件中。

当所有的 Map 任务和 Reduce 任务都已经完成的时候，Master 激活用户程序。此时 MapReduce 返回用户程序的调用点。

由于 MapReduce 是用在成百上千台机器上处理海量数据的，在执行过程中会出现 Master 或 Worker 失效，所以容错机制是不可或缺的。总的说来，MapReduce 是通过重新执行失效的地方来实现容错的。

1. Master 失效

Master 会周期性地设置检查点(checkpoint)，并导出 Master 的数据。一旦某个任务失效了，就可以从最近的一个检查点恢复并重新执行。但由于只有一个 Master 在运行，如果 Master 失效了，则只能终止整个 MapReduce 程序的运行并重新开始。

2. Worker 失效

相对于 Master 失效而言，Worker 失效算是一种常见的状态。Master 会周期性地给 Worker 发送 ping 命令，如果没有 Worker 的应答，则 Master 认为 Worker 失效，终止对这个 Worker 的任务调度，把 Worker 的失效任务调度到其他 Worker 上重新执行。

3.4　分布式锁服务 Chubby

Chubby 是 Google 设计的提供粗粒度锁服务的一个文件系统，它基于松耦合分布式系统，解决分布的一致性问题。简单地说，Chubby 属于分布式锁服务，通过 Chubby，一个分布式系统中的上千个客户都能够对某项资源进行"加锁"或者"解锁"。Chubby 常用于 Bigtable 和 MapReduce 等系统内部的协作工作，它是通过对文件的创建操作来实现"加锁"的，并在其内部采用了著名科学家 Leslie Lamport 的 Paxos 算法。不过要注意的是，这种锁只是一种建议性锁而不是强制性锁，这样使系统具有更大的选择性。

3.4.1　Paxos 算法

Paxos 算法是 Leslie Lamport 最先提出的一种基于消息传递的一致性算法，用于解决分布式系统中的一致性问题。分布式系统一致性问题就是如何保证系统中初始状态相同的各个节点在执行相同的操作序列时看到的指令序列是完全一致的，并最终得到完全一致的结果的问题。一个最简单的方案就是在分布式系统中设置一个专门的节点，在每次需要进行操作之前，系统的各个部分向它发出请求，告诉该节点接下来系统要做什么。该节点接收第一个到达的请求内容作为接下来的操作，这样就能保证系统只有一个唯一的操作序列。但是这种方案存在着缺陷：如果专门节点失效，整个系统就很可能出现不一致。为了避免这种情况，在系统中必然要设置多个专门节点，由这些专门节点来共同决定操作。针对这种情况，Leslie Lamport 提出了 Paxos 算法。在该算法中，节点被分为三种，proposers 提出决议(系统接下来要执行的指令，即 value)，acceptors 批准决议，learners 获取并使用已经通过的决议。在这种情况下，需要满足以下三个条件来保证数据的一致性。

(1) 决议只有被 proposers 提出后才能被批准；

(2) 每次只批准一个决议；

(3) 只有决议确定被批准后 learners 才能获取这个决议。

系统约束条件如下：

P1——每个 acceptor 只接受它得到的第一个决议。

P1 表明每个 acceptor 可以接收到多个决议，对每个决议进行编号，后得到的编号要大于先得到的编号。可能会出现的问题是：对于每个节点，一起接收到的所谓的第一个节点都一样吗？因此 P1 不是很完备。进一步加强约束条件后得到：

P2——一旦某个决议通过，之后通过的决议必须和该决议保持一致。

由 P1 和 P2 得到 P2 的加强版 P2a：一旦某个决议 v 得到通过，之后任何 acceptor 再批准的决议必须是 v。但是 P2a 和 P1 是有矛盾的。例如，假设在系统得到决议 v 的过程中一个 proposer 和一个 acceptor 因为出现问题没有参与到决议中。在得到 v 之后出现的 proposer 和 accepor 恢复过来，此时 acceptor 提出一个不等于 v 的 x。如果按照 P1，这个 acceptor 应该接受这个决议 x，但是按照 P2a，则不应该接受这个决议。因此进一步加强约束条件后得到：

P2b——一旦某个决议 v 得到通过，之后任何 proposer 再提出的决议必须是 v。

P1 和 P2b 保证了条件(2)，彼此之间也不存在矛盾。但是 P2b 很难实现，因此提出了蕴涵 P2b 的运输条件 P2c：

P2c——如果一个编号为 n 的提案具有值 v，那么存在一个"多数派"，要么它们中没有谁批准过编号小于 n 的任何提案，要么它们进行的最近一次批准具有值 v。

为了保证决议的唯一性，acceptors 需要满足：当且仅当 acceptors 没有收到编号大于 n 的请求时，acceptors 才批准编号为 n 的提案。

决议通过分为两个阶段：准备阶段和批准阶段。

(1) 准备阶段：proposers 选择一个提案并将它的编号设为 n，然后将它发送给 acceptors 中的一个"多数派"。acceptors 收到后，如果提案的编号大于它已经回复的所有消息，则 acceptors 将自己上次的批准回复给 proposers，并不再批准小于 n 的提案。

(2) 批准阶段：当 proposers 接收到 acceptors 中的这个"多数派"的回复后，就向回复请求的 acceptors 发送 accept 请求，在符合 acceptors 一方的约束条件下，acceptors 收到 accept 请求后即批准这个请求。

解决一致性问题的算法：为了减少决议发布过程中的消息量，acceptors 将这个通过的决议发送给 learners 的一个子集，然后由这个子集中的 learners 去通知所有其他的 learners。特殊情况下，如果两个 proposer 在这种情况下都转而提出一个编号更大的提案，那么就可能陷入活锁。此时需要选举出一个 president，仅允许 president 提出提案。

3.4.2 Chubby 系统设计

在设计 Chubby 时，需要充分考虑系统需要实现的目标和可能出现的各种问题。Chubby 实现的目标主要有：

(1) 高可用性和高可靠性。

(2) 高扩展性。

(3) 支持粗粒度的建议性锁服务。

(4) 服务信息的直接存储。可以直接存储包括元数据、系统参数在内的有关服务信息，而不需要再维护另一个服务。

(5) 支持缓存机制。通过缓存机制将常用信息保存在客户端，避免频繁地访问主服务器。

(6) 支持通报机制。用户可以及时了解发生的事件。

考虑到以下几个问题，Chubby 中还添加了一些新的功能特性。

(1) 开发者初期很少考虑系统的一致性，但随着开发的进行，问题会变得越来越严重。单独的锁服务可以保证原有系统架构不会发生改变，而使用函数库很可能需要对系统架构做出大幅度的改动。

(2) 系统中很多事件的发生是需要告知其他用户和服务器的，使用一个基于文件系统的锁服务可以将这些变动写入文件中。有需要的用户和服务器直接访问这些文件即可，避免因大量系统组件之间的事件通信带来系统性能的下降。

(3) 基于锁的开发接口容易被开发者接受。虽然在分布式系统中锁的使用会有很大的不同，但是和一致性算法相比，锁显然被更多的开发者所熟知。

Paxos 算法实现过程中需要一个"多数派"就某个值达成一致，本质上就是分布式系统中常见的 quorum 机制。为保证系统高可用性，需要若干台机器，但使用单独锁服务的话一台机器也能保证这种高可用性。

Chubby 设计过程中的一些细节问题值得关注：

在 Chubby 系统中采用了建议性的锁而没有采用强制性的锁。两者的根本区别在于用户访问某个被锁定的文件时，建议性的锁不会阻止访问，而强制性的锁则会阻止访问，实际上这是为了方便系统组件之间的信息交互。另外，Chubby 还采用了粗粒度(Coarse-Grained)锁服务而没有采用细粒度(Fine-Grained)锁服务，两者的差异在于持有锁的时间，细粒度的锁持有时间很短。

Chubby 的基本架构如图 3-9 所示。

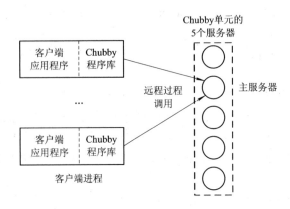

图 3-9 Chubby 的基本架构

从图中可知，Chubby 分为两部分：客户端和服务器端。客户端每个客户应用程序都有一个 Chubby 程序库，客户端的所有应用都是通过调用这个库中的相关函数来完成的。服务器端称为 Chubby 单元，一般是由 5 个称为副本的服务器组成的，这 5 个副本配置一致，并在系统刚开始时处于同等地位。客户端和服务器端通过远程调用来连接。

3.4.3　通信协议

客户端和服务器端的通信过程如图 3-10 所示。

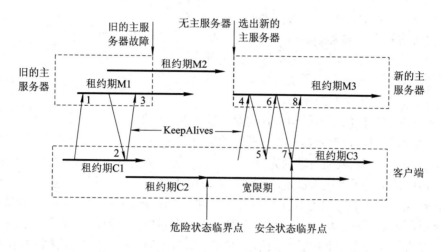

图 3-10　Chubby 客户端和服务器端的通信过程

从图 3-10 可知，客户端和服务器端是通过 KeepAlive 握手协议来通信的。在图 3-10 中，从左到右的水平方向表示时间的增加，斜向上的箭头表示 KeepAlive 的一次请求，斜向下的箭头表示主服务器的一次回应。M1、M2、M3 表示不同的主服务器租约期。C1、C2、C3 则是客户端对主服务器租约期时长做出的一个估计。KeepAlive 是周期性发送的信息，主要包括两方面的功能：延迟租约的有效期和携带事件信息告诉用户更新。这些事件主要包括文件内容被修改，子节点的增加、删除和修改，主服务器出错等。通常情况下，通过 KeepAlive 握手协议租约期会得到延长，事件也会及时地通知给用户。但由于系统具有一定的失效概率，可能出现两种故障：客户端租约期过期和主服务器故障。对于这两种情况应该有不同的应对策略。

1.　客户端租约过期故障处理

客户端向主服务器发出一个 KeepAlive 请求(图 3-10 中 1)，如果有需要通知的事件时则主服务器会立刻做出回应，否则，等到客户端的租约期 C1 快结束的时候才做出回应(图 3-10 中 2)，并更新主服务器租约期为 M2。客户端接到回应后认为该主服务器仍处于活跃状态，于是将租约期更新为 C2 并立刻发出新的 KeepAlive 请求(图 3-10 中 3)。宽限期内，客户端不会立刻断开其与服务器端的联系，而是不断地做探询，当它接到客户端的第一个 KeepAlive 请求(图 3-10 中 4)时会拒绝(图 3-10 中 5)。客户端在主服务器拒绝后使用新纪元号来发送 KeepAlive 请求(图 3-10 中 6)，新的主服务器接受这个请求并立刻做出回应(图 3-10 中 7)。如果客户端接收到这个回应的时间仍处于宽限期内，系统会恢复到安全状态，租约期更新为 C3。如果在宽限期未接到主服务器的相关回应，则客户端终止当前的会话。

2. 主服务器出错的故障处理

正常情况下旧的主服务器出现故障后系统会很快地选举出新的主服务器，新选举需要经历以下九个步骤：

(1) 产生一个新的纪元号以便今后客户端通信时使用，这样能保证当前的主服务器不必处理针对旧的主服务器的请求。

(2) 只处理主服务器位置相关的信息，不处理会话相关的信息。

(3) 构建处理会话和锁所需的内部数据结构。

(4) 允许客户端发送 KeepAlive 请求，不处理其他会话相关的信息。

(5) 向每个会话发送一个故障事件，促使所有的客户端清空缓存。

(6) 等待直到所有的会话都收到故障事件或会话终止。

(7) 开始允许执行所有的操作。

(8) 如果客户端使用了旧的句柄则需要为其重新构建新的句柄。

(9) 一定时间段后，删除没有被打开过的临时文件夹。

如果这一过程在宽限期内顺利完成，用户就不会感觉到任何故障的发生，也就是说新旧主服务器的替换对于用户来说是透明的，用户感觉到的仅仅是一个延迟。

系统实现时，Chubby 还使用了一致性客户端缓存(Consistent Client-Side Caching)技术，以减少通信压力，降低通信频率。在客户端保存一个和单元上数据一致的本地缓存，需要时客户可以直接从缓存中取出数据而不用再和主服务器通信。当某个文件数据或者元数据需要修改时，主服务器首先将这个修改阻塞；然后通过查询主服务器自身维护的一个缓存表，向对修改的数据进行了缓存的所有客户端发送一个无效标志；客户端收到这个无效标志后会返回一个确认，主服务器在收到所有的确认后才解除阻塞并完成这次修改。该过程仅仅需要发送一次无效标志即可，对于没有返回确认的节点，主服务器直接认为其是未缓存的，因此，该过程的执行效率非常高。

3.5　数据管理技术

云计算系统对大数据集进行处理、分析，向用户提供高效的服务。因此，数据管理技术必须能够高效地管理大数据集。其次，如何在规模巨大的数据中找到特定的数据，也是云计算数据管理技术所必须解决的问题。云计算的特点是对海量的数据存储、读取后进行大量的分析，数据的读操作频率远大于数据的更新频率，云中的数据管理是一种读优化的数据管理。因此，云系统的数据管理往往采用数据库领域中阵列存储的数据管理模式，将表按列划分后存储。云计算的数据管理技术最著名的是谷歌的 Bigtable 数据管理技术，同时 Hadoop 开发团队正在开发类似 Bigtable 的开源数据管理模块。由于采用列存储的方式管理数据，如何提高数据的更新速率以及进一步提高随机读速率是未来数据管理技术必须解决的问题。

3.5.1　Bigtable 数据管理技术

Bigtable 数据库是 Google 为了搜索需求所开发的云计算关键技术之一。Google 具有

GFS 文档系统，可以存储数据，MapReduce 分布式简化计算后，云计算应用程序还需要一个可以放置各种分布式资料的数据库，因此 Google 就推出了 Bigtable 分布式数据库。Bigtable 是一个为管理大规模结构化数据而设计的分布式存储系统，可以扩展到 PB 级数据和上千台服务器，该数据库已经广泛地应用在成千上万的应用服务器集群中。

1. 数据模型

Bigtable 不是关系型数据库，但是却沿用了很多关系型数据库的术语，像 table(表)、row(行)、column(列)等。本质上说，Bigtable 是一个键值(key-value)映射，是一个稀疏的、分布式的、持久化的、多维的排序映射。

Bigtable 是一个分布式多维映射表。Bigtable 的键有三维，分别是行键(Row Key)、列键(Column Key)和时间戳(Time Stamp)，行键和列键都是字节串，时间戳是 64 位整型；而值是一个字符串。可以用 (row:string, column:string, time:int64)→string 来表示一条键值对记录。Bigtable 数据存储格式如图 3-11 所示。

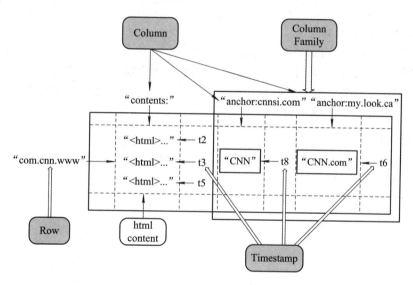

图 3-11 Bigtable 数据结构的存储情况

我们以存储"www.cnn.com"网页数据到 Bigtable 数据库为例，来解释 Row、Column、Timestamp 等 Bigtable 数据结构的存储情况，参见图 3-11。

表中的行关键字可以是任意的字符串，但大小不能超过 64 KB，对大多数用户来说，10～100B 就足够了。Bigtable 与传统型数据库有很大的不同，它不支持一般意义上的事务，但对同一个行关键字的读或者写操作都是原子的。Bigtable 通过行关键字的字典顺序来组织数据。用户可以通过选择合适的行关键字，在数据访问时有效利用数据的位置相关性，从而更好地利用这个特性。举例来说，图 3-11 是 Bigtable 数据模型的一个典型实例，其中com.cnn.www 就是一个行关键字，不直接存储网页地址而将其倒排是 Bigtable 的一个巧妙设计。通过反转 URL 中主机名的方式，可以把同一个域名下的网页聚集起来组织成连续的行，有利于用户查找和分析；同时，倒排还便于数据压缩，可以大幅提高压缩率。

遇到大规模数据时，单个的大表不利于数据处理，因此可以将 Bigtable 一个表分为多个子表"Tablet"，Tablet 是数据分布和负载均衡调整的最小单位，每个子表可以包括多个行。这样，当操作只读取行中很少几列的数据时效率很高，通常只需要很少几次机器间的通信即可完成。

Bigtable 并不是简单地存储所有的列关键词，而是将其组织成所谓的列族(Column Family)，这是访问控制的基本单位。每个族中的数据都属于同一类型，并且同一族中的数据会被压缩存放。一张表中的列族不能太多(最多几百个)，并且列族在运行期间很少改变。

列关键字的命名语法为族名：限定词。列族的名字必须有意义，而且必须是可打印的字符串，而限定词的名字可以是任意的字符串。在图 3-11 中，内容(Contents)、锚点(Anchor，就是 HTML 中的链接)都是不同的族。而 connsi.com 和 my.look.ca 是锚点族中不同的限定词。族同时也是 Bigtable 中访问控制的基本单元。通过这种方式组织的数据结构清晰明了。

在 Bigtable 中，表的每一个数据项都可以包含同一份数据的不同版本；不同版本的数据通过时间戳来索引。Bigtable 时间戳的类型是 64 位整型。Bigtable 可以给时间戳赋值，用来表示精确到毫秒的"实时"时间；用户程序也可以给时间戳赋值。如果应用程序需要避免数据版本冲突，那么它必须自己生成具有唯一性的时间戳。图 3-11 中内容列的 t2、t3 和 t5 表明其中保存了在 t2、t3 和 t5 这三个时间获取的网页。

数据项中，不同版本的数据按照时间戳倒序排序，即最新的数据排在最前面。为了减轻多个版本数据的管理负担，我们对每一个列族配有两个设置参数，Bigtable 通过这两个参数可以对废弃版本的数据自动进行垃圾收集。用户可以指定只保存最后 n 个版本的数据，或者只保存"足够新"的版本的数据。

2. 系统架构

Bigtable 是在 Google 的另外三个组件之上构建起来的。其架构如图 3-12 所示。

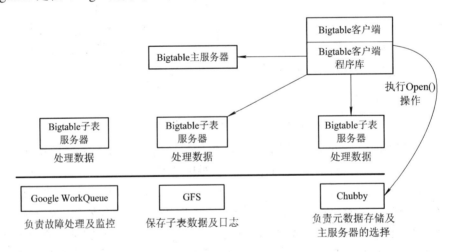

图 3-12 Bigtable 基本架构

图中 WorkQueue 是一个分布式的任务调度器，主要用来处理分布式系统队列的分组和任务调度，GFS 在 Bigtable 中主要用来存储字表数据以及一些日志文件。Bigtable 选用 Google 自己开发的分布式锁服务 Chubby 作为锁服务支持。在 Bigtable 中 Chubby 的主要作用有：选取并保证同一时间内只有一个主服务器；获取子表的位置信息；保存 Bigtable 的模式信息及访问控制列表。

Bigtable 主要由三个部分组成：客户端程序库(Client Library)、主服务器(Master Server)和多个子表服务器(Table Server)。客户访问 Bigtable 服务时，首先利用其库函数执行 Open()操作来打开一个锁，从而获取文件目录。锁打开以后客户端就可以和子表服务器进行通信。客户端主要和子表服务器通信，几乎不和主服务器进行通信，这使得主服务器的负载大大降低。主服务器主要进行一些元数据的操作以及子表服务器之间的负载调度问题，实际的数据是存储在子表服务器上的。

3. 主服务器

主服务器的主要作用如图 3-13 所示。

当产生一个新的子表时，主服务器通过加载命令将其分配给一个空间足够的子表服务器。创建新表、表合并以及较大子表的分裂都会产生一个或多个新的子表。前两个操作是由主服务器发起的，主服务器会自动检测到，而较大子表的分裂是由子服务器发起并完成的，主服务器不能自动检测。因此，在分割成功后，子服务器需要向主服务器发出一个通知。为了达到良好的扩展性，主服务器需要对子表服务器的状态进行监控，以便及时检测到服务器的加入和撤销。Bigtable 中主服务器通过 Chubby 来对子表服务器进行控制。子表服务器在初始化时都会从 Chubby 中得到一个独占锁，所有的子表服务器基本信息被保存在 Chubby 中一个被称为服务器目录的特殊目录中。主服务器通过检测这个目录就可以

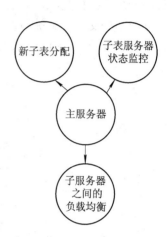

图 3-13 主服务器的主要作用

随时获取最新的子表服务器信息，包括目前活跃的子表服务器，以及子表服务器上现已分配的子表。对于每个具体的子表服务器，主服务器会定期询问其独占锁的状态，如果独占锁丢失或者没有应答，就说明 Chubby 服务器出现问题或者子表服务器本身出现问题。这时主服务器首先自己尝试获取这个独占锁，如果失败，说明 Chubby 服务出现问题，需要等待 Chubby 服务恢复；如果成功，说明子服务器本身出现问题，这时主服务器就会终止这个子表服务器并将其上面的子表全部移至其他子表服务器。当检测到某个子表服务器上负载过重时，主服务器会自动对其进行负载均衡操作。

4. 子表服务器

Bigtable 可以有多个子表服务器，并且可以向系统中动态添加或是删除子表服务器。每个子表服务器都管理一个子表的集合(通常每个服务器有大约数十个至上千个子表)。每个子表服务器负责处理它所加载的子表的读写操作，以及在子表过大时，对其进行分割。子表是可以动态分裂的，系统初始时，只有一个子表，当表增长到一定的大小时，会自动分裂成多个子表。同时，master 服务器会负责控制是否需要将子表转交给其他负载较轻的子表服务器，从而保证整个集群的负载均衡。

SSTable 是 Google 为 Bigtable 设计的内部数据存储格式，所有的 SSTable 文件都存储在 GFS 上，用户可以通过键来查找相应的值。SSTable 中的数据被划分为一个个的块，块的大小可以设置，一般不超过 64 KB。在 SSTable 的结尾有一个索引，索引保存了 SSTable 中块的位置，在 SSTable 打开时这个索引会被加载进内存，这样用户在查找某个块时首先在

内存中查找块的位置信息,然后再在硬盘中查找这个块。每个子表都由多个 SSTable 以及日志文件构成。SSTable 可能会参与多个子表的构成,而由子表构成的表不存在子表重叠现象。Bigtable 中的日志文件是一种共享文件,某个子表日志只是这个共享日志中的一个片段。

Bigtable 将数据存储划分为两块,较新的数据存储在内存中的一个内存表的有序缓冲里,较早的数据则以 SSTable 格式保存在 GFS 中。Bigtable 的读写操作如图 3-14 所示。进行写操作(Write OP)时,首先查询 Chubby 中保存的访问列表,确定用户具有相应的写权限,通过验证之后写入的数据首先被保存在提交日志中。提交日志以重做记录的形式保存着最近的一系列数据更改,这些重做记录在子表进行恢复时可以向系统提供已完成的更改信息。数据成功提交之后就被写入内存表中。在进行读操作时,还是需要先通过认证,然后读操作结合内存表和 SSTable 文件来进行,因为内存表和 SSTable 中都保存了数据。

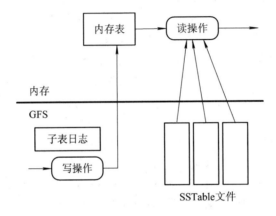

图 3-14　Bigtable 数据存储及读/写操作

内存表的空间是有限的,当容量达到一个阈值时,旧的内存表就会停止使用并压缩成 SSTable 格式的文件。Bigtable 中的数据压缩包括次压缩、合并压缩和主压缩。三种压缩形式之间的关系如图 3-15 所示。

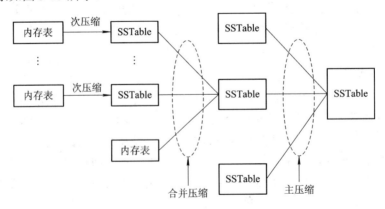

图 3-15　三种压缩形式之间的关系

每次旧的内存表停止使用时都会进行一个次压缩操作,这就会产生一个 SSTable。但是如果系统只有这种压缩的话,SSTable 的数量就会无限地增长下去。由于读操作要使用 SSTable,SSTable 数量过多会影响读的速度。在 Bigtable 中,读操作实际上比写操作更重要，因此 Bigtable 会定期执行一次合并压缩操作，将一些已有的 SSTable 和现有的内存表一并进行压缩。主压缩是合并压缩的一种，是将所有的 SSTable 一次性压缩成一个大的 SSTable 文件。主压缩也是定期执行的，执行一次主压缩之后可以保证所有的被压缩数据彻底删除，这样就保证收回了空间。

3.5.2　HBase 数据管理技术

Hbase 分布式数据库是使用 Java 语言开发的，以 HDFS 文件系统为基础，将一个表格拆分成很多份，由不同的服务器负责该部分的访问，借此达到高性能，以提供类似于 Google 的 Bigtable 分布式数据库的功能。它与 Google 的 Bigtable 相似，但也存在许多不同之处。

1. 逻辑模型

HBase 是一个类似 Bigtable 的分布式数据库，它的大部分特性和 Bigtable 一样，是一个稀疏的、长期存储的、多维度的排序映射表。这张表的索引是行关键字、列关键字和时间戳。

行关键字是数据行在表中的唯一标识，时间戳是每次数据操作对应关联的时间戳。列定义为<family>：<lable>，通过行和列可以唯一指定一个数据的存储列。对列族的定义和修改需要管理员权限，而标签可以任何时候添加。HBase 在磁盘上按照列族存储数据，一个列族的所有项有相同的读/写方式。HBase 的更新操作有时间戳，对于每个数据单元，只存储制定个数的最新版本。用户可以查询某个时间后的最新数据，或者得到数据单元的所有版本。

以 www.cnn.com 网站的数据存放逻辑视图为例，如表 3-2 所示。表中仅有一行数据，行的标识为 com.cnn.www，也采用倒排的方式。对于这行数据的每一次逻辑修改都有一个时间戳与之关联对应。共有四列：<contents>、<anchor:cnnsi.com>、<anchor:my.look.ca>、<mine:>。每一行都相当于传统数据库中的一个表，行关键字是表名，该表根据列的不同划分，每次操作都会有时间戳关联到具体操作的行。

表 3-2　数据存放逻辑视图表

行关键字	时间戳	列 contents	列 anchor		列 mine
com.cnn.wwww	t8		anchor.cnnsi.com	CNN	
	t6		anchor.my.look.ca	CNN.com	
	t5	html			text/html
	t3	html			
	t2	html			

2. 主服务器

HBase 使用主服务器来管理所有的子表服务器，每一个子表服务器都与唯一的主服务器联系，主服务器为每个子表服务器进行服务。主服务器维护子表服务器在任何时刻的活跃记录。当一个新的子表服务器向主服务器注册时，主服务器会告诉子表服务器装载哪些子表，也可以不装载。如果子服务器和子表服务器间的连接超时，子表服务器就"杀死"自己，然后以空白状态启动。主服务器假定子表服务器已"死"，并标记该子表为"未分配"，同时尝试把它们分配给其他子表服务器。

Bigtable 使用分布式锁服务 Chubby 保证子表服务器访问子表操作的原子性。只要核心的网络结构还在运行，子表服务器即使和主服务器的连接已断开，还可以继续服务，而 HBase 不具备这样的 Chubby。

3. 子表服务器

物理上所有的数据都存储在 HDFS 上，由一些子表服务器来提供数据服务，一般一台计算机只运行一台子表服务器程序，某一时刻一个子表服务器只管理一个子表。

当客户端进行更新操作时，首先连接相关的子表服务器，然后向子表提交变更。提交的数据被添加在子表的 HMemcache 和子表服务器的 Hlog 中。HMemcache 作为缓存，在内存中存储最近的更新。Hlog 是磁盘上的日志文件，记录所有的更新。

提供服务时，子表首先查询缓存 HMemcache，若没有，再查找 HStore。在写数据时，HRegion.flushcache()被调用，把 HMemcache 中的内容写入磁盘 HStore 文件里，然后清空 HMemcache 缓存，再在 HLog 文件里加入一个特殊的标记，表示刷新了 HMemcache。

启动时，每个子表检查最后的 flushcache()方法调用之后是否还有写操作在 HLog 文件里未应用。如果没有，则子表的全部数据就是磁盘上 HStore 文件内的数据；如果有，子表就把 HLog 文件里的更新操作重新应用一遍，写入到 HMemcache 里，再调用 flushcache()，最后，子表删除 HLog 文件并开始数据服务。

思考与练习

1. 什么是大数据？大数据的重要性体现在哪里？
2. 分布式存储有哪些特性？
3. GFS 有哪些特性？
4. 简述 MapReduce 的实现机制。
5. 阐述 Bigtable 的数据模型和系统架构。
6. 阐述 Hbase 和其他数据库的不同。

第四章　虚　拟　化

　　随着云计算的不断升温，虚拟化技术越来越受到人们的关注。而虚拟化技术并非最近才出现，早在 60 年前，就出现了虚拟化的雏形，不过受制于硬件，当时的虚拟化技术仅出现在大型机中。随着计算机相关领域技术的不断发展，虚拟化技术也不断演进，从最初的内存虚拟化发展到 CPU 虚拟化、I/O 接口虚拟化、系统虚拟化等，虚拟化技术所占比重越来越大。那么什么是虚拟化？为什么要进行虚拟化？当前主流虚拟化技术有哪些？本章将对这些问题一一解答。

4.1　虚拟化概述

　　虚拟化与云计算紧密相关，为云计算的实现提供技术上的支撑。本节首先对虚拟化的概念做一个简单的介绍；其次，描述虚拟化发展的历程；最后，对当前虚拟化进行分类。

4.1.1　虚拟化的概念

　　虚拟化从 20 世纪五六十年代开始一直伴随着计算机行业的发展，从早期的虚拟内存到现在的虚拟服务平台，虚拟化所占的比重越来越大，什么是虚拟化？不同的开发者和使用者可能有不同的看法，这主要取决于他们具体的工作领域。早期的计算机程序开发人员往往会担心是否有足够的内存用来存放数据和指令，随着虚拟内存的出现，人们的这种担心越来越小。这就是虚拟化给我们带来的直观的影响。当然虚拟化不仅仅局限于虚拟内存。目前，虚拟化已经渗透到与计算机相关的众多领域，包括网络、存储器、数据库、处理器等，从软件到硬件都可以看到虚拟化的身影。那么，什么是虚拟化呢？有没有一个统一准确的定义来概括虚拟化呢？下面我们先来看几个关于虚拟化的定义：

　　"虚拟化是以某种用户和应用程序都可以很容易从中获益的方式来表示计算机资源的过程，而不是根据这些资源的实现、地理位置或物理包装的专有方式来表示它们。换句话说，它为数据、计算能力、存储资源以及其他资源提供了一个逻辑视图，而不是物理视图。"——Jonathan Eunice, Illuminata Inc.

　　"虚拟化是表示计算机资源的逻辑组(或子集)的过程，这样就可以用从原始配置中获益的方式访问它们。这种资源的新虚拟视图并不受实现、地理位置或底层资源的物理配置的限制。"——Wikipedia.

　　"虚拟化，就是对一组类似资源提供一个通用的抽象接口集，从而隐藏属性和操作之间的差异，并允许通过一种通用的方式来查看与维护资源。"——Open Grid Services Architecture Glossary of Terms.

　　从这几个定义中我们可以看出虚拟化并没有一个规范的定义，但是我们可以从中抽象出一些共性，首先，虚拟化的对象是资源。资源可以有很广泛的理解，可以是各种硬件资源，包括存储器、处理器、光盘驱动器、网络等，也可以是各种软件环境，如操作系统、应用程序、各种库文件等。其次，经过虚拟化后生成的新资源隐藏内部实现的细节。例如虚拟出来的内存是新资源，而硬盘则是被虚拟的对象。当程序对虚拟内存进行访问的时候，虚拟内存和真实内存是统一编址的，应用程序看不到硬盘寻址到内存寻址的转换，只需要把被虚拟的硬盘当做内存一样读写即可。最后，虚拟化后的新资源拥有真实资源的部分或全部功能。仍以虚拟内存为例，这个特点也是显而易见的。虚拟出来的内存完全拥有和真实内存一样的功能。

　　从概念上似乎感觉不到虚拟化的特别之处，那么为什么要进行虚拟化呢？

　　虚拟化的目的主要是简化 IT 基础设施，从而简化对资源的管理，方便用户的访问。这里的用户是一个比较宽泛的定义，不仅仅局限于人，可以是一个应用程序、操作请求、访问或者是一个与资源交互的服务。

　　围绕这个目的，虚拟化之后的资源往往会提供一个标准化的接口，当用户使用标准接口访问资源时，可以降低用户与资源之间的耦合程度，因为用户并不依赖于资源的特定实现。另外，建立在这种松散耦合访问关系上的管理工作也会简单化。管理员可以在对 IT 基础设施进行管理的时候，把对用户的影响降到最低。最后，当这些底层物理资源发生变化的时候，也可以对用户的影响降到最低。虽然物理资源发生变化，但是用户与虚拟资源的交互方式并没有改变，所以应用程序不需要进行升级或者打补丁，因为标准接口没有变动。

4.1.2　虚拟化的发展历程

　　虚拟化技术最早诞生于 1959 年，在当年的国际信息处理大会上，克里斯托弗发表的一篇题目为《大型高速计算机中的时间共享》的论文，其中就提出了虚拟化的概念。这是虚拟化最早的萌芽。1964 年，科学家 L.W.Comeau 和 R.J. Creasy 设计出一种名为 CP-40 的操作系统，实现虚拟内存和虚拟机。1965 年，IBM 最早把虚拟化技术引入商业领域，推出的 IBM 7044 机型上，允许用户在一台主机上运行多个操作系统，从而让用户充分利用当时昂贵的硬件资源，这是第一次在商业系统上实现虚拟化。紧接着，在 1966 年剑桥大学的 Martin Richards 开发出 BCPL(Basic Combined Programming Language)语言，实现第一个应用程序虚拟化。20 世纪 70 年代，在一篇名为《Formal Requirements for Virtualizable Third Generation Architectures》的论文中，首次提出虚拟化准则，满足准则的程序称为虚拟机监控器，简称为 VMM(Virtual Machine Monitor)。1978 年，IBM 获得冗余磁盘阵列专利技术，通过虚拟存储技术，把物理磁盘设备组合为资源池，然后从资源池中分配出一组虚拟逻辑单元，提供给主机使用。这是第一次在存储中使用虚拟技术。到了 20 世纪 90 年代，Java 语言诞生，通过 Java 虚拟机实现了独立于平台的语言。

首先体现出虚拟化的优势的是，1998 年实现的在 Windows NT 平台上通过 VMware 虚拟软件启动 Windows 95，这标志着在 x86 平台开始运用虚拟化技术。1999 年，VMware 公司在 X86 平台推出可以流畅运行的商业虚拟化软件，从此，虚拟化技术走下大型机的神坛，进入普通 PC 领域。

21 世纪后，虚拟化更是百花齐放，各大 IT 厂商在虚拟化领域各有建树。2000 年 HP 发布基于硬件分区的 NPartition。2003 年，Xen 在 Ian 的带领下诞生于剑桥大学，并且支持半虚拟化。同年，微软收购 Connectix，开始进军桌面虚拟化领域。2004 年 IBM 提出第一款真正的虚拟化解决方案——高级电源虚拟化(Advanced Power Virtualization，APV)，2008 年重新命名为 PowerVM。同年，微软宣布 Virtual Server 2005 计划。2005 年，HP 在 Integrity 虚拟机中引入真正的虚拟化技术，这种技术支持分区拥有操作系统的完整副本和共享资源。英特尔公司也在该年初步完成 Vanderpool 技术外部架构规范(EAS)，并且声称该技术可以对未来的虚拟化解决方案提供改进。11 月，英特尔发布了新的 Xeon MP 处理器系统 7000 系列，诞生了 X86 平台上第一个硬件辅助虚拟化技术——VT(Vanderpool Technology)技术。同年，Xen 3.0 问世，是第一个需要 Intel VT 技术支持的在 32 位服务器上运行的版本。2006 年 AMD 实现 I/O 虚拟化技术规范，技术授权完全免费。2007 年，甲骨文公司推出一款可以在 Oracle 数据库和应用程序中运行的服务器虚拟化软件 Oracle VM，并且提供免费下载链接地址，标志着甲骨文公司正式进军虚拟化市场。Redhat 紧随其后，也于 2007 年迈出虚拟化的第一步，即在所有的平台、管理工具中都包含 Xen 虚拟化功能，并且在 Linux 新版企业端中整合 Xen。同年，Novell 在推出的新版服务器软件 SUSE Linux10 中增加虚拟化软件 Xen。思杰公司也在同年收购了 XenSource，进军虚拟化市场，并且在之后推出"Citrix 交付中心"。2008 年，HP 发布了世界上第一款虚拟化刀片服务器 ProLiant BL495c G5。

4.1.3 虚拟化的分类

计算机是一个复杂的精密系统。这个系统包括若干层次，从下到上分别是硬件资源层、操作系统层、操作系统提供的抽象应用程序接口层，最上面是运行在操作系统上的应用程序层。每一层对外都隐藏了自己内部的运行细节，仅仅向上层提供对应的抽象接口，而上一层也不需要知道底层的内部运作机制，仅仅调用底层提供的接口即可工作。分层的好处显而易见，首先，每层的功能明确，开发的时候只需要考虑每层自身的设计及与相邻层的交互，降低开发的复杂度；其次，层与层之间的耦合不是太紧密，依赖性不强，可以方便地进行移植。鉴于这些特点，可以采用不同的虚拟化技术构建不同的虚拟化层，向上层提供真实层次的功能或类似真实层次的功能。因此，按照虚拟化的实现层次可以将其分为硬件虚拟化、操作系统虚拟化、应用虚拟化。

如果不考虑虚拟化的层次，从虚拟化应用领域看可以分为服务器虚拟化、存储虚拟化、网络虚拟化、桌面虚拟化。

如果从虚拟化的目的来看，虚拟化又可以分为平台虚拟化、资源虚拟化、应用虚拟化。平台虚拟化提供了一个虚拟的计算环境和运行平台，主要包括服务器虚拟化、桌面虚拟化。资源虚拟化主要是对各种资源进行虚拟化，又包括内存虚拟化、存储虚拟化、网络虚拟化等。

硬件虚拟化对计算机需要运行的硬件做了一个统一抽象的处理，封装了硬件具体的实现过程，提供给用户一个统一的硬件平台，在这个平台上用户可以运行某个操作系统。典型的硬件虚拟化产品如 VMware、VirtualBox 等。

操作系统虚拟化是以某个操作系统作为母体，然后根据这个母体生成多个操作系统镜像，所有这些镜像和母体都是一种操作系统。如果母体中的某个配置改变了，那么镜像中的配置也随之改变。系统虚拟化已广泛应用，尤其在服务器上。可以通过系统虚拟化在一台物理服务器上虚拟出数台相互隔离的虚拟服务器,这些虚拟服务器共享物理机上的 CPU、硬盘、I/O 接口、内存等资源，提高服务器资源的利用率。这种情况也称为"一虚多"。与"一虚多"对应的是"多虚一"，即多台物理服务器虚拟为一个逻辑服务器，多台物理服务器相互协作，共同完成一个任务。除此之外，还有"多虚多"，即先把多个物理服务器虚拟为一台逻辑服务器，然后再将其划分为多个虚拟环境，同时运行多个业务。

应用虚拟化也称为应用程序虚拟化，是指把应用程序和操作系统解耦合，即把应用程序的人机交互逻辑与计算逻辑隔离开，在用户端启动一个虚拟应用程序后，需要把用户的人机计算逻辑部分传送到服务器端，服务器端计算完毕后回传给客户端，从而给用户提供一种访问本地程序的感受。

服务器虚拟化是指将一台物理服务器虚拟成若干逻辑服务器，逻辑服务器相互隔离，互不影响，从而让 CPU、硬盘、内存等物理设备变成可以利用的"资源池"，提高资源利用率，简化管理，节约成本。

存储虚拟化是指把多个物理存储设备抽象成一个逻辑存储设备，逻辑存储设备可以理解为一个"存储池"，由管理系统统一为使用者分配这些存储资源。

网络虚拟化是指在物理网络上构建多个逻辑网络，每个逻辑网络保留类似物理网络的层次结构，并且采用和物理网络一致的数据传输方式，最重要的是可以提供与真实网络完全类似的功能。常见的网络虚拟化主要分为局域网络虚拟化(如 VLAN)和专用网络虚拟化(如 VPN)。局域网络虚拟化即把一个物理网络划分为不同的广播域，每个广播域相当于一个 VLAN，每个 VLAN 类似一个独立的局域网。同一个 VLAN 内的用户互相连通，不同 VLAN 之间的计算机不能直接通信，多个 VLAN 之间通过路由器进行互联。专用网络虚拟化对物理链路做了抽象化处理，即通过一个公用网络(例如 Internet)，建立一个临时的、安全的链路，用户通过该链路可以安全、方便地访问某个组织机构的资源，并且用户感觉不到这条虚拟链路与真实链路之间的差异性。

桌面虚拟化是一种特殊的系统虚拟化，必须与服务器虚拟化相关联。通过桌面虚拟化可以实现在同一个终端登录多个操作系统,也可以实现在不同的终端登录同一个操作系统，解除了私人操作系统与物理机之间的耦合关系。不管用户通过终端登录的是哪个操作系统，这个系统都没有运行在终端上，而是作为一个虚拟操作系统运行在服务器上。服务器负责维护和管理这个虚拟操作系统实例。

4.2 虚拟化技术

虚拟化技术用来实现具体的虚拟化。针对不同的硬件设备应采用不同的虚拟化方法，所以虚拟化技术纷繁复杂。本节对部分虚拟化技术做一个简单的介绍。

4.2.1　完全虚拟化技术

　　完全虚拟化技术也称为全虚拟化技术,使用一个虚拟机模拟完整的底层硬件运行环境,包括 CPU、内存、硬盘、网卡等。客户操作系统运行在虚拟机中,虚拟机和原始硬件之间又增加了一层中间层软件——Hypervisor, 也称为虚拟机管理程序。Hypervisor 可以对来自虚拟机中的受保护的特殊指令进行处理。虽然完全虚拟化的速度比硬件仿真的速度要快,但是其性能要低于裸硬件,因为中间经过了 Hypervisor 的协调处理过程。完全虚拟化的最大优点是操作系统无需任何修改就可以直接运行。唯一的限制是操作系统必须支持底层硬件。完全虚拟化如图 4-1 所示。

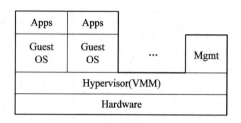

图 4-1　完全虚拟化

　　完全虚拟化又分为传统的完全虚拟化和硬件辅助虚拟化。传统的完全虚拟化虚拟机运行在操作系统之上,虚拟机管理程序本身运行在 CPU 的 Ring 0,虚拟的操作系统则运行在 Ring 1 (为了避免虚拟操作系统破坏宿主操作系统,虚拟操作系统必须运行在低于 Ring 0 的权限下)。但是这样一来虚拟操作系统的兼容性会受到影响,并且原来虚拟操作系统要在 Ring 0 上执行的指令都必须经过 Hypervisor 翻译才能运行,所以速度会有所下降。而硬件辅助的完全虚拟化需要 CPU 硬件支持,这方面有 Intel 的 VT 和 AMD 的 AMD-V 两种技术,只有支持这两种技术的 CPU 才可以使用。硬件辅助的虚拟化把虚拟机管理程序本身放到比 Ring 0 还低的模式运行(比如 Ring1),而把虚拟操作系统放到 Ring 0,这样兼容性得到了提高,不过因为第一代硬件虚拟技术(VT 和 AMD-V)实现上还不够成熟,所以效率上并不比传统的完全虚拟化更高(只能是某些方面高,某些方面低)。传统的完全虚拟化技术已经发展了多年,其开发比较复杂,以前的技术一般都是为 x86 开发的,对于 x64 不好用,x64 上有了 VT 和 AMD-V 之后,估计厂商已经不愿意再花力量为 x64 开发传统的虚拟机了,所以想要运行 64 位的 Guest OS,都需要 VT 或 AMD-V 的支持。传统的完全虚拟化的产品主要有 VMware Workstation/Server、QEMU(QEMU 有两种模式,一种是硬件仿真,一种是完全虚拟化)、VirtualBox、Virtual PC/Server、Parallel Workstation 等。

　　硬件辅助的虚拟化受到很多产品的支持,传统的完全虚拟化产品也都开始对硬件辅助的虚拟化进行支持,比如 VMware Workstation/Server 和 VirtualBox 都开始支持 VT 和 AMD-V,并且在它们上面想要运行 64 位的虚拟操作系统还必须使用硬件辅助的虚拟化。另外,KVM 是设计成硬件辅助的完全虚拟化的(也可以通过补丁支持半虚拟化),Xen 也能够支持硬件辅助的虚拟化了(即可以在 Xen 上安装虚拟 Windows 操作系统)。

4.2.2　半虚拟化技术

　　半虚拟化技术可以提供较高的性能,它与完全虚拟化技术有类似之处。这种方法也使用一个 Hypervisor 来实现对底层硬件的共享访问,但是半虚拟化技术把与虚拟化有关的代码集成到了操作系统本身中。与硬件辅助的完全虚拟化有一点相似的是 Hypervisor 运行在

Ring1 上，而虚拟出来的操作系统运行在 Ring 0 上。但是半虚拟化为了提高效率必须修改客户操作系统，因为需要让虚拟出来的操作系统本身意识到自己运行在虚拟机中，所以在虚拟出来的操作系统的内核中需要有方法来与 Hypervisor 进行协调。这个缺点在某种程度上影响了半虚拟化技术的普及，因为除了 Linux 操作系统之外，并非所有操作系统的内核都是可以修改的。半虚拟化的代表产品有 Xen、VMware ESX Server、Microsoft Hyper-V 等。半虚拟化架构如图 4-2 所示。

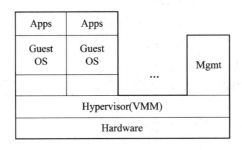

图 4-2　半虚拟化

4.2.3　CPU 虚拟化技术

CPU 虚拟化技术就是把物理 CPU 抽象成虚拟 CPU，一个物理 CPU 在任意时刻只能运行一个虚拟 CPU 的指令。传统的 x86 架构的 CPU 有 4 个不同优先级，分别是 Ring 0、Ring 1、Ring 2 和 Ring 3。Ring 0 的优先级最高，操作系统内核一般运行在这个级别，Ring 1 和 Ring 2 用于操作系统服务，Ring 3 最低，应用程序通常运行在这个级别。

虚拟化后的 X86 体系中，虚拟化层运行在 Ring 0 级，客户操作系统运行在低于 Ring 0 的级别。为了让客户操作系统实现完整的功能，客户操作系统中的某些线程必须运行在 Ring 0 级别，需要不断地协调客户操作系统和宿主操作系统之间线程的优先级，因此会消耗大量的 CPU 和内存的处理能力。为了提高 CPU 虚拟化的效率，需要借助于硬件来完成不同层级的切换。

通常可以在 CPU 中加入新的指令集和处理器运行模式来完成与 CPU 虚拟化相关的功能，从而让客户操作系统直接在 CPU 上运行与虚拟化相关的指令，不用再消耗额外的 CPU 处理能力。Intel 的 VT 技术即在 CPU 中增加了一套称为 VMX 的指令集来处理虚拟化相关的操作。

4.2.4　内存虚拟化技术

内存虚拟化技术即对物理机的内存统一管理，从而分配给若干个虚拟机使用，让每个虚拟机拥有独立的内存空间。因此，只有把客户的物理地址空间准确地映射到主机的物理地址空间，才可以顺利地实现虚拟化。这种操作通常由 VMM(Virtual Machine Monitor)程序来实现。VMM 通过影子页表(shadow page table)给不同的虚拟机分配物理内存页，从而把虚拟机内存转换到真实的物理内存中。VMM 也可以根据每个虚拟机的不同需求，动态地分配相应的内存。

4.2.5 I/O 虚拟化技术

I/O 虚拟化技术对物理机的 I/O 设备统一管理，抽象成多个虚拟的 I/O 设备，从而分配给不同的虚拟机使用，响应来自每个虚拟机的 I/O 请求。

I/O 虚拟化技术具体分为两种，分别是全设备虚拟化技术和半虚拟化技术。

全设备虚拟化通过软件模拟 I/O 设备的所有功能，包括总线结构、中断等。模拟 I/O 设备的软件位于 VMM 中，当客户操作系统有 I/O 访问请求时，这种 I/O 访问请求会进入到 VMM 中，与虚拟 I/O 设备进行交互，从而让单一的硬件设备可以被多个虚拟机共享。但是软件模拟的速度会明显落后于真实硬件设备的速度。

I/O 设备的半虚拟化方法主要被 Xen 采用，称为分离设备驱动模型方式，这种方式把驱动分为前端驱动和后端驱动，前端驱动负责处理客户操作系统的 I/O 请求，后端驱动负责管理真实 I/O 设备，同时复用不同虚拟机的 I/O 数据。半虚拟化方法比全设备虚拟化方法的性能高，但是会消耗过多的 CPU 开销。

4.3 常见虚拟化产品

本节主要介绍一些常见的虚拟化产品，包括其功能及基本的配置步骤等。

4.3.1 Hyper-V 虚拟化

Hyper-V 是微软的一款虚拟化产品，基于 Hypervisor 技术进行开发。其前身称为 Viridian。目前已集成到 Windows Server 2008 的数据中心版本和企业级版本中。Hyper-V 架构如图 4-3 所示。

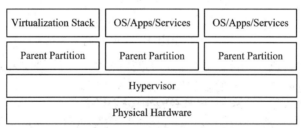

图 4-3 Hyper-V 架构图

Hyper-V 基于 64 位系统，目前 3.0 版本最大支持 2 TB 内存，可以实现 160 个逻辑处理器并行工作，并且可以在用户主机中最大支持 32 个虚拟 CPU 和 512 GB 的内存。在两个 Hyper-V 主机间进行复制操作时，不需要使用额外的硬件或者是第三方复制软件。

1. Hyper-V 功能

Hyper-V 提供安全多租户功能，可以对同一台物理服务器上的虚拟机进行隔离，满足虚拟化环境的安全要求。在 Hyper-V 中，可以利用网络虚拟化功能在虚拟本地区域网络 (VLAN)范围外进行扩展，并且可以将虚拟机放在任何节点，不用考虑 IP 地址是什么。而且可以用更灵活的方式迁移虚拟机和虚拟机存储，甚至可以迁移到群集环境之外，并可完整实现自动化的管理任务，这样可以降低环境中的管理负担。

Hyper-V 在用户系统中最多可支持 64 颗处理器和 1 TB 内存。此外还提供全新的虚拟磁盘格式，可以支持更大容量，每个虚拟磁盘最高可达 64 TB，并且通过提供额外的弹性存储，可以对更大规模的负载进行虚拟化。其他新功能包括通过资源计量统计并记录物理资源的消耗情况，对卸载数据传输提供支持，并通过强制实施最小带宽需求(包括网络存储需求)，来改善服务的质量(QoS)。仅扩展和正常运行还远远不够，还需要确保虚拟机随时需要随时可用。Hyper-V 提供了各种高可用性选项，其中包括简单的增量备份支持，通过对群集环境进行改进使其支持最多 4000 台虚拟机，并行实时迁移，以及使用 BitLocker 驱动器加密技术进行加密。还可以使用 Hyper-V 复制，该技术可将虚拟机复制到指定的离场位置，并在主站点遇到故障后实现故障转移。

2. Hyper-V 配置步骤

单击屏幕左下角的"开始"按钮，在弹出的菜单中选择"服务器管理器"，在"服务器管理器"窗口中选择"添加角色和功能"选项，如图 4-4 所示。

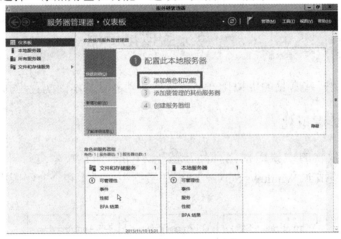

图 4-4　添加 Hyper-V 功能

在弹出的"添加角色和功能向导"窗口的左侧栏中，选中"安装类型"选项，在窗口右侧选中"基于角色或基于功能的安装"，如图 4-5 所示。

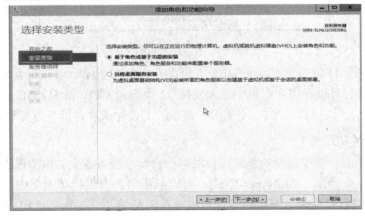

图 4-5　选择 Hyper-V 安装方式

点击"下一步"按钮，进入"服务器选择"选项，在弹出的窗口中选择需要安装 Hyper-V 角色的服务器名称。如图 4-6 所示。

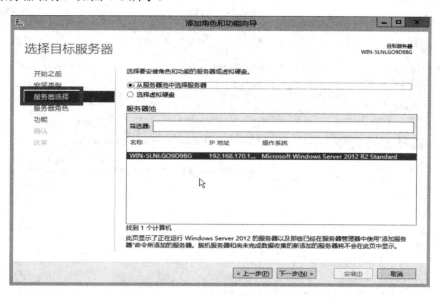

图 4-6 选择服务器

点击"下一步"按钮，进入"服务器角色"选项，在窗口中勾选"Hyper-V"选项，点击"添加功能"按钮，添加 Hyper-V 功能。如图 4-7 所示。

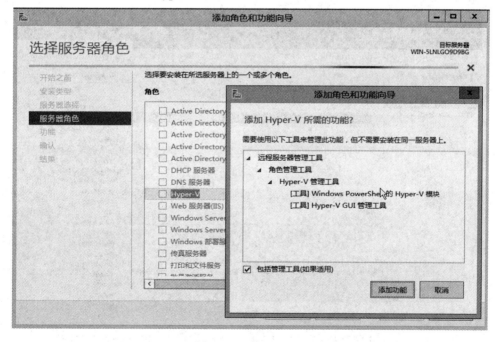

图 4-7 添加 Hyper-V

Hyper-V 功能添加成功后，还需要创建虚拟交换机。因为 Hyper-V 并不能识别物理机的网卡，所以需要借助虚拟网卡通过共享物理机的网络实现真正的网络连接。继续点击"下一步"按钮进入"虚拟交换机"选项,在右侧窗口中勾选"以太网"(Ethernet0)选项,设置虚拟交换机的具体类型。如图 4-8 所示。

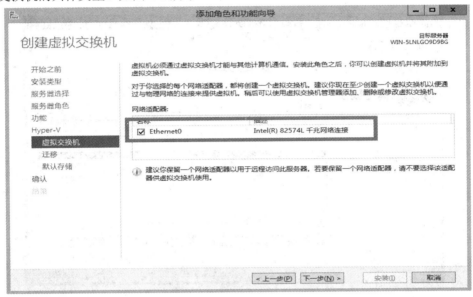

图 4-8　创建虚拟交换机

　　虚拟交换机创建成功之后返回服务器管理器界面,开始创建虚拟机。单击"工具",选择"Hyper-V 管理器"。如图 4-9 所示。

图 4-9　选择 Hyper-V 管理器

打开 Hyper-V 管理器界面，如图 4-10 所示。

图 4-10 打开 Hyper-V 管理器

选择"创建虚拟机"，进入新建虚拟机向导界面，输入虚拟机名称，并设置虚拟机存储路径。如图 4-11 所示。

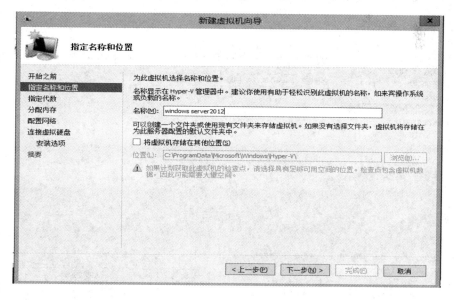

图 4-11 创建虚拟机

虚拟机名称设置完成后，点击"下一步"按钮进入虚拟内存分配页面。设置虚拟机的启动内存最好不要超过物理机的真实内存，并且勾选"为此虚拟机使用动态内存"选项。通常情况，虚拟内存不需要设置得太大，最好不要超过真实内存的大小。如图 4-12 所示。

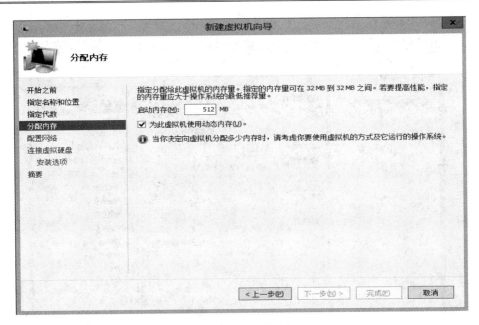

图 4-12 设置虚拟机内存

内存分配完成后，需要配置虚拟机网络，此时选择前面创建好的虚拟交换机。如图 4-13 所示。

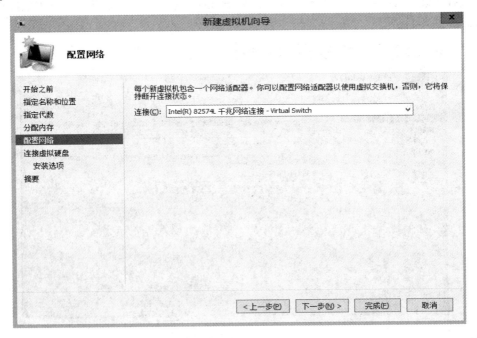

图 4-13 配置网络

网络配置完成后，继续点击"下一步"按钮，进入"连接虚拟硬盘"选项。在右侧栏中选择"创建虚拟硬盘"，在"名称"栏可以设置虚拟硬盘名称，在"位置"栏可以选择虚拟硬盘存放的位置。在"大小"栏可以设置虚拟硬盘存储空间的大小。如图 4-14 所示。

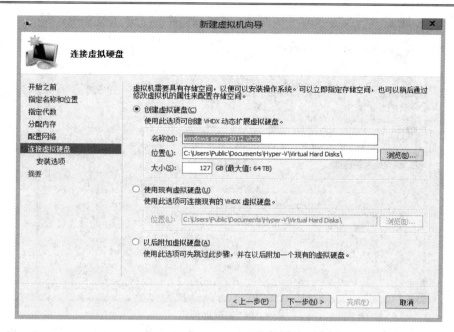

图 4-14　创建虚拟机硬盘

　　点击"下一步"按钮，进入"安装选项"页面，在该页面中可以选择需要安装的虚拟操作系统的镜像。在右侧页面中选择"从引导 CD/DVD-ROM 安装操作系统"，选中"映像文件"选项，点击"浏览"按钮，在本地磁盘中查找操作系统镜像文件，找到之后，插入操作系统的镜像，进行安装操作。如图 4-15 所示。

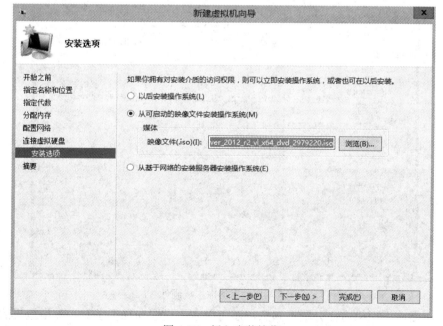

图 4-15　插入安装镜像

　　继续点击"下一步"按钮，进入"摘要"选项。可以查看刚才创建的虚拟机的具体参数。点击"完成"按钮，生成新的虚拟机。如图 4-16 所示。

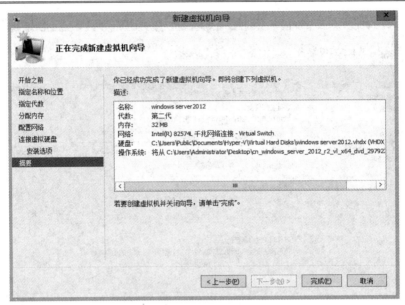

图 4-16　生成虚拟机

　　成功生成虚拟机后，可以对虚拟机属性进行设置和修改。比如需要添加一些虚拟硬件设备，或者是修改已经设置好的虚拟硬件设备中的某些参数。此时可以打开"设置向导"，按照页面上的项目一一进行修改。如图 4-17 所示，添加一个虚拟的光纤通道适配器或其他设备。

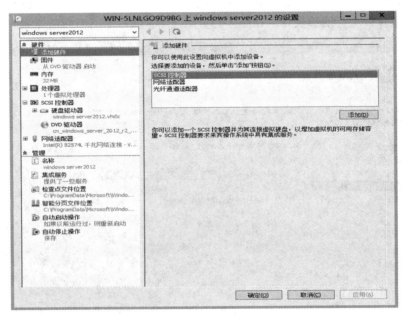

图 4-17　添加虚拟机硬件

　　如果对当前虚拟机内存分配不满意，还可以在"设置向导"中对当前虚拟机的内存重新进行设置，当启用"动态内存"分配策略后，需要设置最小内存空间和最大内存空间。一般情况虚拟内存的空间大小不应超过当前实体机的内存空间大小，具体内存配置如图 4-18 所示。

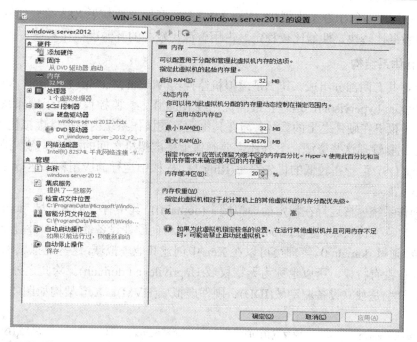

图 4-18　设置虚拟机内存

　　内存修改完成之后，还可以修改网络相关虚拟设备，比如选择"虚拟交换机"，启用"VLAN"，设置"最小带宽""最大带宽"等参数。如图 4-19 所示。

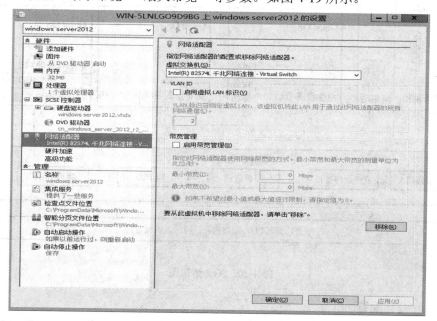

图 4-19　设置虚拟机网络

4.3.2　Xen 虚拟化

　　Xen 是由剑桥大学开发的一个混合模型虚拟机系统，最早仅支持基于 X86 平台的 32

位系统,可以同时运行 100 个虚拟机。Xen 3.0 之后,开始支持基于 X86 平台的 64 位系统。Xen 是目前发展比较快、性能比较稳定、占用资源比较少的开源虚拟化系统。

1. Xen 体系结构

Xen 环境共有两部分组成,其一是虚拟机监控器(Virtual Machine Monitor,VMM),也称为监控程序(Xen hypervisor),运行在最高优先级 Ring 0 上。监控程序位于操作系统和硬件之间,作为虚拟机在硬件之上的载体,为在其上运行的操作系统内核提供虚拟化硬件资源,并且负责分配和管理这些资源,另外还需要确保上层虚拟机之间的相互隔离。操作系统内核称为 Guest OS,运行在较低的优先级上(Ring 1),内核中运行的应用程序运行在更低的优先级 Ring 3 上。

每个操作系统内核运行在特定的虚拟域中(domain),其中有一个虚拟域 domain 0,称为主控域,也称为特权域,因为 domain 0 拥有直接访问硬件设备的特权,并且可以管理和控制其他域。通过 domain 0,管理员可以在 Xen 中创建其他虚拟域,这些虚拟域称为 domain U。domain U 没有特权,所以也称为无特权域(Unprivileged domain)。除此之外,Xen 中还有两类域,分别是独立设备驱动域(IDD)、硬件虚拟域(HVM)。Xen 架构如图 4-20 所示。

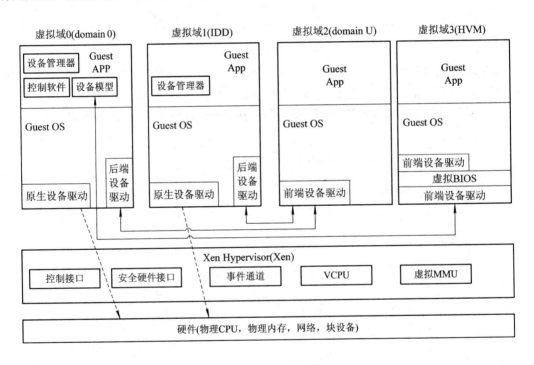

图 4-20　Xen 结构图

2. Xen 安装配置

本次安装配置演示过程以 Fedora 8 操作系统为例。在安装 Xen 之前需要检查硬件是否支持完全虚拟化。可以通过命令来完成。如果 CPU 是 Intel 系列的,使用"grep vmx /proc/cpuinfo"命令进行检查。该命令的含义是在"/proc/cpuinfo"文件中查找"vmx"字符串。如果找到,则表明 CPU 支持全虚拟化。如图 4-21 所示。

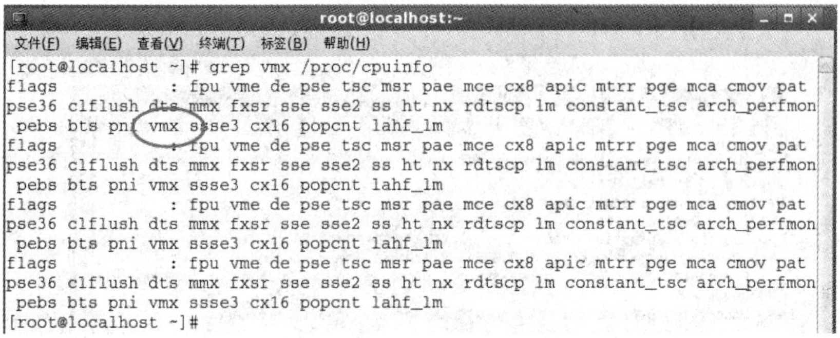

图 4-21　"grep vmx/proc/cpuinfo" 命令执行结果

如果 CPU 是 AMD 系列的，可以使用命令 "grep svm /proc/cpuinfo"。该命令的含义是在 "/proc/cpuinfo" 文件中查找 "svm" 字符串。如果 CPU 支持全虚拟化，还需要检查当前系统是否已经安装 Xen 服务以及当前 Linux 内核是否有针对 Xen 的补丁，可以使用命令 "rpm –qa|grep xen" 来完成。如果没有安装 Xen 虚拟机，则需要先使用命令 "yum install kernel-xen" 来安装 Linux 内核针对 Xen 的补丁，如图 4-22 所示。

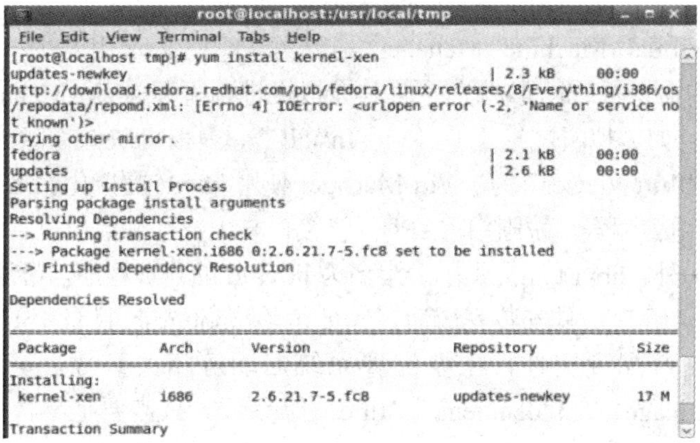

图 4-22　安装 Xen 内核补丁

然后使用命令 "yum install xen" 安装 Xen 虚拟机。如图 4-23 所示。

图 4-23　安装 Xen 虚拟机

最后使用"yum install virt-manager"命令安装 Xen 虚拟机管理工具 Virt-Manager。如图 4-24 所示。

图 4-24　安装 Xen 虚拟机管理工具

Virt-Manager(Virtual Machine Manager)是一个轻量级应用程序套件，可以通过 Virt-manager 提供的命令行或图形用户界面对虚拟机进行管理。Virt-Manager 包括一组常见的虚拟化管理工具，如虚拟机配给工具"Virt-Install"、虚拟机映像克隆工具"Virt-Clone"、虚拟机图形控制台"Virt-Viewer"等。Virt-Manager 使用 libvirt 虚拟化库来管理可用的虚拟机管理程序，包括一个应用程序编程接口(API)，该接口与大量开源虚拟机管理程序相集成，以实现控制和监视。另外，libvirt 还提供了一个名为 libvirtd 的守护程序，帮助实施控制和监视。

Xen 服务和相关管理工具安装完成后，需要编辑/boot/grub 目录中的 grub.conf 文件。grub.conf 文件是系统配置文件，主要配置系统启动等相关参数。其中包含"default""timeout""splashimage""hiddenmenu""title"等参数。只需要把参数"default=1"修改为"default=0"，即设置第一个配置列表选项，使第一个"title"参数对应的内核为默认启动的内核，其余参数不变即可。"timeout"参数用来设置默认启动等待时间。如图 4-25 所示。

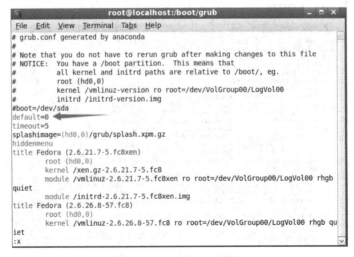

图 4-25　配置 Xen 系统

Virt-Manager 安装成功后，可以通过 Virt-Manager 创建 Xen 虚拟系统。首先打开
Virt-Manager 操作窗口，通过选择 Fedora 8 屏幕左上角"应用程序(Applications)"菜单中的
"系统工具(system tools)"子菜单，打开"虚拟机管理(Virtual Machine Manager)"选项，启
动虚拟化管理应用程序 Virt-Manager。如图 4-26 所示。

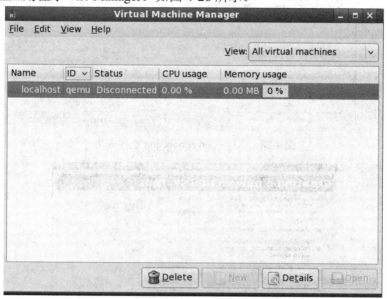

图 4-26　启动虚拟化管理应用程序

打开"File"菜单中的"open connection"子菜单，如果打开失败，提示"The 'libvirtd'
daemon has been started"表示当前的 libvirtd 进程没有启动。libvirtd 进程是 libvirt 虚拟化管
理系统中的一个守护进程，负责虚拟化管理指令的操作。此时需要查看 libvirtd 进程的状态，
可以输入"service libvirtd status"命令，如果显示"libvirtd is stopped"则表明 libvirtd 进程
没有启动，需要手动启动，输入命令"service libvirtd start"，启动 libvirtd 进程。如图 4-27
所示。

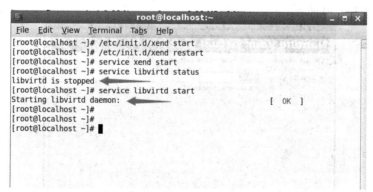

图 4-27　启动 libvirtd 进程

libvirtd 进程启动后，"open connection"选项执行成功。如图 4-28 所示。

点击"New"按钮，创建新虚拟系统，弹出如图 4-29 所示窗口。该窗口中的内容是一
些提示信息，提示用户需要为新创建的虚拟操作系统命名，并且选择存储位置，设置内存、
磁盘大小等参数。

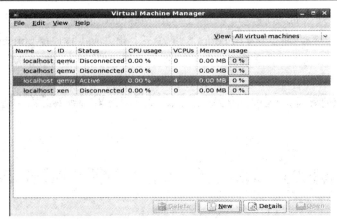

图 4-28　执行 open connection 选项成功

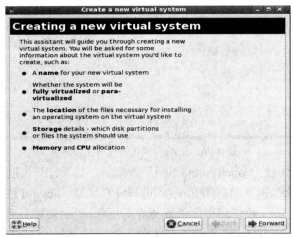

图 4-29　创建新虚拟机

继续点击 "Forward" 按钮，进入为虚拟机命名窗口。此处将新创建的虚拟系统命名为 "VMTest"。如图 4-30 所示。

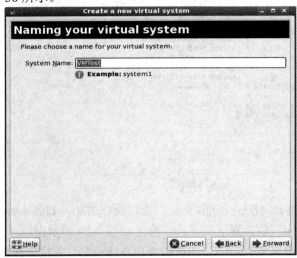

图 4-30　命名新系统

接着选择虚拟化类型为"Fully Virtualized"(全虚拟化)，并且选择 CPU 架构为"i686"。如图 4-31 所示。

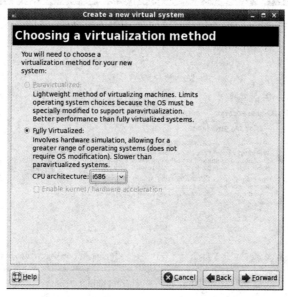

图 4-31　选择虚拟化类型

继续点击"Forward"按钮进入选择安装介质窗口，如图 4-32 所示。选中"ISO Image Location"选项，单击"Browse"按钮，打开对应位置的操作系统镜像文件。如果是通过光盘进行安装，则选中"CD-ROM or DVD"选项。

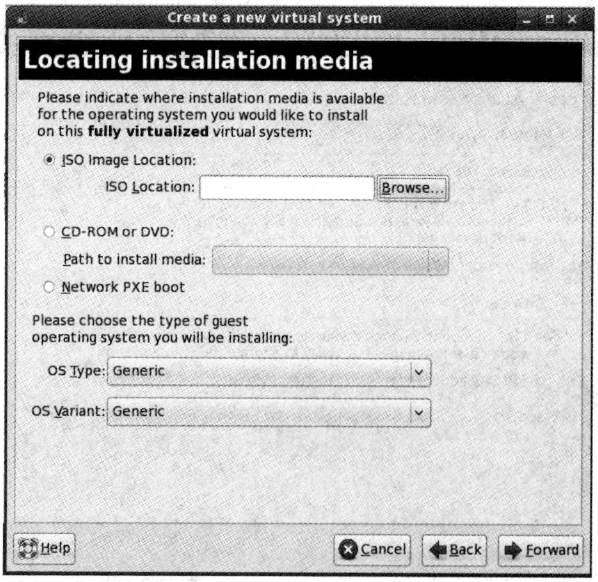

图 4-32　选择安装镜像的位置

继续点击"Forward"按钮，进入为新创建的虚拟系统分配存储空间的窗口，如图 4-33 所示。该窗口主要设置新建虚拟系统的硬盘及内存大小，该窗口中共有两个选项，分别是 "Normal Disk Partition"和"Simple File"。在此选择"Simple File"选项，并且指定"File Location"为"/root/VMTest.img"，"File Size"为 4000 MB。

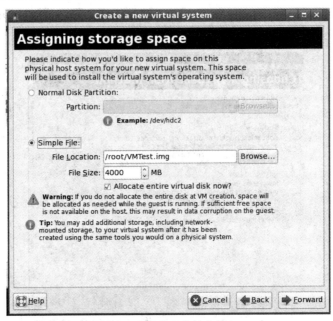

图 4-33　分配存储空间

继续点击"Forward"按钮，可以为新创建的虚拟系统选择网络连接方式，共有两种网络连接方式，分别是"Virtual network"虚拟网络和"Shared physical device"共享物理设备方式，在此选择"Virtual network"虚拟网络，如图 4-34 所示。

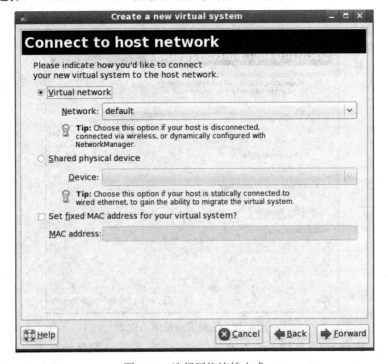

图 4-34　选择网络连接方式

继续点击"Forward"按钮，进入分配内存和 CPU 窗口，如图 4-35 所示。"VM Max Memory"选项用于设定虚拟内存最大值，此处设置为 512 MB；"VM Startup Memory"选项用于设置虚拟机启动时需要的最小内存，也设置为 512 MB。如果内存设置过大，有可能会造成溢出错误。

　　"VCPUs"选项用于设置虚拟 CPU 的个数，最好不要超过"Logical host CPUs"的个数，此处设置为 1。

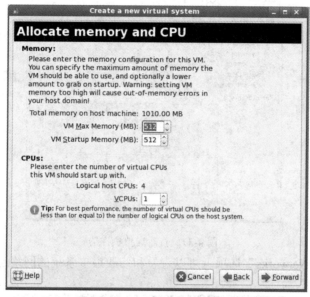

图 4-35　分配内存和 CPU

　　继续点击"Forward"按钮，进入创建虚拟机的最后一步，如图 4-36 所示。在该窗口中可以看到前几步配置的相关参数。继续点击"Finish"按钮，开始创建虚拟机。

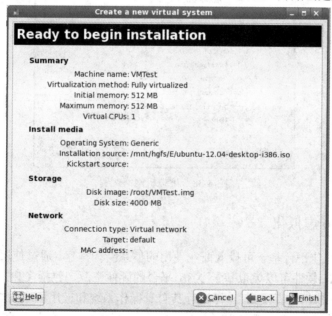

图 4-36　开始创建虚拟系统

　　虚拟操作系统创建完毕后，也可以通过"Virt-Manager"管理、查看虚拟操作系统。在 Virt-Manager 中选择要管理的虚拟系统，然后单击"Detail(细节)"按钮，打开"虚

拟系统状态"窗口，可以查看虚拟系统的名称、CPU 占用情况和内存占用情况。如图 4-37
所示。

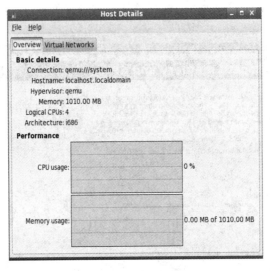

图 4-37　查看虚拟机详情

选择"Virtual Networks"选项卡可以查看和修改虚拟系统的网络连接情况，如图 4-38
所示。

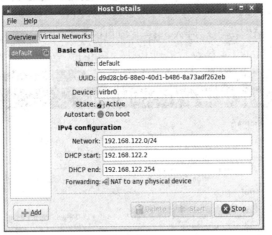

图 4-38　虚拟机网络配置

4.3.3　VMware 虚拟化

　　VMware 虚拟化平台基于可投入商业使用的体系结构构建。通过使用 VMware VSphere
和 VMware ESXi 软件可以虚拟基于 X86 平台的硬件资源，包括 CPU、内存、硬盘、网
络等设备，从而创建出像真实 PC 一样运行其自身操作系统和应用程序的虚拟机。在 VMware
虚拟化技术中，每个虚拟机都包含一套完整的系统，因而不会有潜在冲突。VMware 虚拟
化技术的工作原理是，直接在计算机硬件或主机操作系统上面插入一个精简的软件层。该
软件层包含一个以动态和透明方式分配硬件资源的虚拟机监视器(或称"管理程序")。多

个操作系统可以同时运行在单台物理机上，彼此之间共享硬件资源。由于是将整台计算机(包括 CPU、内存、操作系统和网络设备)封装起来，因此虚拟机可与所有标准的 X86 操作系统、应用程序和设备驱动程序完全兼容。可以同时在单台计算机上安全运行多个操作系统和应用程序，每个操作系统和应用程序都可以在需要时访问其所需的资源。

　　VMWare 虚拟机创建步骤如下：打开 VMWare 虚拟机创建向导，有两种方式创建虚拟机，分别是"Typical"和"Custom"。"Typical"模式简单快捷，不需要复杂的设置。"Custom"模式需要设置虚拟磁盘的类型以及与老版本的兼容性等问题。所以此处选择"Typical"模式。如图 4-39 所示。

图 4-39　选择创建虚拟机方式

　　点击"Next"按钮进入镜像文件选择窗口。此处暂且不需要安装镜像文件，待虚拟机创建完毕再安装镜像文件。所以选择"I will install the operating system later"选项，先创建虚拟机，再安装虚拟操作系统镜像。如图 4-40 所示。

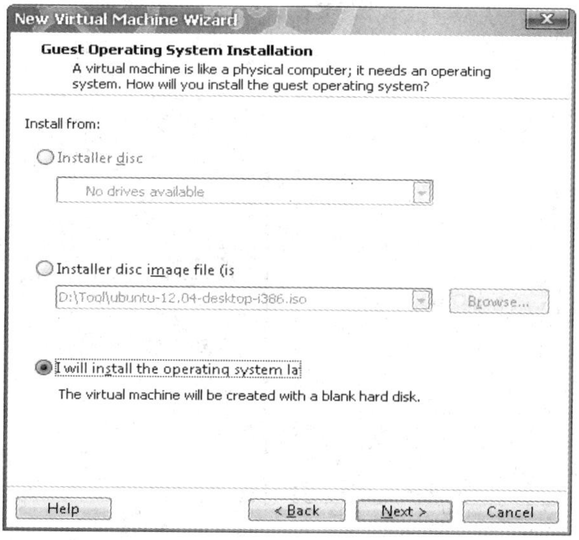

图 4-40　选择创建完虚拟机后安装系统

　　继续点击"Next"按钮，可以看到需要安装的虚拟操作系统的类型，此处选择创建的虚拟机的类型为 Linux。如图 4-41 所示。

　　继续点击"Next"按钮进入虚拟机命名窗口，此处可以键入"Virtual machine name"虚拟机的名字，并且选择存储位置，如图 4-42 所示。

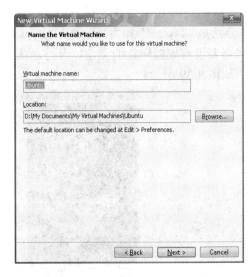

图 4-41　选择虚拟机类型　　　　　　　　　图 4-42　选择存储位置

　　接下来可以为虚拟机分配最大存储空间"Maximum disk size"，此处设置为 20 GB。分配空间设置完毕，还有两个选项，分别是"Store virtual disk as a single file"(把虚拟磁盘作为一个单独的文件存储)和"Split virtual disk into multiple"(把虚拟磁盘作为多个文件存储)。此处选择"Split virtual disk into multiple file"。如图 4-43 所示。

　　继续点击"Next"按钮，虚拟机创建完毕。如图 4-44 所示，在该窗口中可以看到刚才创建的虚拟机的详细配置参数。

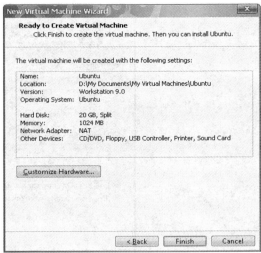

图 4-43　分配存储空间　　　　　　　　　　图 4-44　虚拟机创建完毕

4.3.4 VirtualBox 虚拟化

VirtualBox 是一款用于桌面虚拟化和服务器虚拟化的免费开源平台，最早由德国 Innotek 公司开发，由 SUN 公司出品，在 Sun 被 Oracle 收购后正式更名成 Oracle VM VirtualBox。

VirtualBox 具有优异的性能，可虚拟众多的操作系统，包括所有的 Windows 操作系统、MAC OS 操作系统、Linux 操作系统、Solaris 操作系统，甚至 Android 4.0 等操作系统。除此之外，VirtualBox 涵盖了桌面虚拟机所需要的大部分功能，例如支持多操作系统、支持多显示器、多核心处理器虚拟化、虚拟机克隆、脚本扩展、快照等功能。

VirtualBox 中的虚拟机最多可支持 32 个虚拟 CPU，并且内置远程显示支持，能够配合远程桌面协议客户端使用，同时支持 VMware 虚拟机磁盘格式和微软虚拟机磁盘格式，并且允许运行中的虚拟机在主机之间迁移，支持 3D 和 2D 图形加速、CPU 热添加等。

VirtualBox 虚拟机创建步骤如下：打开 VirtualBox 虚拟机创建向导后，可以看到首先需要给新创建的虚拟机命名，同时选择客户操作系统类型以及对应的版本，如图 4-45 所示。

图 4-45 创建虚拟机

之后，还需要给新创建的虚拟机分配内存，虚拟内存的大小最好不要超过物理机真实内存的大小，如图 4-46 所示。

图 4-46 为虚拟机分配内存

内存分配完毕，需要给虚拟机创建虚拟磁盘存储空间。此处选择"现在创建虚拟硬盘选项"，如图 4-47 所示。

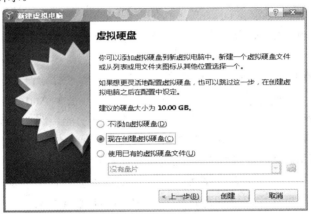

图 4-47　为虚拟机分配硬盘

之后，进入创建虚拟硬盘过程。此处选择创建的虚拟硬盘类型为"VDI(VirtualBox 磁盘影像)"，如图 4-48 所示。

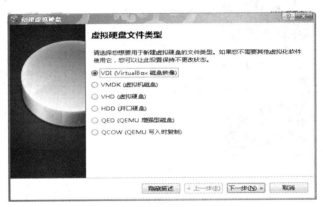

图 4-48　选择虚拟机硬盘类型

虚拟机硬盘类型选择完毕后，还需要设置虚拟硬盘的位置和虚拟硬盘的大小，如图 4-49 所示。

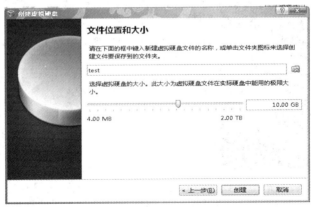

图 4-49　选择虚拟机硬盘容量

设置完虚拟磁盘的位置和大小后，点击"创建"按钮，虚拟机便创建成功。如图4-50所示。

图4-50　虚拟机创建成功

虚拟机创建成功之后，需要在虚拟机中安装操作系统。此时，可以选择镜像安装方式。选择虚拟操作系统镜像，准备安装虚拟操作系统。如图4-51所示。

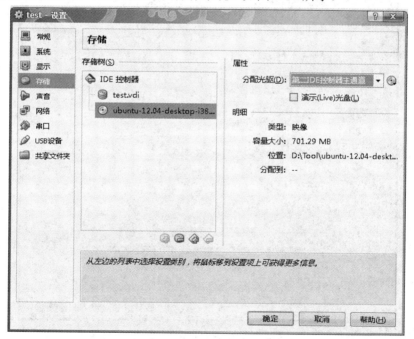

图4-51　选择虚拟操作系统镜像

同时，可以设置虚拟机中的操作系统联网方式，此处设置为"网络地址转换(NAT)"模式。如图4-52所示。

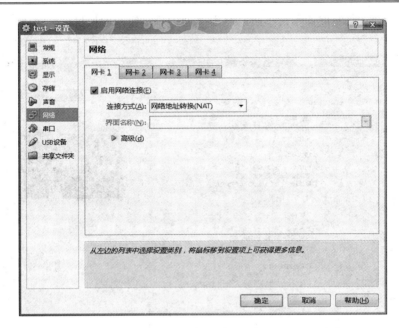

图 4-52　设置联网方式

如果创建的虚拟机需要使用串口，可以在"串口"选项卡中对新创建虚拟机的串口进行配置。如图 4-53 所示。

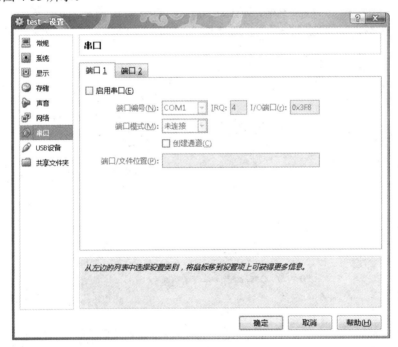

图 4-53　配置虚拟机串口

除了可以设置串口等参数外，VirtualBox 也支持对虚拟机中的显卡进行设置，比如显存的大小，监视器的数量等。如图 4-54 所示。

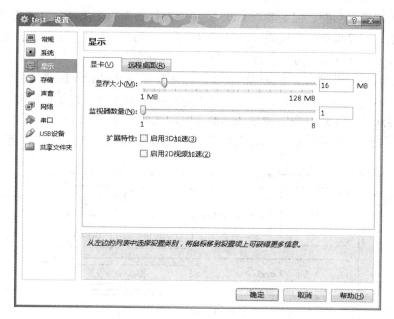

图 4-54　配置虚拟机显卡

除此之外，每台虚拟机还需要设置一个唯一的 RDP 远程访问端口号，如图 4-55 所示。

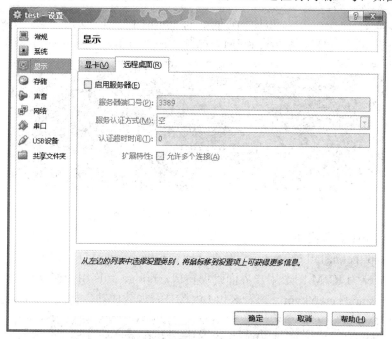

图 4-55　配置虚拟机 RDP 访问端口

以上参数设置完毕后，通过 VirtualBox 便可以运行虚拟机中新创建的操作系统。

4.3.5　KVM 虚拟化

KVM(Kernel-based Virtual Machine)是一个开源的系统虚拟化软件，可以在 X86 架构的

计算机上实现虚拟化功能，但是要求 CPU 提供虚拟化功能的支持，其设计思想是在 Linux 内核的基础上添加虚拟机管理模块，并且可以重用 Linux 内核中已经完善的进程调度、内存管理与硬件设备交互等部分。因此，KVM 实现中分为两部分：一部分是作为内核模块，运行在内核空间，提供对底层虚拟化的支持，这部分称为 KVM.ko 模块；另外一部分主要完成对 KVM.ko 模块的管理功能，由修改过的 QEMU 软件担任。为了提高效率，增加灵活性，RedHat 公司为 KVM 开发了更多的辅助工具，比如 Libvirt。Libvirt 提供了一套方便、可靠的 API，通过这些 API 可以控制更多虚拟机。Libvirt 也支持 Xen。KVM 架构如图 4-56 所示。

图 4-56　KVM 架构

配置 KVM 虚拟机之前，首先需要检查 CPU 是否支持虚拟化，其次才能安装 KVM 所需要的软件。具体步骤如下：

(1) 输入命令 $ egrep -o '(vmx|svm)' /proc/cpuinfo。检查 CPU 是否支持 KVM。当出现 "vmx" 后，表示该 CPU 支持安装 KVM。如图 4-57 所示。

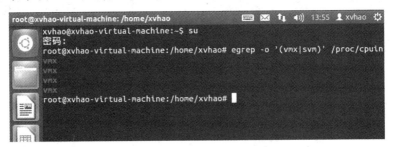

图 4-57　查看 CPU 是否支持 KVM

(2) 安装 KVM 所需软件：

　　　sudo apt-get install qemu-kvm libvirt-bin virt-manager bridge-utils

其中 virt-manager 为 KVM 图形用户界面管理窗口，bridge-utils 用于网络桥接。

输入命令 lsmod | grep kvm。查看 KVM 内核是否加载成功。如图 4-58 所示。

图 4-58　安装 KVM 内核

KVM 加载成功后，开始创建虚拟机，使用以下命令：

> virt-install --name ubuntu12 --hvm --ram 1024 --vcpus 1 --disk
>
> path=/usr/local/image/disk.img, size=10 --network network:default
>
> --accelerate --vnc --vncport=5900 --cdrom /mnt/hgfs/E/ubuntu-12.04-desktop-i386.iso

virt-install 是安装命令，--name 参数指定安装的虚拟机名称为"ubuntu12"；--hvm 参数表示使用全虚拟化(与 para-virtualization 相对)；--ram 参数设定虚拟机内存大小为 1024 MB；--vcpus 设定虚拟机中虚拟 CPU 个数为 1 个；--disk 参数设定虚拟机使用的磁盘(文件)的路径为"/usr/local/image/disk.img"；--network 参数设置网络使用默认设置；--vncport 参数设置连接桌面环境的 vnc 端口为 5900；--cdrom 参数设置光驱获取虚拟光驱文件的路径为"/mnt/hgfs/E/ubuntu-12.04-desktop-i386.iso"。

该命令执行成功，则表示虚拟机创建成功。

4.4 容 器

随着云计算的发展，人们在工作中越来越多地使用到虚拟化产品，但是人们也逐渐发现一些问题。例如，假设有不同的用户只是想运行各自的一些简单的程序，为了不相互影响，需要各自建立一个虚拟机，而这种情况下的开销显然有点大，另外，这对服务器上的资源也是一种浪费。如果用户想迁移自己的程序，则需要迁移整个虚拟机，而迁移过程相对来说会造成时间的浪费。为了解决这些问题，就引入了"容器(Container)"。

容器其实也是虚拟机，不过是属于"轻量级"的虚拟机。容器和虚拟机都可以为应用程序提供一个独立的运行环境，但是它们又有较大的不同——虚拟机提供应用程序运行的操作系统，容器仅仅提供一个进程运行的环境，即容器之间共享操作系统，而每个虚拟机的操作系统是独立的。与虚拟机相似的是，每个容器拥有自己的文件系统、CPU、内存、进程空间等。运行应用程序所需要的资源都被容器包装起来，并和底层基础架构解耦，容器化的应用程序可以跨云服务商、跨 Linux 操作系统发行版进行部署。虚拟机和容器的对比如图 4-59 所示。

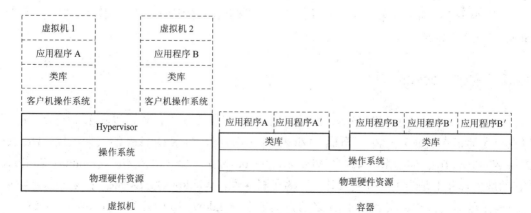

图 4-59 虚拟机和容器图例

创建容器需要用到工具，常用的工具是 Docker。相对于创建传统的虚拟机，Docker 创建容器的优势很明显。首先，它的启动速度快；其次，它对资源的利用率高，一台主机甚至可以运行几千个 Docker 容器；最后，它占用的空间少。虚拟机一般需要几吉字节到几十吉字节，容器只需要几兆字节或几千字节的空间。下面对 Docker 创建、使用过程进行简单的介绍。

4.4.1　Docker 简介

Docker 是一个开源的应用容器引擎，基于 Go 语言，并遵从 Apache 2.0 协议开源。Docker 可以让开发者打包他们的应用以及依赖包到一个轻量级、可移植的容器中，然后发布到任何流行的 Linux 机器上。容器之间不会有任何接口，并且容器性能开销极低。Docker 从 17.03 版本之后分为 CE(Community Edition，社区版)和 EE(Enterprise Edition，企业版)。Docker 通常用于 Web 应用的自动化打包和发布，以及数据库或者其他应用的部署。

一个完整的 Docker 由以下几个部分组成：

- Docker Client(客户端)；
- Docker Daemon(守护进程)；
- Docker Image(镜像)；
- Docker Container(容器)；
- Docker Repository(仓库)。

Docker Client 是 Docker 的客户端程序，用户可以通过在 Docker Client 中输入命令与 Docker 服务程序进行交互。Docker 服务程序主要以守护进程（Docker Daemon）的形式存在。这个守护进程运行在一个物理或虚拟的服务器上。

Docker Image 是创建容器的模板。Docker Container 是独立运行的一个或一组应用，是镜像运行时的实体。容器可以被创建、启动、停止、删除、暂停等。容器和镜像之间的关系有点类似面向对象编程中的实例和类。Docker Repository 可看成一个代码控制中心，用来保存镜像。每个仓库可以包含多个标签(Tag)，每个标签对应一个镜像。通常，一个仓库会包含同一个软件不同版本的镜像，而标签就常用于对应该软件的各个版本。可以通过 <仓库名>:<标签>的格式来指定具体是这个软件哪个版本的镜像。如果不给出标签，将以 latest 作为默认标签。

4.4.2　安装 Docker

Docker 可以安装在 Windows、Mac、Linux 等操作系统上，还可以在云上安装，也可以在个人笔记本电脑上安装。下面以 Windows 10 为例，演示 Docker 的安装过程。Docker 支持 Windows 10 的 64 位版本，并且 Windows 版 Docker 是一个社区版本(Community Edition，CE)的应用，并不是为生产环境设计的。为了稳定性，Windows 版 Docker 在某些版本特性上可能是延后支持的。安装 Dokcer 之前，需要在 Windows 10 中开启 Hyper-V。

安装 Docker 的步骤如下：

(1) 用鼠标右键点击"开始"菜单，点击"应用和功能"选项，如图 4-60 所示。

(2) 在新的页面中，找到"程序和功能"选项，如图 4-61 所示。

图 4-60 选择"应用和功能"选项　　　　图 4-61 选择"程序和功能"选项

(3) 点击"程序和功能"选项，在打开的窗口中找到"启用或关闭 Windows 功能"选项，如图 4-62 所示。

图 4-62 选择"启用或关闭 Windows 功能"选项

(4) 找到 Hyper-V 选项，勾选之后，点击"确定"按钮，如图 4-63 所示。

(5) 启用 Hyper-V 功能后，计算机需要重新启动。重启之后，去 Docker 官方网站 https://www.docker.com/products/docker-desktop 下载 Docker 安装程序，如图 4-64 所示。

图 4-63　打开 Hyper-V 选项

图 4-64　下载 Docker 安装程序

（6）下载完成后，双击 Docker 安装程序图标，开始安装。如果 Windows 10 不是专业版或者企业版，则安装可能失败。安装过程很简单，按照提示点击"Ok"按钮即可。安装完成后，会提示重新启动计算机。重启计算机后，会发现通知栏多出一个小鲸鱼图标，表示 Docker 已经启动。Docker 在任务栏的图标如图 4-65 所示。如果 Docker 没有启动，也可以双击桌面的 Docker 图标，启动 Docker。

图 4-65　Docker 在任务栏的图标

（7）Docker 启动成功之后，打开 Windows 命令行，输入"docker version"命令，可以查看 docker 版本信息，如图 4-66 所示。

图 4-66　查看 Docker 版本信息

4.4.3　镜像的获取与使用

Docker 安装成功后，可以在本地创建镜像，也可以从远程服务器上下载镜像使用。下载镜像前，可以使用命令"docker search"查看 Docker 服务器是否提供该镜像。命令的具体格式为"docker search 镜像名称"。例如输入命令"docker search Ubuntu18.04"，查看 Docker 服务器上是否有 Ubuntu18 的镜像。查看结果如图 4-67 所示。

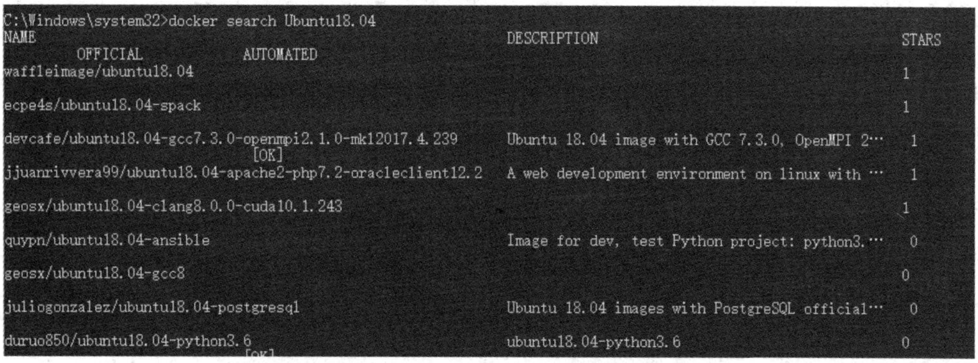

图 4-67　命令"docker search Ubuntu18.04"执行结果

从查询结果看，有 Ubuntu18 镜像。接下来需要使用下载命令从服务器上下载所需镜像。下载镜像用 Docker 命令"docker pull"。命令具体格式如下：

docker pull [OPTIONS] NAME[:TAG|@DIGEST]

其中，"docker pull"是 Docker 提供的从镜像仓库下载镜像的命令，也可以用于更新指定的镜像；[OPTIONS](选项)参数主要用来提供镜像的地址，中括号[]表示是可选参数，[OPTIONS]取值如表 4-1 所示。

表 4-1　　"docker pull"命令[OPTIONS](选项)参数取值

名　称	默认值	描　述
--all-tags, a		下载仓库所有镜像
--disable-content-trust	true	跳过镜像校验
--platform		设置镜像运行的平台

"NAME[:TAG|@DIGEST]"是需要下载的镜像名称，"NAME"是镜像名称，[:TAG|@DIGEST]分别是镜像标签和镜像摘要。"[:TAG]"标签表示需要下载的镜像的版本，如果没有加上镜像标签，则 Docker 默认使用"latest"标签，即该镜像的最新版本。"[@DIGEST]"是指以摘要的形式下载镜像。这种方式可以确保使用一个固定版本的镜像文件，并且确保每次使用的时候都是同一个镜像文件。

摘要在镜像下载成功后能看到。如图 4-68 所示。

图 4-68　镜像摘要

输入命令"docker pull Ubuntu18.04"，从 Docker 服务器下载 Ubuntu 镜像。如果下载失败，则需要更新一下镜像仓库地址。因为 Docker 服务器在国外，在国内可能无法正常下载镜像，所以就需要为 Docker 设置国内的镜像服务器。国内 Docker 镜像服务器地址有：

Docker 中国区官方镜像https://registry.docker-cn.com；

网易：http://hub-mirror.c.163.com；

中国科技大学：https://docker.mirrors.ustc.edu.cn；

阿里云容器服务：https://cr.console.aliyun.com/。

可以在通知栏右键单击 Docker 图标，在弹出的菜单栏中选择"Settings"选项，如图 4-69 所示。

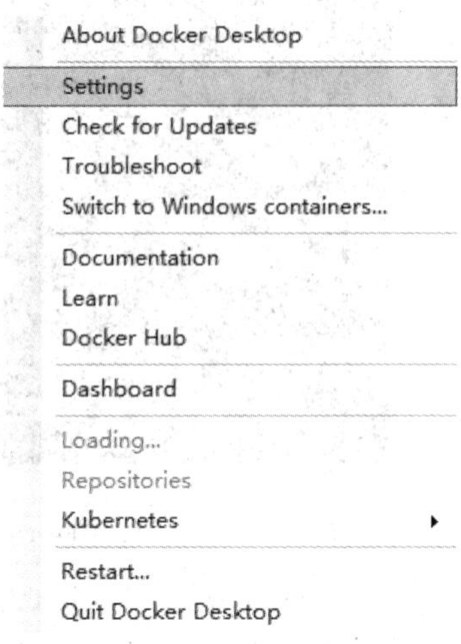

在新打开的窗口中，选择"Docker Engine"选项，在右边的配置文件中找到"registry- mirrors：[]"，在[]中填入国内镜像服务器地址即可。填入的地址必须加双引号" "，否则会出现"Unexpected token h in JSON at position 30"错误，如图 4-70 所示。

图 4-69　"Settings"选项

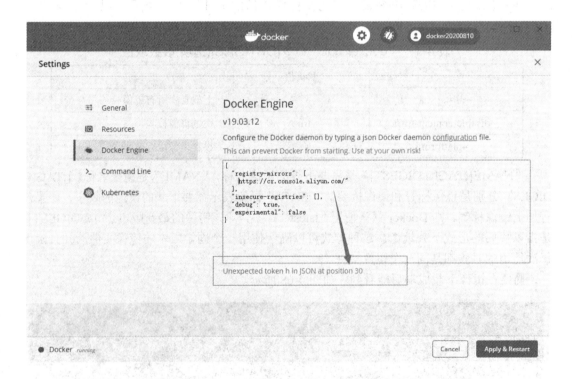

图 4-70　设置国内镜像加速地址

添加完毕，点击"Apply&Restart"按钮，重新启动 Docker 程序。Docker 重启成功之后，在命令行中输入命令"docker info"可以查看仓库地址是否修改成功，如果没有修改成功，需要手动重启 Docker 程序，即用鼠标右键点击通知栏中的 Docker 小图标，在弹出的菜单中选择"Restart…"选项，如图 4-71 所示。

About Docker Desktop

Settings

Check for Updates

Troubleshoot

Switch to Windows containers...

Documentation

Learn

Docker Hub

Dashboard

👤　docker20200810 : Sign out

Repositories　　　　　　　　　　▶

Kubernetes　　　　　　　　　　▶

Restart...

Quit Docker Desktop

图 4-71　选择"Restart"选项

　　重启成功后，打开命令行窗口，输入命令"docker info"可以查看 Docker 的详细信息，可以看到"Registry Mirrors"选项中的地址修改成功，如图 4-72 所示。

```
init version: fec3683
Security Options:
 seccomp
  Profile: default
Kernel Version: 4.19.76-linuxkit
Operating System: Docker Desktop
OSType: linux
Architecture: x86_64
CPUs: 2
Total Memory: 1.945GiB
Name: docker-desktop
ID: CYCO:IVKL:FYUP:GCC2:HDM3:VJMS:OMUH:TKRV:BM5I:SV3T:U3LM:YFHG
Docker Root Dir: /var/lib/docker
Debug Mode: true
 File Descriptors: 39
 Goroutines: 50
 System Time: 2020-08-10T09:06:40.827450271Z
 EventsListeners: 3
Registry: https://index.docker.io/v1/
Labels:
Experimental: false
Insecure Registries:
 127.0.0.0/8
Registry Mirrors:
 https://cr.console.aliyun.com/
Live Restore Enabled: false
Product License: Community Engine

C:\Windows\system32>
```

图 4-72　Docker 详细信息

　　此时，可以重新输入命令"docker pull ubuntu:18.04"，开始下载 ubuntu 镜像。如果不指定标签，那么默认下载"latest"版本，如图 4-73 所示。

```
管理员: 命令提示符 - docker  pull ubuntu:18.04
Microsoft Windows [版本 10.0.18363.959]
(c) 2019 Microsoft Corporation。保留所有权利。

C:\Windows\system32>docker pull ubuntu:18.04
18.04: Pulling from library/ubuntu
7595c8c21622: Downloading [====>                                        ]  2.489MB/26.7MB
d13af8ca898f: Download complete
70799171ddba: Download complete
b6c12202c5ef: Download complete
```

图 4-73　下载 ubuntu 镜像

下载完成后，使用命令“docker image ls”可以查看已经下载的镜像，如图 4-74 所示。

```
C:\Windows\system32>docker image ls
REPOSITORY          TAG                 IMAGE ID            CREATED             SIZE
ubuntu              18.04               2eb2d388e1a2        2 weeks ago         64.2MB
```

图 4-74　“docker image ls”命令执行结果

镜像下载完成后，可以运行该镜像，镜像运行后便会生成一个容器。运行镜像的命令为“docker run”，命令具体格式如下：

“docker run [参数] 镜像名/ID [命令] [命令参数...]”，

“[参数]”可以有多个值，每个取值代表不同的含义，具体取值见表 4-2。

表 4-2　“docker run”命令中[参数]的取值及含义

参　数	说　　明
-i	以交互模式运行容器，通常与 -t 同时使用
-t	为容器重新分配一个伪输入终端
--name="my"	为容器指定一个名称
-p	指定端口映射，格式为：主机(宿主)端口:容器端口
-p	随机端口映射，容器内部端口随机映射到主机的高端口
-d	后台运行容器

输入命令：“docker run -it ubuntu:18.04 bash”，启动 ubuntu，同时启动 ubuntu 中的 Bash 终端。若命令执行成功，则生成 ubuntu18.04 镜像的一个容器，同时启动该容器的 bash。在 bash 中，可以执行 Linux 相关的操作，如图 4-75 所示。

```
C:\Windows\system32>docker run -it ubuntu:18.04 bash
root@7c063ebac90f:/# ls
bin  boot  dev  etc  home  lib  lib64  media  mnt  opt  proc  root  run  sbin  srv  sys  tmp  usr  var
root@7c063ebac90f:/# echo "hello world"
hello world
root@7c063ebac90f:/# cat /etc/os-release
NAME="Ubuntu"
VERSION="18.04.4 LTS (Bionic Beaver)"
ID=ubuntu
ID_LIKE=debian
PRETTY_NAME="Ubuntu 18.04.4 LTS"
VERSION_ID="18.04"
HOME_URL="https://www.ubuntu.com/"
SUPPORT_URL="https://help.ubuntu.com/"
BUG_REPORT_URL="https://bugs.launchpad.net/ubuntu/"
PRIVACY_POLICY_URL="https://www.ubuntu.com/legal/terms-and-policies/privacy-policy"
VERSION_CODENAME=bionic
UBUNTU_CODENAME=bionic
root@7c063ebac90f:/#
```

图 4-75　启动 ubuntu 镜像

启动 ubuntu bash 后，输入命令"apt update"，让 ubuntu 检查是否有可用的更新，如图 4-76 所示。

```
C:\Windows\system32>docker run -it ubuntu:18.04 bash
root@ea193deb609e:/# apt update
Get:1 http://security.ubuntu.com/ubuntu bionic-security InRelease [88.7 kB]
Get:2 http://archive.ubuntu.com/ubuntu bionic InRelease [242 kB]
Get:3 http://security.ubuntu.com/ubuntu bionic-security/main amd64 Packages [1037 kB]
Get:4 http://archive.ubuntu.com/ubuntu bionic-updates InRelease [88.7 kB]
Get:5 http://archive.ubuntu.com/ubuntu bionic-backports InRelease [74.6 kB]
Get:6 http://archive.ubuntu.com/ubuntu bionic/restricted amd64 Packages [13.5 kB]
Get:7 http://archive.ubuntu.com/ubuntu bionic/universe amd64 Packages [11.3 MB]
Get:8 http://security.ubuntu.com/ubuntu bionic-security/universe amd64 Packages [882 kB]
Get:9 http://security.ubuntu.com/ubuntu bionic-security/restricted amd64 Packages [100 kB]
Get:10 http://security.ubuntu.com/ubuntu bionic-security/multiverse amd64 Packages [9555 B]
42% [7 Packages 3693 kB/11.3 MB 33%]                                87.1 kB/s 2min 18s
```

图 4-76　检查 ubuntu 镜像是否有可用更新

检查完毕，可以使用命令"apt upgrade"安装这些更新，如图 4-77 所示。

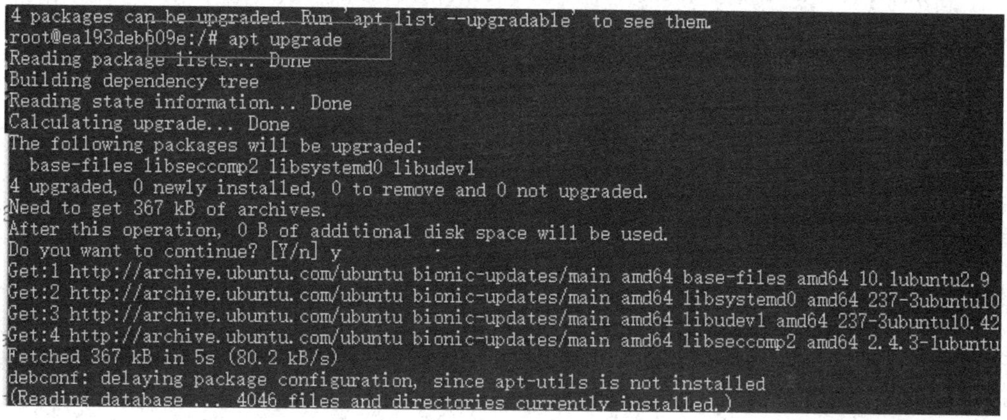

```
4 packages can be upgraded. Run 'apt list --upgradable' to see them.
root@ea193deb609e:/# apt upgrade
Reading package lists... Done
Building dependency tree
Reading state information... Done
Calculating upgrade... Done
The following packages will be upgraded:
  base-files libseccomp2 libsystemd0 libudev1
4 upgraded, 0 newly installed, 0 to remove and 0 not upgraded.
Need to get 367 kB of archives.
After this operation, 0 B of additional disk space will be used.
Do you want to continue? [Y/n] y
Get:1 http://archive.ubuntu.com/ubuntu bionic-updates/main amd64 base-files amd64 10.1ubuntu2.9
Get:2 http://archive.ubuntu.com/ubuntu bionic-updates/main amd64 libsystemd0 amd64 237-3ubuntu10
Get:3 http://archive.ubuntu.com/ubuntu bionic-updates/main amd64 libudev1 amd64 237-3ubuntu10.42
Get:4 http://archive.ubuntu.com/ubuntu bionic-updates/main amd64 libseccomp2 amd64 2.4.3-1ubuntu
Fetched 367 kB in 5s (80.2 kB/s)
debconf: delaying package configuration, since apt-utils is not installed
(Reading database ... 4046 files and directories currently installed.)
```

图 4-77　安装 ubuntu 更新

安装更新完毕，使用命令"apt install vim"在 ubuntu 中安装 vim 编辑器，如图 4-78 所示。也可以安装其他软件，这里仅仅是测试 ubuntu 容器的安装软件功能是否正常。

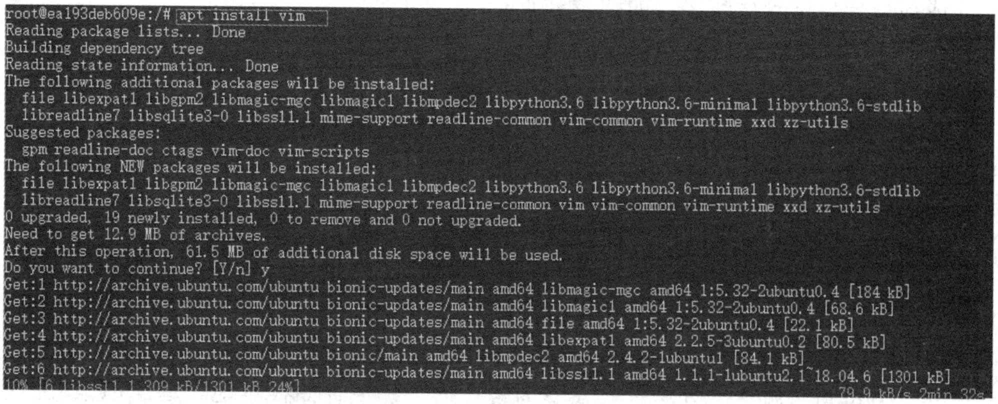

```
root@ea193deb609e:/# apt install vim
Reading package lists... Done
Building dependency tree
Reading state information... Done
The following additional packages will be installed:
  file libexpat1 libgpm2 libmagic-mgc libmagic1 libmpdec2 libpython3.6 libpython3.6-minimal libpython3.6-stdlib
  libreadline7 libsqlite3-0 libss11.1 mime-support readline-common vim-common vim-runtime xxd xz-utils
Suggested packages:
  gpm readline-doc ctags vim-doc vim-scripts
The following NEW packages will be installed:
  file libexpat1 libgpm2 libmagic-mgc libmagic1 libmpdec2 libpython3.6 libpython3.6-minimal libpython3.6-stdlib
  libreadline7 libsqlite3-0 libss11.1 mime-support readline-common vim vim-common vim-runtime xxd xz-utils
0 upgraded, 19 newly installed, 0 to remove and 0 not upgraded.
Need to get 12.9 MB of archives.
After this operation, 61.5 MB of additional disk space will be used.
Do you want to continue? [Y/n] y
Get:1 http://archive.ubuntu.com/ubuntu bionic-updates/main amd64 libmagic-mgc amd64 1:5.32-2ubuntu0.4 [184 kB]
Get:2 http://archive.ubuntu.com/ubuntu bionic-updates/main amd64 libmagic1 amd64 1:5.32-2ubuntu0.4 [68.6 kB]
Get:3 http://archive.ubuntu.com/ubuntu bionic-updates/main amd64 file amd64 1:5.32-2ubuntu0.4 [22.1 kB]
Get:4 http://archive.ubuntu.com/ubuntu bionic-updates/main amd64 libexpat1 amd64 2.2.5-3ubuntu0.2 [80.5 kB]
Get:5 http://archive.ubuntu.com/ubuntu bionic/main amd64 libmpdec2 amd64 2.4.2-1ubuntu1 [84.1 kB]
Get:6 http://archive.ubuntu.com/ubuntu bionic-updates/main amd64 libss11.1 amd64 1.1.1-1ubuntu2.1 [1301 kB]
10% [6 libss11.1 309 kB/1301 kB 24%]                                79.9 kB/s 2min 32s
```

图 4-78　在 ubuntu 镜像中安装 vim 软件

安装完毕，可以打开 vim 软件，测试一下是否安装成功。如果安装成功，可以继续进行其他操作。如果不想继续使用这个容器，可以退出容器。退出容器使用命令"exit"，退出后可以使用命令"docker ps -a"查看当前存在的容器。"docker ps -a"命令执行结果如图 4-79 所示。

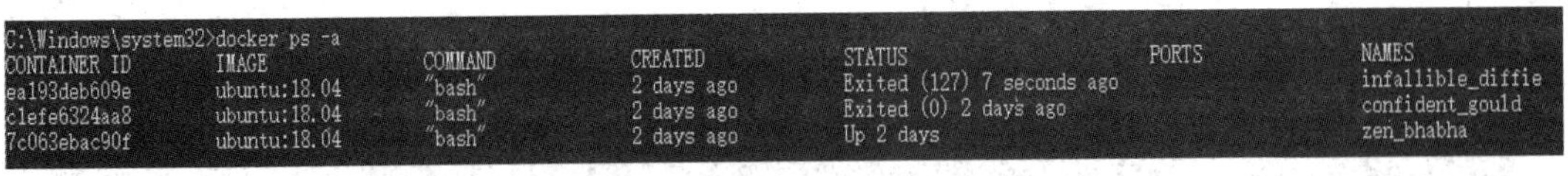

```
C:\Windows\system32>docker ps -a
CONTAINER ID    IMAGE           COMMAND    CREATED      STATUS                      PORTS    NAMES
ea193deb609e    ubuntu:18.04    "bash"     2 days ago   Exited (127) 7 seconds ago           infallible_diffie
clefe6324aa8    ubuntu:18.04    "bash"     2 days ago   Exited (0) 2 days ago                confident_gould
7c063ebac90f    ubuntu:18.04    "bash"     2 days ago   Up 2 days                            zen_bhabha
```

图 4-79　"docker ps -a"命令执行结果

如果我们想把这个容器保存为一个镜像，存放到镜像仓库中长期使用，那么需要用到"docker commit"和"docker push"两个命令。

先来看"docker commit"命令，这个命令主要完成把容器"提交"为一个镜像的功能。"docker commit"命令提交的仅仅是该容器修改后的内容，有点类似 git 命令。具体语法格式如下：

docker commit [OPTIONS] CONTAINER [REPOSITORY[:TAG]]

[OPTIONS]是命令参数，其常用取值及含义如表 4-3 所示。

表 4-3　"docker commit"命令[OPTIONS]的参数取值及含义

参数取值	含　　义
-a	提交的镜像作者
-c	使用 Dockerfile 指令来创建镜像
-m	提交时的说明文字
-p	在提交(commit)时将容器暂停

"CONTAINER"参数为容器 ID。"REPOSITORY"参数为镜像仓库名称，"[:TAG]"参数为镜像标签名称。括号[]里面的参数都是可以省略的。把安装好 vim 的 ubuntu 容器保存为镜像，可以使用如下命令：

docker commit 7c063ebac90f　ubuntu18.04:vim

其中，"7c063ebac90f"是容器 id，"ubuntu18.04"是新镜像名称，"vim"是新镜像的标签。提交完成后，会显示一行数字，如图 4-80 所示。

```
C:\Windows\system32>docker commit 7c063ebac90f  ubuntu18.04:vim
sha256:6b0dec687f300c86030f3a1093f0ef5275595e1ab7f81bf1d9917dd1705130f9
```

图 4-80　"docker commit"命令执行结果

此时，使用命令"docker images"可以查看到生成的新镜像，如图 4-81 所示。

```
C:\Windows\system32>docker images
REPOSITORY      TAG      IMAGE ID       CREATED         SIZE
ubuntu18.04     vim      6b0dec687f30   2 minutes ago   64.2MB
ubuntu          18.04    2eb2d388e1a2   2 weeks ago     64.2MB
```

图 4-81　"docker images"命令执行结果

经过"commit"命令的处理，容器变为镜像后，仍然存储在本地。这个镜像文件存储在本地的 docker 虚拟磁盘中，虚拟磁盘的默认路径是"C:\Users\Public\Documents\Hyper-V\Virtual hard disks"。如果想把镜像上传到镜像仓库，需要使用"docker push"命令，但是有个前提条件，即在网络上必须有一个仓库来存放镜像。这里选择阿里云创建镜像仓库。打开阿里云官方网站，点击"弹性计算"选项，打开"容器镜像服务 ACR"选项，如图 4-82 所示。

图 4-82　打开阿里云"容器镜像服务 ACR"选项

进入"容器镜像服务 ACR"后，选择"管理控制台"，如图 4-83 所示。

图 4-83　管理控制台选项

点击"管理控制台"选项，弹出提示框，提示"您还没有开通服务，请点击确定后设置 Registry 登录密码"，如图 4-84 所示。

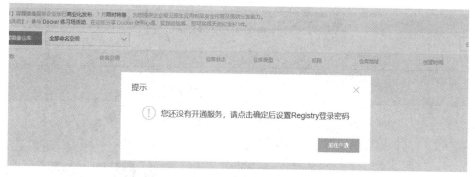

图 4-84　提示设置 Registry 登录密码

点击"前往开通"按钮，弹出"设置 Registry 登录密码"提示，如图 4-85 所示，按照提示设置密码即可。

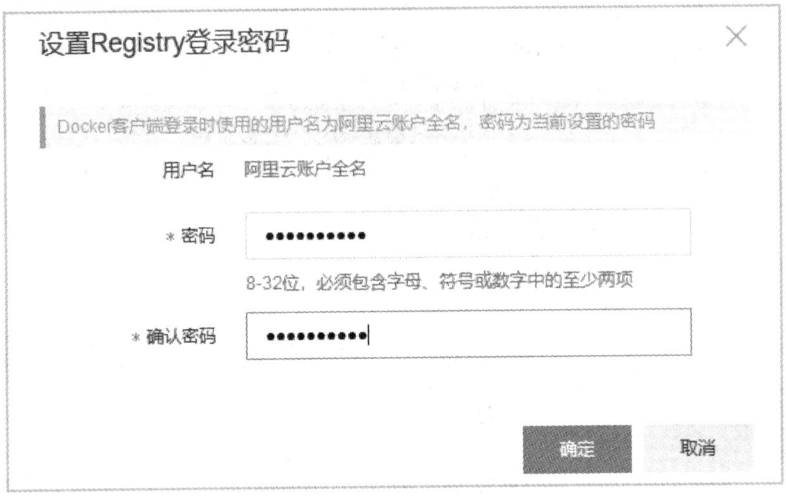

图 4-85　设置 Registry 登录密码

设置完成后，点击"创建镜像仓库"，如图 4-86 所示。

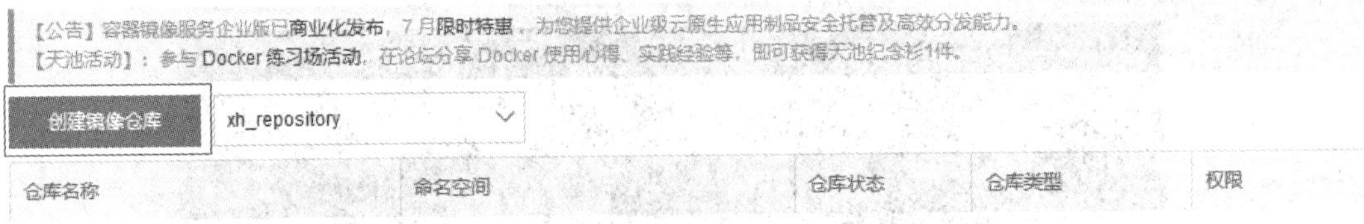

图 4-86　创建镜像仓库

此时开始创建镜像仓库，如图 4-87 所示。仓库名称最好与本地镜像名称保持一致。

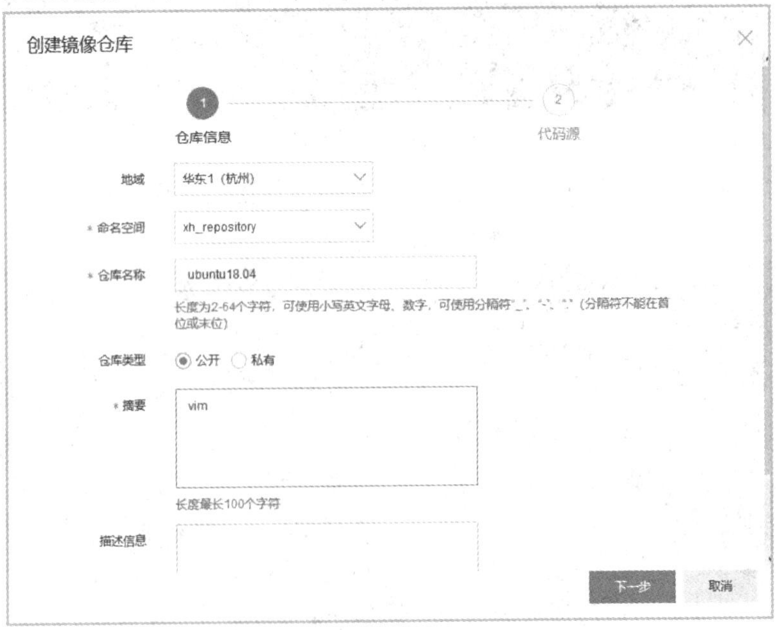

图 4-87　填写镜像仓库的详细信息

点击"下一步"，选择"本地仓库"选项，点击"创建镜像仓库"，如图 4-88 所示。

图 4-88　创建镜像仓库

之后，弹出如图 4-89 所示窗口，可以看到已经成功创建一个镜像仓库。

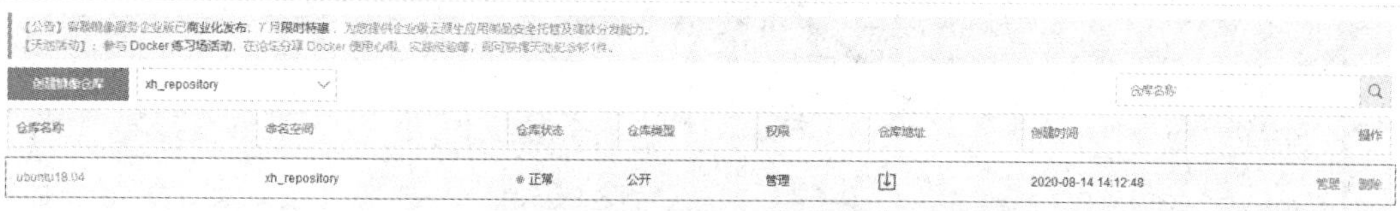

图 4-89　成功创建镜像仓库

仓库创建成功后，可以点击仓库名称，查看仓库操作指南，如图 4-90 所示。

图 4-90　查看仓库操作指南

镜像仓库创建成功后，使用命令"docker login"登录到阿里云服务器，如图 4-91 所示。

图 4-91　用"docker login"命令登录阿里云服务器

登录成功后，使用命令"docker tag"标记需要上传的镜像，之后使用命令"docker push"把镜像上传到仓库中，如图 4-92 所示。

```
C:\Windows\system32>docker tag 2eb2d388e1a2 registry.cn-hangzhou.aliyuncs.com/xh_repository/ubuntu18.04:01

C:\Windows\system32>docker push registry.cn-hangzhou.aliyuncs.com/xh_repository/ubuntu18.04:01
The push refers to repository [registry.cn-hangzhou.aliyuncs.com/xh_repository/ubuntu18.04]
8682f9a74649: Mounted from xh_repository/linux
d3a6da143c91: Mounted from xh_repository/linux
83f4287e1f04: Mounted from xh_repository/linux
7ef368776582: Mounted from xh_repository/linux
01: digest: sha256:767eea1efb29ab7e215e1d97c8d758df5d587ca86e769a2dfb254c6b022895c3 size: 1152
```

图 4-92　上传镜像

为了验证是否上传成功，可以通过镜像搜索功能，搜索上传的公开镜像，如图 4-93 所示。从图上可以看出，能查到刚才上传的镜像。

图 4-93　查看上传的镜像

若需要再次使用容器，可以用 "docker pull registry.cn-hangzhou.aliyuncs.com/xh_repository/ubuntu18.04:[镜像版本号]" 命令，从仓库中下载容器。启动容器使用命令 "docker start 容器 ID"，停止容器运行使用命令 "docker stop 容器 ID"，对容器进行重启操作需要使用命令 "docker restart 容器 ID"。还有删除容器、删除镜像等命令，这里不再一一介绍。各种命令的详细用法可参考 Docker 使用文档。

思考与练习

1. 当前主流虚拟化技术有哪些？
2. Hyper-V 虚拟化和 Xen 虚拟化有什么不同？
3. 完全虚拟化技术和半虚拟化技术各有哪些优缺点？
4. 目前常见的虚拟化产品分别采用哪些虚拟化技术？
5. 一个完整的 Docker 由几个部分组成？
6. 镜像和容器有什么区别？
7. 如何生成容器？

第五章　云计算管理平台相关技术

本章首先介绍了云管理平台的概念和基本特点以及平台相关技术。最后通过常见云管理平台的学习，使读者对云管理平台形成一个系统的认识。

5.1　云管理平台概述

5.1.1　云平台的概念

云计算平台也称为云平台，提供基于"云"的服务，供开发者创建应用时采用。云平台的直接用户是开发者，而不是最终用户。云计算平台可以划分为三类：以数据存储为主的存储型云平台，以数据处理为主的计算型云平台以及计算和数据存储处理兼顾的综合云计算平台。

云计算平台与所有应用程序平台相同，无论是即时需要还是在运行中，都可以通过三个组成部分来考虑：

(1) 基础平台：在云计算平台运行的机器上，几乎每个应用程序都需要使用一些平台软件。这些软件通常包括多种多样的支持功能，如标准库和存储，以及一个基础的操作系统。

(2) 一组基础结构服务：在现代分布式环境中，应用程序经常使用其他计算机提供的一些基础结构服务。一般情况下，这些服务指远程存储、集成服务、识别服务等。

(3) 一批应用服务：正如越来越多的应用程序发展成面向服务的，它们提供的功能逐渐成为新应用程序的可访问对象。即使这些应用程序最初是提供给最终用户的，它们也可能成为新应用程序平台的一部分。

常见的商业化云计算平台如表 5-1 所示。

表 5-1　常见的商业化云计算平台

公司	技术特性	核心技术	企业服务	开发语言
微软	整合其所用软件及数据服务	大型应用软件开发技术	Azure 平台	.NET
Google	储存及运算水平扩充能力	平行分散技术 MapReduce，BigTable，GFS	Google AppEngine，应用代管服务	Python，Java

续表

公司	技术特性	核心技术	企业服务	开发语言
IBM	整合其所有软件及硬件服务	网格技术，分布式存储，动态负载	提供虚拟资源池，企业云计算整合方案	
Oracle	软硬件弹性虚拟平台	Oracle 数据存储技术，Sun 开源技术	EC2 上的 Oracle 数据库，OracleVM，Sun xVM	
Amazon	弹性虚拟平台	虚拟化技术 Xen	EC2、S3、SimpleDB、SQS	
Saleforce	弹性可定制商务软件	应用平台整合技术	Force. com 服务	Java，APEX
旺田云服务	按需求可定制平台化软件	应用平台整合技术	netfarmer 服务提供不同行业信息化平台	Deluge (Data Enriched Language for the Universal Grid Environment)
EMC	信息存储系统及虚拟化技术	Vmware 的虚拟化技术，一流存储技术	Atoms 云存储系统，私有云解决方案	
阿里巴巴	弹性可定制商务软件	应用平台整合技术	软件互联平台，云电子商务平台	
中国移动	坚实的网络技术，丰富的带宽资源	底层集群部署技术，资源池虚拟技术，网络相关技术	BigCloude 大云平台	

5.1.2　云平台的作用

云平台的主要功能是管理云资源和提供云服务。如图 5-1 所示。

图 5-1　云平台

1. 云服务

云计算是基于互联网的相关服务的增加、使用和交付模式，通常涉及通过互联网来提供动态易扩展且经常是虚拟化的资源。狭义云计算指 IT 基础设施的交付和使用模式，即指通过网络以按需、易扩展的方式获得所需资源；广义云计算指服务的交付和使用模式，即指通过网络以按需、易扩展的方式获得所需服务。这种服务可以是 IT 和软件、互联网相关服务，也可是其他服务。

云计算服务的管理集中体现在对云计算服务生命周期的管理上。服务的生命周期在 IT 服务的标准 LTI Lv3 中有明确定义。LTI Lv3 的核心架构是基于服务的生命周期。服务的生命周期以服务战略为核心，以服务设计、服务转换和服务运营为实施阶段，以服务改进来提高和优化对服务的定位及相关的进程和项目。具体到云计算服务，这些阶段依然是必要的。在服务的实施阶段，云计算服务可以分为如下子阶段：服务模板定义、服务产品注册、服务订阅与实例化、服务运行和服务实例终结等，如图 5-2 所示。

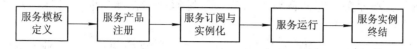

图 5-2 云计算服务的生命周期

云计算管理平台是云计算提供商开发的，运行云计算服务的控制台，是监控、管理、分析和优化云计算服务的重要工具，是支撑和保障云计算服务的信息化架构。图 5-3 给出了云计算管理平台的主要层次和功能。

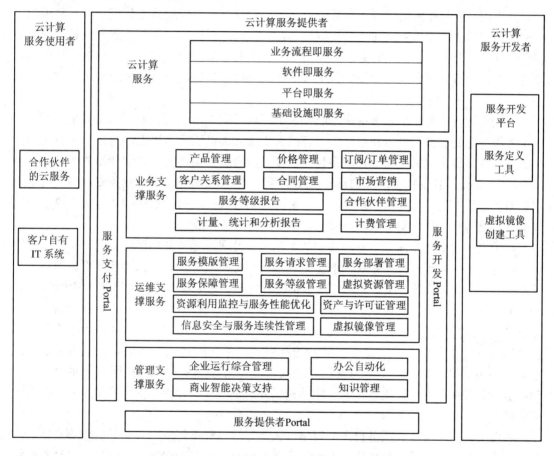

图 5-3 云计算管理平台的主要功能

如图 5-3 所示，云计算管理涉及三类参与角色：第一类是云计算服务的开发者，通过云计算管理平台的开发者门户来开发注册云计算服务；第二类是云计算服务的提供者，通过云计算管理平台运营云计算服务，在满足客户需求的同时获得对应的收益；第三类就是云计算服务的使用者，使用者通过云计算服务满足其需求。云计算使用者可以通过网络来访问服务，也可以创建自己的 IT 系统，通过应用接口来访问服务，还可以通过其他合作伙伴的云计算服务来消费另一个云计算提供者的服务。云计算服务是这三类角色业务的核心，而云计算管理平台是这三类角色参与云计算服务的媒介。

云计算管理平台在实施管理时通过不同的管理功能来运行并保障云计算服务。这些管理功能可以分为三个层次:

(1) 业务支撑服务,即面向客户服务和市场营销的支撑功能,管理用户数据和服务产品;

(2) 运维支撑服务,即面向资源分配和业务运行的支撑功能,保证业务的快速开通和正常运行;

(3) 管理支撑服务,即面向人力、财务、工程等企业管理的支撑系统,保障所提供企业的正常运转。

由于管理支撑服务是一般 IT 服务系统所共有的,业务支撑服务提供产品目录和订阅管理,这是用户直接接触的部分。业务支撑服务还能够收集用户的概要数据,通过分析制定出贴近用户特点的服务界面和产品推荐,简化用户的使用过程。自助服务界面是云计算的特色之处。用户通过自助服务界面能够实现对整个服务生命周期的管理,包括产品选择、服务订阅、服务部署、运行监控,直至服务终结,以及此过程中所发生的费用计算和缴付操作。

云计算服务的另一个显著特征是服务等级管理,即 SLA(Service Level Agreement)管理。服务等级协定是服务提供者和使用者签订的关于服务提供质量的协定,直接与服务的定价相关。服务等级协定所关注的性能指标与所提供的服务密切相关,通常使用的指标包括响应时间(Response Time)、吞吐量(Throughput)、可用性(Availability)等。业务支撑系统向用户提供服务等级报告,以便用户能够随时了解服务运行状况。而下面提到的运营支撑系统实施服务等级管理,从而实现服务等级协定所要求的服务性能。

运维支撑服务关注服务的开通和服务的保障,并通过对资源的调度和管理来实现对服务运行的支持。对于云计算来说,服务开通涉及服务模板管理、虚拟镜像管理、服务请求管理和服务部署管理等。服务保障管理包括配置管理、变更管理、时间管理、问题管理等。知识资产和软件许可证管理是云计算服务管理的一项重要内容,支持灵活快捷地获得业务运行所需的软件和资产。运维支撑服务的另一类重要功能是对服务性能的管理,即服务等级的监控和保障,通过监控资源的利用和服务性能表现,采用自适应调节的方式来满足服务等级的要求:支持与使用者和被管服务对象的交互;支持服务的生命周期管理;能够监控和分析流程执行状况;能够模拟并测试流程的行为;支持多用户并具有高度可靠性。

事实上,随着云计算服务市场的发展,云计算运维管理将成为云计算提供商之间的竞争点。支持管理大规模、多样化的云计算服务并具有高度自动化能力的云计算管理平台将为云计算提供商带来强大的竞争优势。

2. 云资源管理

云管理(Cloud Management)是借助云计算技术和其他相关技术,通过集中式管理系统建立完善的数据体系和信息共享机制。其中,集中式管理系统集中安装在云计算平台上,通过严密的权限管理和安全机制来实现对数据的管理和信息管理系统的运行。

云计算运维管理的目标是:可见,可控,自动化。下面分别介绍这三个目标在云计算运维管理上的体现。

(1) 所谓"可见"，是指给用户和管理人员提供友好的界面和接口以便他们能够操作和实施相应的功能。当前的云计算系统普遍使用图形界面或 REST 类接口。通过这些界面或接口，用户可以提交服务请求，用户和管理人员可以跟踪查看服务请求的执行状态，管理人员可以调控服务请求的执行过程和性能表现，服务质量与资源使用状况的统计也可以通过直观的图表形式表现出来。

(2) 所谓"可控"，是指在运行管理的过程中整合人员、流程、数据和技术等因素，以确保云计算服务满足合同约定的服务等级，保证云计算提供商提供服务的效率，从而维持一定的盈利能力。可控性关注的方面包括：根据最佳时间经验，响应用户的服务请求，并确保服务过程符合组织流程，确保服务提供的方式符合公司的运营政策，实现基于使用的计费管理，实现符合用户需要的信息安全管理，实现资源使用的优化，实现绿色的能源管理。

(3) 所谓的"自动化"，是指云计算服务的运维管理系统能够自动地根据用户请求执行服务的开通，能够自动监控并应对服务运行中出现的事件。更进一步，自助服务是自动化在用户订阅和服务配置方面的体现。在实现"自动化"的过程中，需要关注的主要方面包括：自助服务的方式和自动化的服务开通；自动的 IT 资源管理以实现优化的资源利用；根据用户流量的变化实现服务容量的自动伸缩；自动化的流程以实现云计算环境中的变更管理、配置管理、事件管理、问题管理、服务终结和资源释放管理等。

为了达到云计算服务运行管理的上述目标，云计算提供商需要建立相应的运维管理系统。运维管理系统的功能应该从云计算管理的目标出发，充分考虑云计算服务和计算资源的特点。例如，虚拟化资源可以实现灵活编排和调用，自动化技术保证管理流程的快速高效等。运维管理系统的核心管理对象是云计算服务本身，它围绕云计算服务从开通到终结的整个周期展开工作。

从 IT 管理技术的发展来看，云计算的管理也突破了传统的 IT 管理理念。传统的 IT 管理关注资源的管理，从底层资源的角度出发来保障业务和性能。云计算首先关注的是服务本身的性能，需要从服务性能的角度来调整和优化支持服务的资源供给方案。因此，云计算的管理是由底向上和由上到下的管理理念的结合。云计算的管理应该考虑到基础设施资源和技术的发展以及业务特征和运维服务等因素，建构标准的、开放的、可扩展的云计算管理平台。

5.1.3　云管理平台的特点

云管理平台是以 IaaS 平台、PaaS 平台、SaaS 平台的各类云资源作为管理对象，实现全服务周期的一站式服务，支持跨异构系统，进行多级云资源管理的系统。云管理平台包括云资源的调度、管理、监控、服务和运营管理。云管理平台的特点具体如下：

1. 降低桌面维护成本

云管理平台基于服务器运算架构，能够大幅降低前端设备的运算需求，从而延长原有 PC 终端的使用寿命，节省大量桌面 PC 的投入成本。

桌面和应用集中管理与维护使得 IT 部门的人员可以在后台通过管理和操作系统、应用程序、配置文件的单一实例，即可向所有用户交付个性化的桌面服务，同时满足不同类型用户的需求，操作快捷、方便、安全。

2. 提高数据安全性

云终端只配备了键盘、鼠标动作以及显示界面，用户的数据没有传递到客户端，用户数据、缓存、Cookie 等全部在中心服务器的受限环境中；奇观科技的企业安全云还含有多种加密的存储和传输技术，客户端的操作虽然感觉就像在本机操作一样，但如果没有得到权限许可，使用者不得进行常规修改、备份、拷贝、打印等操作。所以，在高校实验室或者企业内部使用云桌面，可以抵御可能危及 Web 应用安全性和性能的分布式拒绝服务、蠕虫和病毒工具以及应用级的入侵。

云管理平台分权限和级别对接入用户的操作进行检测和管控，这种特性在企业应用场景中十分适合，当企业需要按部门对员工使用外设的情况进行限制时，企业级云服务平台解决方案可以实时打开此功能来满足企业的需求，保证企业私有环境中数据的安全性。

3. 简化桌面管理

企业安全云解决方案将桌面服务作为一种按需服务，可以随时随地交付给任何用户使用。利用奇观科技 MiracleCloud 独特的传输技术，可以快速且安全地向高校或者企业内的所有用户传输单个应用或整个桌面。用户可以通过云终端灵活地访问他们的桌面。IT 人员只需管理操作系统、应用和用户配置文件的单个实例，大大简化了桌面管理。

4. 服务器集中管控、分布式计算

在数据中心对所有的虚拟云桌面进行统一的高效维护，无需特定的分发软件即可实现对桌面的统一安装和升级，大大降低了维护桌面的费用；云平台应用管理更加简单，管理员在服务器端进行统一管理，就可以将更新的桌面交付给所有终端用户。

分布式计算即采用分布式多节点集群的架构方案，对应每个实验室部署一套服务器集群，该服务器集群由一个控制节点和若干个计算节点构成，分别支撑实验室内部虚拟机的调度与运算。例如以一个实验室为单位构建实验室内部网络，作为整体网络中的一个子网，避免外部网络数据的干扰。单点服务器的故障并不会影响整体方案的运行以及用户的体验。

5. 基于虚拟化的云管理平台提供弹性资源池

Miraclecloud 虚拟化平台软件将服务器、存储器等虚拟化成弹性资源池。资源池的存储以及计算资源均可以实现按需所取，动态调配。对于系统而言，其可以动态调整资源的利用，实现资源的合理分配及利用率最大化；对于用户来说，可以获取定制化的虚拟桌面，并且能够根据自己的需求变化申请对云桌面的调整，云桌面具有很强的灵活性。

6. 云终端绿色节能

传统 PC 的耗电量是非常庞大的，一般来说，台式机的功耗在 230 W 左右，即使它处于空闲状态其耗电量也至少有 100 W，按照每天使用 10 个小时，每年 240 天工作来计算，每台计算机的耗电量在 500 到 600 度，耗电量非常惊人。采用桌面云方案后，每个瘦客户端的电量消耗在每天 15 W 左右，加上服务器的能源消耗，整体的能源消耗也只相当于台式机的 20%，极大地降低了 IT 系统的能耗。

5.2　云平台管理技术

5.2.1　Libvirt 组件

Libvirt 是一个软件集合，便于使用者管理虚拟机和其他虚拟化功能，比如存储和网络接口管理等。这些软件包括一个 API 库、一个 daemon(libvirtd)和一个命令行工具(virsh)。Libvirt 的主要目标是：提供一种单一的方式管理多种不同的虚拟化提供方式和 hypervisor。比如，在命令行中输入 "virsh list -- all" 可以列出所有 Libvirt 支持的、基于 hypervisor 的虚拟机，这就避免了学习、使用不同 hypervisor 的特定工具的麻烦。

Libvirt 的主要功能包括：

(1) 虚拟机管理：包括不同领域的生命周期操作，比如启动、停止、暂停、保存、恢复和迁移。Libvirt 支持多种设备类型的热插拔操作，包括磁盘、网卡、内存和 CPU。

(2) 远程机器支持：只要机器上运行了 Libvirt daemon，包括远程机器，所有的 Libvirt 功能就都可以访问和使用了。Libvirt 支持多种网络远程传输，使用最简单的 SSH，不需要额外配置工作。比如 Example.com 运行了 Libvirt，而且允许 SSH 访问，下面的命令行就可以在远程主机上使用 virsh 命令行了。

(3) 存储管理：任何运行了 Libvirt daemon 的主机都可以用来管理不同类型的存储，例如创建不同格式的文件映像(qcow2、vmdk、raw 等)，挂接 NFS 共享，列出现有的 LVM 卷组，创建新的 LVM 卷组和逻辑卷，对未处理过的磁盘设备进行分区，挂接 iSCSI 共享等。因为 Libvirt 可以远程工作，所有这些都可以通过远程主机使用。

(4) 网络接口管理：任何运行了 Libvirt daemon 的主机都可以用来管理物理和逻辑的网络接口。可以列出现有的接口卡，配置、创建接口，以及桥接、虚拟局域网(VLAN)和关联设备等，通过 netcf 都可以获得支持。

(5) 虚拟 NAT 和基于路由的网络：任何运行了 Libvirt daemon 的主机都可以用来管理和创建虚拟网络。Libvirt 虚拟网络使用防火墙规则作为路由器，让虚拟机可以透明地访问主机的网络。

5.2.2　QEMU 及其功能

QEMU 是一种处理器模拟器，依赖于动态二进制翻译机制，在易于移植至新的主机 CPU 架构的同时，还要获得合理的速度响应。除提供 CPU 模拟之外，QEMU 还提供了一系列设备模型，允许运行多种未经修改的客户操作系统；因此 QEMU 可以被看做一个宿主虚拟机监控软件。QEMU 还提供了加速模式，以支持(供 Kernel code 的)二进制翻译和原生执行(供 User code 的)混合方式，这与 VMware Workstation 和 Microsoft VirtualPC 相同。QEMU 也可以用作纯用户级处理的 CPU 模拟，在这种运作模式下，它类似于 Valgrind。QEMU 有一个特有的可移植性功能，虚拟机可以运行在任何 PC 之上，即使用户只有有限的权限，而且没有管理员访问权限也没有关系，这让 QEMU 为 "USB 优盘上的 PC" 这一概念变得可行。也有类似的应用，比如 MojoPac，但是它们需要管理员权限才能运行。

QEMU 有两种主要运作模式，如下所述：

(1) User mode 模拟模式，亦即使用者模式。QEMU 能启动那些为不同中央处理器编译的 Linux 程序。

(2) System mode 模拟模式，亦即系统模式。QEMU 能模拟整个电脑系统，包括中央处理器及其他周边设备。它使得为跨平台编写的程序进行测试及除错工作变得容易，亦能用来在一部主机上虚拟数部不同的虚拟电脑。

QEMU 包括如下主要特点：

(1) 默认支持多种架构。可以模拟 IA-32(x86)个人电脑和 AMD 64 个人电脑，支持 MIPS R4000、升阳的 SPARC SUN3 与 PowerPC(PReP 及 Power Macintosh)架构。

(2) 可扩展，可自定义新的指令集。

(3) 开源，可移植，仿真速度快。

(4) 在支持硬件虚拟化的 x86 构架上可以使用 KVM(Keroel-based Virtual Machine)加速配合内核 KSM(Kernel Samepage Merging)大页面备份内存，速度稳定性远超过 Vmware ESX；

(5) 增加了模拟速度，某些程序甚至可以实时运行；

(6) 可以在其他平台上运行 Linux 的程序；

(7) 可以储存及还原运行状态(如运行中的程序)；

(8) 可以虚拟网络卡。

5.3 常见的云管理平台

5.3.1 VMWare 平台

1. 概述

1998 年成立的 VMware 公司将大型机特有的虚拟化技术带入了基于 x86 架构的普通个人电脑领域。该公司已经拥有 x86 虚拟化市场的较大份额。VMware 的产品线可以帮助客户实现虚拟化基础设施，整合资源，提高资源利用率，在降低运营维护成本的同时，增强业务的灵活性、可用性和安全性。

2004 年，VMware 公司被 EMC 公司收购，成为 EMC 公司旗下一个独立的软件子公司。另外，从 2004 年起，VMware 公司每年都举办一次 VMworld 大会，随着大家对虚拟化的日益关注，与会人数逐年递增。

确立了自己在 x86 架构上虚拟化平台提供商的地位以后，VMware 公司又调整了战略计划，目标是整合虚拟化数据中心的基础设施，提供基于虚拟化基础架构的数据中心操作系统(Virtual Data Center Operating System，VDC-OS)。这里的数据中心操作系统和操作系统的概念完全不同，它集成了数据中心所有的硬件资源、虚拟服务器和其他基础设施，通过有效的管理为上层应用提供可用、可伸缩、灵活的基础设施平台。在围绕这个目标进行新一轮的调整之后，VMware 公司已经拥有了三条虚拟化产品线：数据中心产品、桌面产品和其他虚拟化辅助产品，它们涵盖了服务器虚拟化的整个生命周期。下面将分别介绍这些产品线。

2. 数据中心虚拟化

VMware 的数据中心产品主要面向企业服务市场，包括 VMware Infrastructure、VMware vCenter Server 系列管理软件、VMware Capacity Planer、VMware Data Recovery 和 VMware Server 等。VMware Infrastructure 是一个功能丰富的虚拟化软件套件，能够提供虚拟化基础架构、应用程序和管理等多种服务，主要组件包括 ESX Server/ESXi Server、VMFS、Virtual SMP DRS、VMotion、Storage VMotion、HA、Consolidated Backup、vCenter Agent。

ESX Server 是数据中心虚拟化的基础，它能够整合数据中心的计算资源、网络资源和存储资源，并将它们动态地分配给虚拟机。早在 2001 年，VMware 公司就推出了面向企业用户的 VMware ESX 1.0(代号 Elastie Sky X)组件。ESX 经过多年的发展，成为 VMware 公司最重要的企业级虚拟化平台产品，也是虚拟化软件套件 VMware Infrastructure 中最重要的组成部分。从 2003 年开始，ESX 支持虚拟对称处理器(Virtual Symmetrical Multi-Processing, VSMP)，这给 ESX 的性能带来了很大程度的提高，有利于在 ESX 上部署对计算资源要求甚高的企业级应用，比如 ERP 和 CRM 应用。

VMware ESXi 是 VMware 公司于 2008 年推出的免费虚拟化平台，在保持 ESX Server 功能的前提下，它对原有的虚拟化平台进行了大幅裁剪，仅需要 32 MB 磁盘空间，这使得 ESXi 的安全性有所提高，成为"固件"虚拟化平台合适的选择。ESXi 上所运行的虚拟机性能接近于物理机的性能。和 VMware Infrastructure 整合后，用户可以在 ESXi 上使用服务器整合和自动负载平衡的功能。

除了 ESX Server 和 ESXi Server，VMware Infrastructure 还包括能够给虚拟机及其上层应用提供可用性、可扩展性和安全性的高级功能。VMFS 是一种高性能的文件集群系统，通过它，多个 ESX Server 可以访问同一个存储。VMotion 是 VMware 公司实现的实时迁移技术，它可以把在一台物理机上运行的虚拟机迁移到与其共享同一个存储的另一台物理机上。Storage VMotion 允许把在一台物理机上运行的虚拟机迁移到非共享同一个存储的另一台物理机上。Virtual SMP DRS 利用 VMotion 技术动态平衡同一个资源池内所有虚拟机的资源，动态地满足因虚拟机负载变化引起的资源需求。HA 利用 VMotion 技术将故障物理机上的虚拟机迁移到其他物理机上。Consolidated Backup 为虚拟机提供了集中型备份工具。vCenter Agent 可使 VMware Infrastructure 与自身连接，使 VMware Infrastructure 成为可管理、可配置的虚拟化平台。

VMware vCenter 系列解决方案是一个可扩展的虚拟化平台管理工具集，使用户能够对数据中心数量庞大的物理机和虚拟机进行集成管理。该系统解决方案以 vCenter Server 为核心。vCenter 通过 vCenter Agent 与 VMware Infrastructure 中的 ESX Server 连接，数据中心管理员能够通过 vCenter Server 提供的统一管理控制台快速部署虚拟机并监控物理机和虚拟机的性能，集中优化管理 VMware Infrastructure 环境。此外，VMware 公司还提供了其他可与 vCenter Server 集成的产品，包括 vCenter Site Recovery Manager、vCenter Lab Manager、vCenter Lifecycle Manager、vCenter Stage Manager、vCenter AppSpeed 等，从而提供其他高级功能。下面分别介绍 VMware vCenter 和这些与之集成的产品。

2003 年，VMware 公司推出了能够集成多个 ESX 虚拟化平台的管理工具 VMware VirtualCenter，就是 vCenter 的前身。经过多年的发展，VirtualCenter 不断增加新的管理特性，已经成为 VMware 公司虚拟化战略中不可或缺的管理工具。在随后的产品线调整中，VirtualCenter 被更名为 vCenter。vCenter Server 主要提供三个功能：虚拟机的部署和迁移、虚拟化平台和虚拟机的管理、系统监控。虚拟机的部署和迁移包括集成的从物理机到虚拟机的转换、虚拟机克隆、实时迁移及虚拟机磁盘的实时迁移，使得虚拟机能够部署到虚拟化平台上，并且在各个同构的虚拟化平台之间移动。用户通过 vCenter Server 的客户端或者 Web 方式远程接入 vCenter Server 进行各种操作。另外，用户通过 vCenter Server 可以从单个界面持续监控物理服务器和虚拟机的可用性与利用率，其中的性能曲线图可以帮助用户分析虚拟机、资源池及服务器的利用率和可用性。最后，vCenter Server 能够生成报告供用户做离线分析。一旦发生异常情况，vCenter Server 还能向用户发出警报和通知。

vCenter Site Recovery Manager 提供了与虚拟化数据中心灾难恢复有关的自动化管理和执行功能，从而帮助用户简化恢复流程，降低恢复风险。它主要包括三大功能：灾难恢复管理、无中断测试和自动化故障切换。灾难恢复管理功能通过与 vCenter Server 的整合，可以直接在 vCenter Server 上运行与操作，用户也可以通过自定义脚本来扩展恢复计划，使恢复过程具有一定的灵活性。无中断测试可以帮助用户在不影响复制数据的情况下自动测试恢复计划，从而保证了恢复的可行性。自动化故障切换允许用户暂停恢复过程，并且可对参数进行重新配置。

vCenter Lab Manager 创建和管理共享的虚拟机镜像库。用户只需要从该镜像库中选择需要部署的镜像并进行一些简单的操作，vCenter Lab Manager 就可以按需进行动态部署。vCenter Lab Manager 保证部署的实例之间不存在资源冲突，并且还能够定义用户的角色和访问权限。

vCenter Lifecycle Manager 按照不同的用户角色对数据中心内虚拟机的生命周期进行管理。这些角色包括了普通用户、审批者、IT 员工和 IT 管理员，他们在虚拟机的生命周期内有交互，vCenter Lifecycle Manager 通过规范的流程将这些角色关联起来，实现了对虚拟机从始至终的有效管理。

vCenter Stage Manager 负责部署和更新虚拟化服务。它的主要功能有可视化虚拟化服务，在各个阶段之间轻松转换服务配置，按服务进行访问控制，优化资源利用率等。2009 年 7 月，VMware 公司宣布把 vCenter Stage Manager 合并到 vCenter Lab Manager 中。

vCenter AppApeed 通过主动监测虚拟化服务性能的变化，发现性能瓶颈，帮助调整分配给虚拟化服务的相关资源，从而在工作负载动态变化的情况下满足服务级别协定(SLA)要求。

VMware vCenter Converter 是一款物理机—虚拟机转换(P2V)软件。它可以通过管理控制台和转换向导，在较短的时间内将安装有 Microsoft Windows 操作系统的物理机转换为 VMware 格式的虚拟机。另外，Vmware vCenter Converter 还可以在两个不同的 VMware 平台之间进行虚拟机转换。

VMware Server 是 VMware 公司提供的免费服务器虚拟机监视器。与 ESX Server 不同，VMware Server 需要作为一个应用程序安装在 Windows 或 Linux 操作系统上，而虚拟机则运行在 VMware Server 上。由于没有直接安装在物理机上，因此 VMware Server 的性能不如 ESX Server。VMware Server 的前身是 VMware GSX Server，早在 2001 年就与 VMware ESX Server 一同推出。与 ESX 的命运不同，VMware 公司 2006 年的战略调整中将 GSX Server 更名为 VMware Server 并免费提供给用户使用。

VMware Capacity Planner 是商业级 IT 资源规划工具，提供经过整合的分析、规划和决策支持功能，使得基础架构评估服务更快速、更精确及更容易测量。

3. VMware 云战略三层架构

1) 云基础架构及管理层(IaaS)

云基础架构及管理层由数据中心与云基础架构、安全产品、基础架构和运营管理三大部分组成。数据中心和基础架构是 VMware 云计算解决方案的基石。这一层的主要产品包括 VMware 和 VMware Server。通过这些产品，企业能够将目前的数据中心转变为云计算基础架构；然后通过 VMware 虚拟化提供自助部署和调配的功能，企业可以创建私有云，将 IT 基础架构作为服务来交付使用。在这一层当中，其他产品还包括 VMware vCenter Product Family、VMware vCloud Service Director 等。

2) 云应用平台层(PaaS)

在 PaaS 层，VMware 通过收购 SpringSource 来构建基于云的应用开发平台，用于满足用户在云计算模式与环境下开发相应的应用。SpringSource 框架能通过动态、一致的基础构架满足各种企业和 Web 应用的需要，以及简化新应用程序开发的开发者工具和功能。因此，VMware 的云应用平台以 SpringSource 应用和 VMware vSphere 为基础，采用高级消息队列协议 AMQP，具有无缝扩展的弹性数据管理技术和跨物理/虚拟环境可见性的性能监控和应用管理机制，并能实现私有云和公有云之间的迁移。

3) 终端用户计算解决方案——桌面虚拟化产品(SaaS)

在 SaaS 层，VMware 主要是基于桌面和应用程序虚拟化，提供了 VMware ThinApp、VMware Workstation、VMware Fusion、Zimbra、VMware Player、VMware 移动虚拟平台(MVP)及 VMware ACE 等产品。

VMware 的云计算解决方案的重点在于对数据中心等基础架构的虚拟化，因此，它在 IaaS 层上 VMware 的工作较多，所以下面重点介绍 VMware vSphere、VMware Server、VMware vCenter Server、vCloud Service Director 和 VMware View 架框的实现。

4. VMware vSphere 架构

虚拟化从结构上可以分为寄居架构和裸金属架构(Bare Metal)。寄居架构指的是在操作系统的层面之上进行虚拟机实现，VMware 开发的 VMware Workstation 系列就属于寄居架构。裸金属架构是在计算机硬件上直接进行虚拟化，是架设在计算机硬件和操作系统之间的虚拟化。通过裸金属架构的虚拟化，计算机硬件直接被切割成若干个虚拟机，然后在这些虚拟机上再进行各自的系统和应用程序的安装，这样一来，虚拟机的底层是虚拟出来的 CPU、内存等计算机硬件资源，而不是操作系统，虚拟机之间完全独立。

VMware 推出的 ESX Server 属于裸金属架构的虚拟机。ESX Server 直接安装在服务器硬件上，在硬件和操作系统之间插入了一个稳固的虚拟化层。ESX Server 将一个物理服务器划分为多个安全、可移植的虚拟机，这些虚拟机在同一物理服务器上运行。每个虚拟机都呈现为一个完整的系统(具有处理器、内存、网络、存储器和 BIOS)，因此 Windows、Linux、Solaris、NetWare 操作系统和软件应用程序都可以在虚拟机中运行，无需进行任何修改。

ESX Server 是向 IT 环境提供基于虚拟化的分布式服务的基础。ESX 最新的版本是 VMware ESX 4，和之前 VMware ESX 3.5/3 相比，在功能和特性上有很多更新和扩展，其中最大的区别在于 VMware ESX 4 只支持 64 bit 运行模式，只能安装在支持 64 位计算的 x86 物理服务器上。除了 ESX，VMware 还推出了精简版的 ESXi，ESXi 与 ESX 的最大区别在于 ESXi 去除了 Service Console。

VMware ESX 4 的主要功能体现在如下三个方面：

(1) 基础架构服务，即虚拟化管理器(VMM)功能。这是整个产品的基础。通过在物理机之上的虚拟层可以调用虚拟处理器、内存和 I/O 等资源来运行多个虚拟机。虚拟机能支持高达 8 个 vCPU 和 256 GB 内存，还支持热添加功能，可以热添加虚拟 CPU、内存和网络设备，满足应用程序无缝扩展的功能。

(2) 增强型的基础架构服务。在基础构架服务以外，ESX 4 还提供了能增强网络和提高 I/O 性能的 VMDirectPath、能减少存储空间使用的 VSorage Thin Provisioning 和 Linked Clone 等的增强功能。

(3) 应用程序服务。ESX 4 提供了 vCenter Agent，用于向 vCenter 上传本机的管理和性能信息，根据 vCenter 的指示协助 vMotion 工作。

5. 云操作系统 vSphere

VMware 在原来的 VMware Infrastructure 3(以下简称 VI3)基础上推出的 VMware vSphere，被称为业界首款云计算操作系统。VMware vSphere 主要包括两部分：一是虚拟化管理器 VMM 部分——VMware ESX 4；二是用户整合和管理 VMM 的 VMware vCenter。其架构如图 5-4 所示。

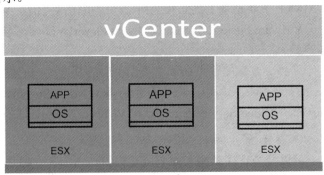

图 5-4　vSphere 构架

vSphere 的底层就是虚拟机 ESX Server。通过 ESX 虚拟化数据中心服务器，将数据中心转换为云计算基础架构，满足 IT 组织利用内部和外部资源、低成本地提供云服务的能力。vCenter 可以添加多台 vSphere 主机组成一个域，并作为管理节点控制和整合属于该域的 vSphere 主机。vCenter 既可以安装在物理机的操作系统上，也可以安装在虚拟机的操作系统上(官方推荐)。从实现方式上看,它是基于 Java 技术的,后台连接自带的微软 SQL Server Express，也可以使用 Oracle 的数据库，并可以使用其"链接模式"集成多个 vCenter 支持大量用户的访问。在通信方面,它通过 vSphere 主机内部自带的 vCenter Server Agent 与 ESX 进行联系,并提供 API 供外部程序和 vCenter 客户端调用。在扩展性方面,它支持很多第三方的插件。

vCenter 包括以下六项基本功能:

(1) 资源和虚拟机的清单管理。该功能可以列出和管理 vCenter 管理域内所有的资源(如存储、网络、CPU 和内存等)和虚拟机。

(2) 任务调度。支持定时任务或者及时任务(如 vMotion),满足各个任务之间不出现抢占资源或者冲突的要求。

(3) 日志管理。用于记录任务和事件的日志。

(4) 警告和事件管理。使用户可以及时获知系统出现的新情况。

(5) 虚拟机部署。通过部署向导,上传 vAPP 和虚拟磁盘等,部署虚拟机。

(6) 主机和虚拟机的设置。用户可以修改一些主机和虚拟机的主要配置,而且还能对那些非常底层的特性进行设置,比如是否开启硬件辅助虚拟化功能。

vCenter 还有以下 7 个方面的高级功能:

(1) 动态迁移。vSphere 提供了 vMotion 和 Storage vMotion 技术,分别满足虚拟机和虚拟磁盘的热迁移。

(2) 资源优化。VMware 的分布式资源调度(Distributed Resource Scheduler,DRS)技术,通过将虚拟机从资源紧张的主机迁移到资源剩余的主机等方式来实现资源优化,使得每个虚拟机都能找到合适的位置。

(3) 安全技术。VMware 推出了两大虚拟机安全技术,一是推出 VMsafe API,对虚拟机进行安全扫描,检测病毒和恶意软件;二是推出 VMware Shield Zones,其主要起到防火墙的作用,可监视、记录和阻止 vSphere 主机内部或集群中主机之间和虚拟机之间的流量。

(4) 容错。VMware Fault Tolerance 是 VMware 提供的虚拟机容错技术。

(5) 高可用性。VMware High Availability 技术通过心跳机制来检测虚拟机的运行状态,并通过在其他主机上重启无响应的虚拟机的方式来保障系统的可用性。

(6) 备份。VMware 采用了加固备份技术(VMware Consolidated Backup,VMCB),在没有安装 Agent 时可对多个虚拟机进行集中备份。

(7) 应用部署。VMware vAPP 基于开放式虚拟化格式(Open Virtualization Format,OVF)协议,将应用程序转化为自描述和自管理型实体,以方便部署和降低管理开支。

6. 底层架构服务 vCloud Service Director

vSphere 的主要目的是将底层物理资源进行虚拟化管理,但仅安装了 vSphere 的数据中心并不能称之为云平台。VMware 通过 vCloud Service Director,在 vSphere 架构上利用一系列虚拟技术,提供连接企业虚拟环境与私有云的接口和自动化管理工具,通过运行 vCloud Express 与外部服务商无缝地连接,向外部提供云 IaaS 服务。VMware vCloud Director 使 IT 部门能够通过基于 Web 的门户向用户开放虚拟数据中心,并定义和开放能部署在虚拟数据中心的 IT 服务目录。

vCloud Service Director 早期被称为 Redwood 项目,vCloud Service Director 的架构如图 5-5 所示,它具有数据库与管理资源池的服务总线通信的功能。另外,利用基于 vCloud

Service Director 提供云服务的 VMware 服务提供商体系，可以将数据中心容量扩展到安全、兼容的公共云中，并像管理企业的私有云一样方便地管理它。利用基于策略的用户控制技术和 VMware vShield 安全技术，可以保持多租户环境的安全性和可控性。以虚拟数据中心的形式向内部组织高效地提供资源，提高整合率并简化管理，降低成本。以渐进方式实现云计算，利用现有投资和开放标准，以保证云之间的互操作性和应用程序的可移植性。

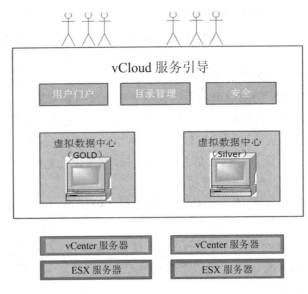

图 5-5　vCloud Service Director 的架构

7. 虚拟桌面产品 VMware View

VMware View 是 VMware 桌面虚拟化产品，通过 VMware View 能够在一台普通的物理服务器上虚拟出很多台虚拟桌面(Virtual Desktop)，供远端的用户使用。

VMware View 包括如下主要部件：

(1) View Connection Server：View 连接服务器，View 客户端通过它连接 View 代理，将接收到的远程桌面用户请求重定向到相应的虚拟桌面、物理桌面或终端服务器。

(2) View Manager Security Server：View 安全连接服务器，是可选组件。

(3) View Administrator Interface：View 管理接口程序，用于配置 View Connection Server，部署和管理虚拟桌面，控制用户身份验证。

(4) View 代理：View 代理程序，安装在虚拟桌面依托的虚拟机、物理机或终端服务器上，安装后提供服务，可由 View Manager Server 管理。该代理具备多种功能，如打印、远程 USB 接口支持等，必须安装该软件，才可以将 VMware vSphere Server 提供的虚拟机连接到 View Client 计算机的相应设备上并显示、应用在客户端。

(5) View Client：View 客户端程序，安装在需要使用"虚拟桌面"的计算机上，通过它可以与 View Connection Server 通信，从而允许用户连接到虚拟桌面。

8. 云管理平台 vCenter

vCenter 是 ESX 的分布管理工具，图 5-6 显示了 vCenter 的各个组件之间的关系，本节介绍其中几个关键部分。

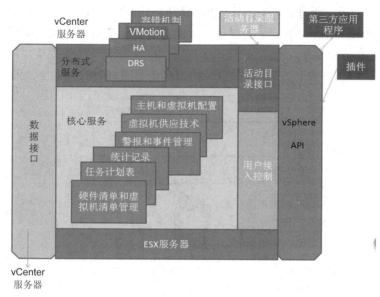

图 5-6 vCenter 的各个组件之间的关系

1) 虚拟机迁移工具

虚拟机的迁移是指把源主机上的操作系统和应用程序移动到目的主机，并且能够在目的主机上正常运行。VMotion 是 VMware 用于在数据中心的服务器之间进行虚拟机迁移的技术。通过服务器、存储和网络设备完全虚拟化，利用 VMotion 能够将正在运行的整个虚拟机实时从一台服务器移到另一台服务器上。虚拟机的全部状态由存储在共享存储器上的一组文件进行封装，而 VMware 的 VMFS 群集文件系统允许源和目标 ESX 同时访问这些虚拟机文件。然后，虚拟机的活动内存和精确的执行状态可通过高速网络迅速传输。由于网络也被 ESX 虚拟化，因此，虚拟机保留其网络标识和连接，从而确保实现无缝迁移。

VMotion 可以在不停机、不中断业务的情况下自动维护硬件，并行地将多个任意操作系统的虚拟机从运行不正常的服务器中迁出，实时提供迁移向导，以确定虚拟机迁移的最佳目的地，无需管理员在场即可跨ESX所支持的所有类型的硬件和存储器进行虚拟机迁移，并详细记录迁移过程以保持审核跟踪。其中，虚拟机迁移过程中主要采用三项技术：将虚拟机状态信息压缩存储在共享存储器的文件中；将虚拟机的动态内存和执行状态通过高速网络在源 ESX 服务器和目标 ESX 服务器之间快速传输；虚拟化网络以确保在迁移后虚拟机的网络身份和连接能保留。

VMware Storage VMotion 用于实时迁移虚拟机磁盘文件，以便满足对虚拟机磁盘文件的升级、维护和备份。Storage VMotion 能够跨异构存储阵列执行实时的虚拟机磁盘文件迁移，可以使关键应用程序的服务保持持续可用，并全面保证事务的完整性。Storage VMotion 的原理很简单，就是存储之间的转移。在操作过程中采用 VMware 所开发的核心技术，例如，磁盘快照、REDO 记录、父/子磁盘关系，以及快照整合。

移动虚拟机磁盘文件前，Storage VMotion 将虚拟机的"主目录"移到新的位置(图 5-7 中的第 1 步)。"主目录"包括虚拟机的相关元数据，也就是配置文件、交换文件、日志文件。它会"自动 VMotion"到新的 VM 主目录位置。磁盘移动会在主目录移转后进行。首先，Storage VMotion 会针对要移转的每个虚拟机磁盘建立"子磁盘"(图 5-7 中的第 2 步)。

一旦移转作业开始后，所有磁盘写入作业就会导向到这个"子磁盘"。"子磁盘"相当于缓冲磁盘，用来记录所有虚拟数据上的变化。接着，将"父磁盘"或原始虚拟磁盘从旧的存储装置复制到新的存储装置(图 5-7 中的第 3 步)。当"父磁盘"传输完毕，最后将子磁盘整合到目的父磁盘上(图 5-7 中的第 4 步)，ESX 主机重定向到新的父磁盘位置。

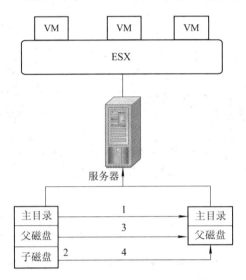

图 5-7　Storage VMotion

　　vCloud Service Director 主要是通过整合多个基于 vCenter Server 的资源池来实现一个基本完备的 IaaS 云。

　　2) 创建虚拟数据中心和组织

　　不管是私有云还是公有云，都会面对各种类型的客户和场景，所以 vCloud Director 在设计上支持资源隔离和多租户机制。vCloud Director 引入了两个非常核心的概念：一是用于对资源进行隔离的虚拟数据中心(VDC)；二是用于支持多租户机制的组织。

　　VDC 是包含用于云计算的计算和存储等资源的集合。在使用上，管理员首先在 Director 上添加一些 vCenter Server，然后将 vCenter Server 管理的计算资源公布出来，把这些资源组合成一个巨大的资源池，之后管理员可以创建一个 VDC，并按照自己的思路或某些规则将资源池中部分或全部计算和存储资源添加到这个新建的 VDC 中。

　　组织是管理员通过规则将多个用户组合在一起。比如，属于人事部门的人员都归类到人事部门这个组织，每个组织都有独占的虚拟资源和目录、独立的 LDAP 认证系统和特定的规则管理。通过组织的特性能够让多个单位分享同一套基础设施，而且 Director 会为每个组织生成不同的 URL 来让管理人员登录。在每个组织内部，管理员可以创建其下属的用户和小组，还可以为每个组织设定相应的租约、额度和限制等参数。组织中的用户可以通过三种方式进行认证：一是使用 Director 本地数据库；二是使用与 Director 相匹配的 Active Directory 或 LDAP 服务器；三是使用这个组织特定的 Active Directory 或 LDAP 服务器。

　　VDC 和组织之间的关系如图 5-8 所示。首先，VDC 按照其规模大小分为两个类别：供应商级和组织级。在使用的时候，管理员先创建多个供应商级 VDC，比如图 5-8 中的 Gold VDC 和 Silver VDC 等。之后，管理员在供应商 VDC 的基础上为组织创建新的组织级 VDC，如图 5-8 中的 Org 1 Gold VDC。注意，一个组织级 VDC 能够和创建其供应商级的 VDC 一样大，并且一个组织可以拥有多个组织级 VDC。

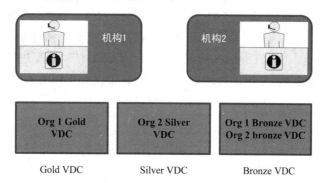

图 5-8　VDC 和组织的关系

供应商级 VDC 可以通过三种方式在其上创建组织级 VDC：一是按需使用，只有当用户在组织级 VDC 上部署一个虚拟机，才会消耗相关供应商级 VDC 的资源；二是预留池机制，在组织级 VDC 创建的时候，供应商级 VDC 分配一定的资源，通过组织来控制诸如共享值和保留值等高级资源管理配置；三是分配池机制，这个机制和前面预留池机制相同的是，供应商级 VDC 会为组织级 VDC 分配一定的资源，但是类似共享值和保留值等高级资源管理配置则由负责供应商级 VDC 的管理员设置。

3) 网络设计

在网络方面，vCloud Director 主要有两大类机制：一是外部网络机制；二是网络池机制。外部网络机制主要给部署的虚拟机提供链接该虚拟机所属组织之外网络(包括属于其他组织的网络或互联网)的能力，在实现上，一个外部网络就是一个用于传输对外虚拟机流量的端口组，这个端口组通过使用一个 VLAN 标签实现网络隔离。在使用方面，管理员会首先创建一个外部网络，填写的参数有网络的子网掩码、默认的网关、首选和备选的 DNS 地址、DNS 前缀和静态 IP 地址池，之后将这个外部网络和相关的虚拟机联系起来即可。

网络池是一系列隔离的第 2 层物理网段，是用来创建组织和虚拟机网络的基石，主要用于组织内部虚拟机之间的通信，并且它也可确保网络能够在云中自动地被使用和部署。在使用方面，每当用户部署一个虚拟机，都会消耗其对应网络池的一个 IP 地址。在实现方面，网络池主要由三种技术支持：一是基于 VLAN 的网络分段隔离技术；二是依赖 Director 自己的网络隔离技术 VCDNI(VMware vCloud Director Network Isolation technology)；三是使用 Portgroup 的端口隔离技术。

4) 目录管理

在 vCloud Director 中，目录主要用于存储各种资源的容器。一个目录隶属于一个组织，并主要由这个组织的管理员负责创建，并且可根据需要来设置这个目录的共享设置。主要存储的东西包括两大类：一是 vAPP，它是基于 OVF 格式的虚拟器件，通过部署 vAPP 快速搭建一个包含多个虚拟机的应用；二是一些诸如 ISO 格式和 Floppy 格式的镜像或介质，可用于在虚拟机上安装操作系统或者传递数据给虚拟机。

5) 计费功能

vCloud Director 利用最新版的 VMware vCenter Chargeback 实现计费功能。Chargeback

主要用来进行准确的成本测算、分析和报告，以实现成本透明和责任落实，并使用户能够将 IT 成本与业务单位、成本中心或外部客户对应起来，帮助用户更好地了解资源成本，这样不仅能让业务所有者和 IT 人员了解支持业务服务所需的实际的虚拟基础架构成本，而且还可以获知可通过哪些途径来优化资源利用率，以降低总体 IT 基础架构开支。还有，通过与 Chargeback 的整合，使得 Director 可以对多种云资源的使用情况进行计费，比如存储资源、网络资源和 vShield 服务所消耗的资源等，而且可以为不同的组织生成不同的报表。

5.3.2　Openstack 平台

OpenStack 是由 NASA(美国国家航空航天局)和 Rackspace 合作研发并经 Apache 许可授权的自由软件和开放源代码项目。

OpenStack 是一个开源的云计算管理平台项目，由几个主要的组件组合起来完成具体工作。OpenStack 支持几乎所有类型的云环境，项目目标是提供实施简单、可大规模扩展、丰富、标准统一的云计算管理平台。OpenStack 通过各种互补的服务提供了基础设施即服务(IaaS)的解决方案，每个服务提供 API 以进行集成。

OpenStack 云计算平台帮助服务商和企业内部实现类似于 Amazon EC2 和 S3 的云基础架构服务(Infrastructure as a Service, IaaS)。OpenStack 包含两个主要模块：Nova 和 Swift，前者是 NASA 开发的虚拟服务器部署和业务计算模块；后者是 Rackspace 开发的分布式云存储模块，两者可以一起用，也可以分开单独用。OpenStack 除了有 Rackspace 和 NASA 的大力支持外，还有包括 Dell、Citrix、Cisco、Canonical 等重量级公司的贡献和支持，发展速度非常快。

OpenStack 覆盖了网络、虚拟化、操作系统、服务器等各个方面。根据成熟度和重要程度的不同，被分解成核心项目、孵化项目以及支持项目和相关项目。每个项目都有自己的委员会和项目技术主管，而且每个项目都不是一成不变的，孵化项目可以根据发展的成熟度和重要性，转变为核心项目。截止到 OpenStack 的 Icehouse 版本，下面列出了 OpenStack 服务的 10 个核心项目。

* 计算(Compute)——Nova。这是一套控制器，用于为单个用户或使用群组在管理虚拟机实例的整个生命周期根据其需求提供虚拟服务。Nova 负责虚拟机创建、开机、关机、挂起、暂停、调整、迁移、重启、销毁等操作，配置 CPU、内存等信息规格。该组件自 Austin 版本起已集成到项目中。

* 对象存储(Object Storage)——Swift。这是一套用于在大规模可扩展系统中通过内置冗余及高容错机制实现对象存储的系统，允许进行存储或者检索文件。Swift 可为 Glance 提供镜像存储，为 Cinder 提供卷备份服务。该组件自 Austin 版本起已集成到项目中。

* 镜像服务(Image Service)——Glance。这是一套虚拟机镜像查找及检索系统，支持多种虚拟机镜像格式(AKI、AMI、ARI、ISO、QCOW2、Raw、VDI、VHD、VMDK)，有创建上传镜像、删除镜像、编辑镜像基本信息的功能。该组件自 Bexar 版本起已集成到项目中。

* 身份服务(Identity Service)——Keystone。该组件为 OpenStack 其他服务提供身份验证、服务规则和服务令牌的功能，管理 Domains、Projects、Users、Groups、Roles。该组件自 Essex 版本起已集成到项目中。

- 网络&地址管理(Network)——Neutron。该组件提供云计算的网络虚拟化技术，为OpenStack 其他服务提供网络连接服务，为用户提供接口，可以定义 Network、Subnet、Router，配置 DHCP、DNS、负载均衡、L3 服务，网络支持 GRE、VLAN。其插件架构支持许多主流的网络厂家和技术，如 OpenvSwitch。该组件自 Folsom 版本起已集成到项目中。
- 块存储(Block Storage)——Cinder。该组件为运行实例提供稳定的数据块存储服务，它的插件驱动架构有利于块设备的创建和管理，如创建卷、删除卷，在实例上挂载和卸载卷。该组件自 Folsom 版本起已集成到项目中。
- UI 界面(Dashboard)——Horizon。该组件是 OpenStack 中各种服务的 Web 管理门户，用于简化用户对服务的操作，例如，启动实例、分配 IP 地址、配置访问控制等。该组件自 Essex 版本起已集成到项目中。
- 测量(Metering)——Ceilometer。像一个漏斗一样，该组件能把 OpenStack 内部发生的几乎所有的事件都收集起来，然后为计费和监控以及其他服务提供数据支撑。该组件自 Havana 版本起已集成到项目中。
- 部署编排(Orchestration)——Heat。该组件提供了一种通过模板定义的协同部署方式，实现云基础设施软件运行环境(计算、存储和网络资源)的自动化部署。该组件自 Havana 版本起已集成到项目中。
- 数据库服务(Database Service)——Trove。该组件为用户在 OpenStack 环境下工作提供可扩展和可靠的关系及非关系数据库引擎服务。该组件自 Icehouse 版本起已集成到项目中。

5.3.3　MiracleCloud 平台

下面我们通过一个实例介绍 MiracleCloud 云平台。

奇观科技企业级云服务平台为简化 80%以上的桌面运维工作，最大程度降低系统升级的成本，有效提升企业信息资产安全，打造桌面随身行的办公模式，主要包含云平台资源调度模块、终端设备支持模块、镜像衍生处理模块、数据中心引擎模块和安全服务管控模块共 5 个模块，如图 5-9 所示。

各模块功能如下：

(1) 云平台资源调度模块。该模块是本平台的核心部分，用以执行实际的资源供应与部署。其主要功能包括：执行集群管理的任务；为请求的应用配置和管理已安装的镜像；调度虚拟资源和进行弹性计算，为云平台的部署和运行提供安全的网络环境。

(2) 终端设备支持模块。该模块主要是使用云平台资源的终端设备，通过虚拟化技术整合异构平台的硬件资源；为云平台的使用者提供多元化的终端设备，实现设备与平台之间的无缝连接。

图 5-9　奇观科技企业级云服务
平台解决方案模块

(3) 镜像衍生处理模块。该模块提供了各种虚拟机镜像，并以服务的形式提供给用户。一个完整的用户虚拟机镜像可分为基础镜像、扩展镜像、定制镜像。基础镜像主要存放纯净版操作系统数据；扩展镜像在基础镜像之上增加了相应功能；定制镜像则根据用户具体需求安装所需软件。

(4) 数据中心引擎模块。云资源集中于该模块，为上层模块提供统一的应用，从统一 API 获取参数，并通过 API 触发 MiracleCloud 存储管理器。该模块拥有计算节点和控制节点，用以调度和控制服务器资源。

(5) 安全服务管控模块。该模块对计算资源、授权、扩展性、网络等进行管理。在该模块形成一个庞大的安全中心，包括对外接设备的管理和控制。

1. 方案构架设计

为了达到能够以一种安全有效且易于管理的方式访问企事业单位数据中心的资源，奇观科技公司推出了奇观科技企业级云服务平台解决方案，通过在服务器系统上存放桌面镜像，搭建私有云平台，达到提高桌面计算可管理性等目的。

奇观科技企业级云服务平台架构于 MiracleCloud 平台之上，为每位使用者提供一个隔离的寄存桌面平台环境。这里所说的"隔离"，指的是每个寄存桌面平台映像都会在自己的虚拟机中执行，而且完全独立于主机服务器上的其他使用者。也就是说，每位使用者可使用自己的桌面环境并且允许资源分配，不会因其他使用者的应用程序或系统出现问题而受影响。

利用 MiracleCloud 云平台的特性和 NitCloud 管理系统的优点，以标准的虚拟硬件方式和严谨的硬件相容表的筛选，大幅减少了对硬件驱动程序的不兼容性。MiracleCloud 平台可动态调整虚拟机对资源的需求，透过资源的共享可大幅增加使用者在桌面云环境中的使用满意度。

相较于以集中化的终端服务器为主的环境，MiracleCloud 平台提供给每一位桌面环境使用者一部独立的虚拟机，而不是共享使用。MiracleCloud 平台系统架构如图 5-10 所示。

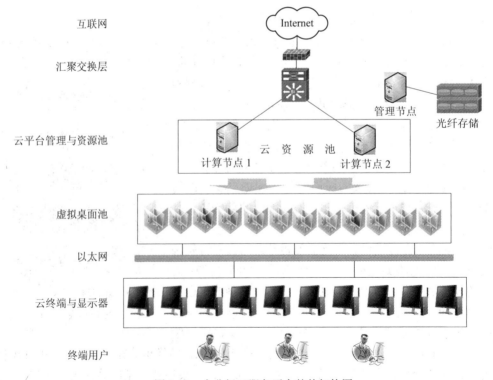

图 5-10　企业级云服务平台整体架构图

奇观科技企业级云服务平台依托云计算先进的技术架构体系，实现对资源的整合、应用的集成与信息服务能力的打造，并在此基础之上拓展平台的开放性、共享能力、资源的引入能力等。奇观科技企业级云服务平台提供应用程序虚拟化组件，通过虚拟化技术，将应用程序与操作系统解耦合，为应用程序提供一个虚拟的运行环境。

奇观科技应用虚拟化系统通过在服务器后台运行虚拟化程序，把应用程序统一集中在服务器上运行，使用服务器的系统资源，而程序通过"数据流"的方式通过网络发送到客户机，在客户端显示运行结果。该应用虚拟化系统集中发布平台的部署，对校园网现有的拓扑结构不产生改变，只需要在校园网数据中心的局域网内增加一组虚拟应用服务器即可。其网络拓扑图如图 5-11 所示。

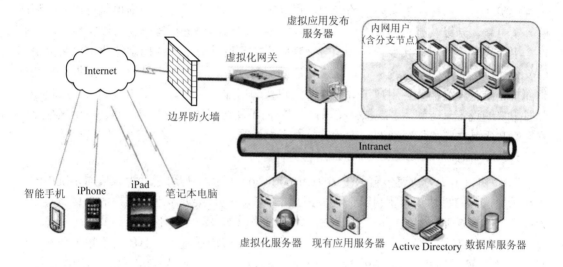

图 5-11　应用虚拟化系统网络拓扑图

2．方案构成组件

1）弹性资源配置平台 ERAP

弹性资源配置平台(Elastic Resources Allocation Platform，ERAP)是将企业数据中心所有服务器、存储和网络设备集中统一管理，通过资源池化、模板配置和动态调整等功能为用户提供整合的、高可用性的、动态弹性分配、可快速部署使用的 IT 基础设施。ERAP 打破了传统资源部署模式下应用系统之间的"资源竖井"，可根据应用对资源的需求类别和程度进行动态调配，实现了应用和资源的最佳结合。

ERAP 平台同时能提高数据中心的运维效率，降低成本和管理复杂度，自动化的资源部署、调度和软件安装保证了业务的及时上线和应用的快速交付能力。

奇观科技应用虚拟化系统基于 ERAP 平台提供一套完善的资源管控系统，用户可以方便地实现对所需配置系统的申请以及应用等。在该管控系统中，终端用户可以对云端系统的各项资源指标进行配置选择，包括各项虚拟硬件指标以及系统镜像等。

2）应用虚拟化平台

应用虚拟化的基本原理是：分离应用程序的计算逻辑和显示逻辑，即界面抽象化，当用户访问虚拟化后的应用时，用户端计算机只需把用户端人机交互数据传送给服务器端，由服务器端为用户开设独立的会话来运行应用程序的计算逻辑，并把处理后的显示逻辑传送到用户端，使得用户获得与在本地运行应用程序一样的体验感受。

奇观科技企业级云服务平台中的应用虚拟化组件完善地提供了同构应用虚拟化方案和异构应用虚拟化方案，消除了应用程序的兼容性问题，提高了软件应用的稳定性。通过应用虚拟化技术封装的应用程序，每个应用程序在相互独立的虚拟环境中运行，这样可以减少不同应用程序之间出现的冲突问题，提高应用程序的兼容性，同时可以实现在同一台计算机上运行不同版本的同一种应用程序；简化应用程序安装过程，提高软件部署效率。利用应用程序虚拟化技术可以根据用户应用程序的使用情况，为不同的用户分配工作所需的应用程序，这样便不必在每台计算机上都安装大量的应用程序，简化了应用程序部署管理过程；实现对应用程序生命周期的管理，提高管理效率。应用程序的虚拟化可以简化程序的补丁更新、升级及删除等工作，管理员仅需要在服务器中进行操作就可以实现对应用软件全生命周期的管理，减少管理员的劳动强度，提高运维效率。应用虚拟化可以带来更高的安全性，因为不同于传统模式，虚拟化后的应用程序不在终端上驻留任何数据，只是把画面推送给各种终端并让用户进行操作，用户在访问虚拟应用时只能"看到"应用程序，此时用户的设备只能到达"虚拟化接入网关"，而不能访问应用服务器本身。应用虚拟化的安全性几乎是"隔离"级别的，因此安全性大大增强。

3) FTC协议

FTC 协议全称为快速传输云(Fast Transport Cloud)协议，是用于远程云桌面系统中的一个显示协议。FTC 协议可提供给云计算用户丰富、高效、接近本地端用户的运算体验，包含高质量的多媒体内容的传送。由于 FTC 协议工作在帧缓冲区层次上，因此它对于几乎所有的窗口系统和应用都适合。FTC 协议可以进行如字节流或基于消息的可靠数据传输，而且 FTC 协议能提供基于 TCP/IP 的跨平台云服务远程桌面控制。从 OSI 七层参考模型来看，FTC 协议是一个应用在传输层上的网络协议，负责完成最高三层协议的任务，即会话层、表示层和应用层。

远程终端用户使用的输入输出设备(比如显示器、键盘/鼠标)叫做 FTC 客户端，提供帧缓存变化的称为 FTC 服务器。FTC 是真正意义上基于云计算的桌面显示协议。FTC 协议设计的重点在于减少对客户端的硬件需求。从这个角度来看，FTC 客户可以在大多数硬件平台上运行，并且其实现相当方便。除此之外，在 FTC 连接建立过程中，客户端用户可以随意运行本机的应用程序而不会影响 FTC 连接的状态，这一切，确保无论使用者身在何处，都可以面对一个友好、统一的用户界面。FTC 协议主要涉及图像显示协议、输入协议、像素数据表示、协议扩展、协议消息几部分，其工作流程分为两个阶段：初次握手阶段和正常协议交互阶段。

初次握手阶段由协议版本、安全协议、客户机初始消息和服务器初始消息组成。客户端和服务器端彼此都发送一个协议版本消息。协议交互阶段包括密码认证、协商帧缓冲更新消息中的像素值的表示格式、编码类型协商、帧数据的请求与更新等。

4) 安全云盘

奇观科技企业级安全云盘是基于 Hadoop 的企业私有的安全云盘服务器，每个虚拟机都可以通过加密通道，像操作本地硬盘一样对云盘进行读写操作，而数据存储在企业私有云盘服务器上时，已经被加密，最终实现企业数据的集中存储和安全防护。

云盘依赖 Hadoop 分布式存储技术，依靠稳定的集群，按照分块存储设计原则，加上多重备份功能，为文件的存储提供了高效、稳定的存储机制。数据加密采用高级加密标准(Advanced Encryption Standard，AES，在密码学中又称 Rijndael 加密法，是美国联邦政府采用的一种区块加密标准)。AES 采用对称分组密码体制，密钥长度最少支持 128 位、192 位、256 位，分组长度为 128 位。先进的加密机制保障了数据的安全性。

5) 高性能计算

传统的高可用性方案要求购置新的硬件设备，投入高而且管理和维护都很麻烦。奇观科技 Miracle Cloud 企业虚拟化，以软件的方式实现高可用性的要求，把意外宕机的恢复时间降至最低。在充分利用现有硬件计算能力的前提下，在两台或多台服务器上部署虚拟化软件后，即使一台服务器出现故障而意外宕机，Miracle Cloud 虚拟化软件会自动把该服务器的应用系统切换到其他服务器上来运行，从而以相对较低的成本最大程度上保证了不同应用系统的连续性，降低了风险。

Miracle Cloud vScheduler 虚拟化平台特有的负载均衡技术，可以完全自动化实现虚拟机运行环境的调度和配置，根据预先设定的管理策略，动态调整虚拟机底层的计算环境，将需要更多运算资源的虚拟机分配给当前闲置运算能力最多的服务器，并且还会根据特定的配置情况，将该服务器上其他的虚拟机动态迁移至其他服务器上运行，保证应用系统的服务质量。

6) 接入平台

奇观科技企业级云服务平台提供多种安全方便的接入方式，采用全新的云终端产品登录方案和软拨号登录平台方案。

云终端支持本公司特用的 FTC 传输协议，配置低功耗、高运算功能的嵌入式处理器、小型本地闪存、精简版操作系统，不可移除地用于存储操作系统的本地闪存，以及本地系统内存、网络适配器、显卡和其他外设的标配输入/输出选件。

软拨号端系统采用虚拟平台的网络化技术，因此其具有强大的硬件无关特点，对于不同的计算机，只需要制定其所需要运行的应用环境即可，无需关注这台计算机的硬件配置，同样的应用环境，即使在两台档次差异很大的计算机上也可以安全稳定运行。通过这种简单的方法，在一定程度上解决了低配置电脑无法运行高性能系统的问题，提高了老旧电脑的重复利用率。另外，奇观科技软拨号端提供多种用户模式登录，对单一客户实例可以同时提供多台虚拟系统，并对其进行统一管控。

思考与练习

1. 简述云平台的概念及主要特征。
2. 常用的云计算平台管理技术有哪些？
3. 简述主要的云计算平台。

第六章 云计算典型应用案例

随着云计算技术的日益成熟,进行云计算研究的公司纷纷提出自己的云计算解决方案,每个公司采用的技术不尽相同,实现的功能也各有特色,但是基本上都围绕着云计算的三种模式展开。由于篇幅有限,本章主要介绍每种模式中的典型解决方案,偏重于从技术实现方面进行介绍。这些技术都是相关公司已经公布出来的技术,至于是否是公司现在采用的最新技术就不得而知了。本章也只是针对部分技术泛泛而谈,读者如果对本章介绍的某种技术感兴趣,可以查阅该公司的技术白皮书,从而进行深入研究。希望本章能对广大云计算技术爱好者起到抛砖引玉的作用。

6.1 IaaS 模式的实现——Amazon 云计算解决方案

Amazon(亚马逊)公司成立于 1995 年,是美国最大的电子商务公司。凭借其在电子商务领域的长期技术积累,Amazon 较早涉及云计算领域,并且推出一系列新颖、实用的云计算服务。

6.1.1 Amazon 云计算概述

普通用户如果想体验 Amazon 公司的云服务,可以进入 http://aws.amazon.com/cn/ 网站,注册一个免费用户即可。Amazon 提供的云服务统称为 AWS(AmazonWeb Services),主要包括弹性云计算服务 EC2、简单存储服务 S3、简单数据库服务 Simple DB、弹性 MapReduce 服务、简单队列服务 SQS 等。Amazon 公司主要采用 IaaS 模式的云计算,通过提供不同级别的虚拟机来满足用户的需求。每个虚拟机配置不同,提供的服务能力也不同。Amazon 提供的虚拟机根据硬件不同分为以下几种:微型机、小型机、大型机、超大型机。微型机默认配置 613 MB 存储空间,一个虚拟核心上运行两个 ECU(Elastic Compute Unit)单元;小型机默认配置 1.7 GB 存储空间,一个虚拟核心上运行一个 ECU 单元;大型机默认配置 7.5 GB 存储空间,有两个虚拟核心,这两个虚拟核心上分别运行两个 ECU 单元;极大型机默认配置 15 GB 的存储空间,四个虚拟核心上各运行两个 ECU 单元。

6.1.2 基础存储架构 Dynamo

由于 Amazon 主要以电子商务为主,系统每天接受上百万次的访问请求,而这些访问请求大多执行的是读取、写入操作，比如购物车操作、网站商品列表显示等，如果采用传统的关系型数据库，效率难免低下。为此，Amazon 推出了 Dynamo 存储架构。这种存储架构几乎可以处理所有的数据类型，因为 Dynamo 不会识别任何数据结构，也不解析具体的数据内容，而是把数据以最原始的 bit(位)的形式进行存储。

由于 Dynamo 是一个分布式存储架构，需要把数据存储在各个节点上，怎样让数据在节点上均匀分布，从而提高系统良好的可扩展性，是 Dynamo 架构需要解决的问题之一。由于 Dynamo 采用的是分布式存储架构，为了使数据均匀分布在不同的设备节点上，Dynamo 采用一致性 hash 算法。该算法首先求出各个设备节点的 hash 值，然后把这些设备节点配置成一个环路，接着计算需要存储的数据的 hash 值，然后按照顺时针方向根据 hash 值把这些数据映射到距离其最近的设备节点上。其实每个设备节点仅仅需要存储前驱节点和其之间的这些数据，这样也有不足之处，即每个设备节点的性能不尽相同，造成设备节点存储数据能力的差异。不过 Amazon 又提出一种改进后的一致性 hash 算法来解决这个问题。在改进后的一致性 hash 算法中增加了虚拟节点的概念。每个虚拟节点的计算能力基本相当，并且每个虚拟节点都属于某个实际的设备节点。设备节点根据性能的差异拥有不同数量的虚拟节点。虚拟节点随机分布在 hash 环路中。如果数据的 hash 值落在该虚拟节点对应的范围内，则该数据就存储在与该虚拟节点对应的物理设备节点中。改进后的算法可以让每个物理设备节点发挥其最大的性能。

Dynamo 除了提供负载均衡的功能外，还提供数据备份功能。如果某个数据被写入虚拟节点 A，那么该数据同时会被备份到虚拟节点 B 和虚拟节点 C 上，其中虚拟节点 B 和 C 是 hash 环路上沿顺时针方向与虚拟节点 A 依次相邻的两个虚拟节点。当然也可以把 A 上的数据备份到 3 个或多个虚拟节点上，在 Dynamo 中通常备份到两个节点即可。当数据写入虚拟节点 A 时，同时进行备份操作，会使写操作延时。Dynamo 对此进行优化，即每次进行写操作时，只需把数据写入虚拟节点 A 的磁盘，同时写入虚拟节点 B 和虚拟节点 C 的内存即可。这样既保证了数据的实时备份，又保证了写入速度。

当同一份数据在 Dynamo 中有多个副本同时存在时，对该数据的同步更新并非易事，因为各个副本有可能存储在不同的节点上，造成副本更新的顺序有差别。另外还有一些特殊情况，比如存储某副本的节点暂时有故障，无法进行更新操作，待该节点故障恢复后，其他副本的数据均更新完毕，那么同一份数据最终会形成两个版本。Dynamo 为了解决这种数据冲突问题，采用了最终一致性模型，即不考虑数据更新过程中的版本一致性问题，只需要保证所有更新后的数据最终版本一致即可。也就是说 Dynamo 只记录数据的更新过程，但是不做出判断，由用户根据更新过程做出判断，判断完毕将结果保存在系统中。这种方式比较适合 Amazon 的零售网站系统，比如用户的购物车模型，浏览记录模型等。

出于节省成本的目的，Dynamo 中的服务器大多采用的是普通 PC，而非专业服务器，经过长时间运行，磁盘难免出现故障。针对这种故障，Dynamo 提供了容错机制，其中包括临时故障处理方案和永久性故障处理方案。

由于 Dynamo 存储数据的时候会进行多个备份，所以系统中存在同一份数据的多个副本，当某个副本所在的节点出现故障时，Dynamo 会将这个出现故障的节点值传送给下一个正常的节点，并且在该正常节点所保存的副本中记录出现故障的节点位置。当出现故障的节点恢复后，该正常节点便把最新数据回传给从故障中恢复的节点。

Dynamo 中维护很多节点，每个节点相当于 Dynamo 中的一个成员。当有新成员加入或者已有成员退出时，Dynamo 可以很好地感知这些成员的行为。因为这些成员节点并不是相互孤立的，而是需要进行数据转发，协同工作。Dynamo 为了提高数据转发效率，降低时延，规定每个成员节点都必须保存有其他成员节点的路由信息。但是系统中的节点数目并不是固定的，随着系统的运行，往往会有新节点加入，旧节点退出。所以，每个节点上保存的路由信息必须要实时更新，Dynamo 为了保证每个节点上的路由信息都是最新的，采用了一种及时更新策略，即每隔固定的时间，成员节点必须从其余的节点中任意选择一个与之通信。如果链接成功，则双方互换路由等信息。为了让新节点之间的信息更快地被传递，Dynamo 设置了一些种子节点，种子节点和所有的节点都有联系，通过种子节点，新节点便可以很快地被其他节点感知。在该过程中，如果某个节点失效，那么其余节点便接收不到该节点回复的数据，打算与其建立通信的节点便会立刻选择其他节点进行通信。但是系统仍然定期向失效节点发送消息，如果此时失效节点有回应，则可以重新建立链接，进行通信。

6.1.3 弹性计算云 EC2

Amazon 的弹性计算云服务 EC2(Elastic Compute Cloud)是 Amazon 提供的云服务基础平台，该平台可以按照用户的需求提供虚拟的硬件设备给用户使用，让用户能够快速开发和部署应用程序。由于该平台提供的计算服务可以随着用户的需求发生变化，所以称之为弹性计算云。

EC2 中的虚拟硬件设备和普通 PC 基本等同，有自己的 CPU、RAM、硬盘、网卡等设备。用户和虚拟机的交互可以通过网络完成。EC2 的好处显而易见，因为用户不需要购买大量硬件设备，也不需要对硬件设备进行维护，只需要在 EC2 平台上配置好虚拟机即可使用，并且可以根据业务量随时增加或减少虚拟机的数量。虚拟机要想正常启动，必须用到镜像资源，镜像资源在 EC2 中称为 AMI(Amazon Machine Image)。AMI 中包含了操作系统、用户的应用程序、配置文件等。Amazon 提供了四种类型的 AMI，分别是公共 AMI、私有 AMI、付费 AMI、共享 AMI。公共 AMI 由 Amazon 提供，可以免费使用；私有 AMI 由用户本人和其授权的用户使用；付费 AMI 需要支付一定费用才能使用；共享 AMI 是开发者之间共享使用的 AMI。AMI 运行起来后就形成了一个实例(instance)。基于 AMI 可以创建一个或数个实例。这些实例根据 CPU、内存、网络等方面的差异有多种类型，满足用户的不同需求。目前 EC2 中实例分为 10 个系列，分别是第一代标准实例、第二代标准实例、内存增强型实例、CPU 增强型实例、集群计算实例、集群 GPU 实例、高 I/O 实例、高存储实例、内存增强型集群实例。标准实例适用于普通的通用应用程序；内存增强型实例适用于消耗内存较高的大型应用程序，例如大型数据库处理；CPU 增强型实例适用于计算密集型的应用程序；集群计算实例适用于高性能计算应用程序，通常对网络要求较高；集群 GPU 实例实现高性能的平行计算；高 I/O 实例实现了高性能、低延迟的 I/O 能力；高存储实例适用于数据密集型应用程序。

EC2 中实例计算能力通过计算单元 ECU(Elastic Compute Unit)来衡量，为什么不用 CPU 数量来衡量？因为随着时间的积累，EC2 中采用的硬件类型不尽相同，为了提供一致且可预计的 CPU 容量,定义了 Amazon EC2 计算单元 ECU。ECU 提供了 Amazon EC2 实例的整数处理能力的相对测量方式。目前也有用 vCPU 来衡量实例的计算能力的情况。

除了实例的计算能力之外,存储容量也是用户比较关心的问题。EC2 中采用了弹性存储块 EBS(Elastic Block Store)技术。EBS 技术是专门为 EC2 设计的,可以为 EC2 提供大容量、高可靠块储存。EBS 通过让用户创建卷(Volume)来实现数据存储,卷的功能类似于硬盘,可以作为一个设备通过网络挂载到实例上。卷中存储的数据不受实例寿命的影响,当实例失效时,卷可以与实例自动解除关联,但是卷中的数据仍然存在,只需要把该卷连接到新的实例上,便可以快速恢复数据。如果处理的数据比较敏感,可以手动对卷中的数据进行加密,或者将数据存储在 Amazon 加密卷中。EBS 针对卷还提供快照功能(snapshot),当出现故障时,可以通过快照进行恢复。

6.1.4 简单存储服务 S3(Simple Store Service)

S3 主要针对开发人员提供简单、持久、安全、可扩展的存储服务。开发人员可以使用 S3 提供的接口,通过网络把数据存储到 S3 服务器上,也可以通过接口利用网络对 S3 服务器进行读、写、删除操作。S3 可以单独使用,也可以和 EC2 联合使用。

S3 并没有采用传统的关系型数据库来存储数据,而是采用扁平化的两层结构来存储。其中一层被称为存储桶,另一层被称为数据对象。S3 中默认每个账号可以最多创建 100 个存储桶,存储桶内可以存放任意多的数据对象。

存储桶的功能类似于文件夹,主要用来存储数据对象。存储桶的名字是唯一的,不能有重复,因为这个名字会成为用户访问数据的域名的一部分,并且这个名字必须和 DNS 兼容。比如存储桶的名字为 bucket1,用户访问数据的域名则为 http://bucket1.s3.amazonaws.com。

存储对象由两部分组成,一部分是需要存储的数据,这部分数据通常没有固定的类型。另外一部分是对这些数据的描述,这一部分也被称为"元数据"。元数据通常和具体数据相关联,并不单独存在。如果在存储桶 bucket1 中存储名为 data 的数据,则可以通过 http://bucket1.s3.amazonaws.com/data 来访问该数据。从这个 URL 可以看出在 S3 中存储桶的名字必须是唯一的,在某个存储桶内的对象名字也必须是唯一的,这样才能保证准确访问到 S3 中的数据。

6.1.5 简单队列服务 SQS

SQS(Amazon Simple Queue Service)是一种完全托管的消息队列服务,可以分离和扩展微服务、分布式系统和无服务器应用程序。借助 SQS,可以在软件组件之间发送、存储和接收任何规模的消息,而不会丢失消息,并且无需其他服务即可保持消息可用。使用 AWS 控制台、命令行界面或选定的 SDK 组件和简单的命令,在几分钟内即可开始使用 SQS。通过 SQS 可以在不同的应用程序之间传递消息,而不用担心消息会丢失。SQS 可以让组件和应用程序分离,各自独立地工作,并且让组件间的消息管理更加方便。分布式应用程序的任何一个组件都可以把消息存储在无故障队列中。消息没有固定的格式,最大可以达到 256 KB,任何组件都可以通过 SQS 提供的 API 在程序中对消息进行重新检索。

SQS 确保每条消息至少被传递一次,并且支持对同一个队列的多次读写操作。一个队列可以同时被多个分布式应用程序使用。

SQS 被设计为一直处在工作状态，SQS 不保证消息的先进先出顺序。对很多分布式应用程序来说，每一个消息可以独立存在，在所有消息被发送的时候，顺序已经变得不重要了。如果你的系统对消息的顺序有严格的要求，可以在每个消息里面添加顺序信息。这样就可以对消息重新排序。队列中的消息可以被冗余地存储在多个 SQS 服务器中。

1. SQS 架构的特点

(1) 冗余架构。SQS 架构保证至少交付一次数据，在发送、接收数据的时候具有高可靠性和高并发性。

(2) 并发读和写。系统的多个组件可以同时发送和接收消息。当对同一个消息进行处理的时候，SQS 对该消息加锁，防止系统的其他部分对该消息进行操作。

(3) 队列属性可配置。所有的队列不必完全一样。比如说，某个队列可以提供较高的优先级给那些处理时间比较长的消息。

(4) 可变的消息长度。SQS 中存储的消息最大长度是 256 KB，如果消息的长度超过 256 KB，则可以存储在 S3 或者 Amazon SimpleDB 中，SQS 中只需要存放一个指向这些数据的指针即可。当然，也可以把较大的数据拆分成长度满足要求的数据，存储在 SQS 队列中。

(5) 访问控制。SQS 可以控制谁能向队列发送数据，谁能从队列取走数据。

(6) 延迟队列。延迟队列是队列的一种特殊情况，延迟队列中的消息可以被设置延迟发送时间。在创建延迟队列的时候可以设置该值，创建成功后，可以通过调用 SetQueueAttributes 重新更新这个延迟值。如果延迟值被更新，那么只有在更新后进入队列的消息具有新的延迟发送时间。

可以通过 SQS 给队列命名，可以得到队列名字的列表，列表按照首字母顺序排列。在任意时刻可以删除一个队列，不管这个队列中是否有消息。默认情况下消息可以在队列中保存 4 天。发送过后的消息如果没有删除，则最多可以保存 14 天。

如果队列在 30 天内都没有进行以下操作：例如 SendMessage, ReceiveMessage, DeleteMessage, GetQueueAttributes, SetQueueAttributes, AddPermission, and RemovePermission, 那么 SQS 会自动删除该队列，并且不会向系统发出通知。

表 6-1 列出了队列中常用的 API。

表 6-1 常用 API

API	功　能
CreateQueue	创建一个队列
GetQueueUrl	得到一个已存在队列的 URL
ListQueues	以列表的形式列出当前队列
DeleteQueue	删除一个队列

2. SQS 中的消息

每个消息都有一个消息 ID，这个 ID 是 SendMessage 函数执行成功后的返回值，消息 ID 最长为 100 个字节。通过消息 ID 可以唯一标示该消息，但是当删除该消息的时候需要用到接收句柄。当从队列中成功接收到消息后，就能收到该消息的消息句柄。句柄与接收消息的动作有关，而与消息本身无关。当删除消息或改变消息的可见度时，需要用到消息句柄，接收句柄的最大长度是 1024 个字节，每次接收一个消息就会产生一个接收句柄。接收句柄示例如下：

MbZj6wDWli+JvwwJaBV+3dcjk2YW2vA3+STFFljTM8tJJg6HRG6PYSasuWXPJB+Cw
Lj1FjgXUv1uSj1gUPAWV66FU/WeR4mq2OKpEGYWbnLmpRCJVAyeMjeU5ZBdtcQ+Qeau
MZc8ZRv37sIW2iJKq3M9MFx1YvV11A2x/KSbkJ0=

为了预估处理消息时用到的资源，SQS 提供队列中的消息数量，这个值并非一个准确的值，而仅仅是一个近似值，其中包括可见消息的数量和不可见消息的数量。

当接收者从队列中取走消息后，该消息依然在队列中存在。SQS 并不会自动删除该消息，因为可能会出现某些意外情况，造成该消息未被接收者正确接收或处理，比如网络拥塞，或者接收者突然宕机，此时如果 SQS 自动删除该消息，那么会造成该消息丢失，接收者无法再次获取该消息。所以，只有当接收者接收到该消息，并且对该消息处理完毕，接收者才可以对该消息进行删除操作。

当接收者取走消息但并未删除该消息时，为了防止其他非法的接收者也能对该消息进行访问、处理，SQS 提供了一种可见性超时(Visibility Timeout)机制阻止对该消息的非法访问，即在接收者取走消息的一段时间内(该段时间称为可见性超时时间)，阻止其他消息接收者对该消息进行访问操作。每个队列最多可以有 12 万个处于可见性超时时间段的消息。当超出该值时，SQS 会产生一个 OverLimit Error Message。当超出可见性超时时间后，消息接收者仍然没有删除该消息，那么接收者可以通过调用 ReceiveMessage 消息继续对消息进行访问。可见性超时时间默认情况下是 30 s。当然也可以把可见性超时时间设置为消息接收处理的平均时间。可以针对收到的消息设置一个可见性超时时间，而不用去改变队列中剩余消息的可见性超时时间。

当从队列中取出一个消息准备处理时，若发现可见性超时时间快到期了，此时可以通过调用 ChangeMessageVisibility 函数修改可见性超时时间。修改成功，SQS 会启动新的超时时间。

当从队列中收到一个消息后，发现并不想对该消息进行处理，那么 SQS 允许结束该消息的可见性超时时间，于是该消息立即可以被其他访问者访问处理。这个操作可以通过调用 ChangeMessageVisibility 函数，或通过设置 VisibilityTimeout=0 来实现。

与可见性超时时间相关的函数如表 6-2 所示。

表 6-2　与可见性超时时间相关的函数

SetQueueAttributes	设置一个队列的可见性超时时间
GetQueueAttributes	得到一个队列的可见性超时时间
ReceiveMessage	设置接收消息的可见性超时时间，该操作并不影响整个队列的超时时间
ChangeMessageVisibility	更改一个消息的可见性超时时间
ChangeMessageVisibilityBatch	一次性更改 10 个消息的可见性超时时间

Amazon SQS 提供对消息属性的支持，消息的属性是一些针对消息的元数据项，例如该消息的时间戳、地理信息数据、签名、认证等。消息的属性是可选的，并且和消息是分

开的，但是它随着消息一起发送。接收者可以借助这些信息对消息进行处理。每个消息可以有多达 10 种属性。可以借助 AWS 管理控制台(AWS Management Console)、AWS 软件开发环境 SDKs(AWS Software Development Kits)及 API 来对这些属性进行设置。

每个消息的属性都包含名字，名字可以由字母、数字、下划线、短横线、点符号组成，但是不能以点符号开始和结束。名字中也不能出现连续的点符号，名字区分大小写，并且在消息的属性中具有唯一性，最长不超过 256 个字节。也不能以"AWS."和"Amazon."开头，因为这些前缀是为 Amazon 网络服务保留的。

另外，每个消息的属性还包含消息类型。消息属性的数据类型有三种，分别是字符串(String)、数字(Number)、二进制(Binary)。字符串采用 UTF-8 编码方式。数字可以是正数、负数、浮点数，范围是 e-128 到 e126。二进制格式可以存储任何二进制数据，包括压缩数据、加密数据、图片等。

最后，每个消息还有自己对应的值，即用户指定的消息属性对应的值。

6.1.6　简单数据库服务 SimpleDB

SimpleDB 是一种对结构化数据进行实时查询的网络服务。这个服务与 Amazon Simple Storage Service (Amazon S3)和 Amazon Elastic Compute Cloud (Amazon EC2)联系紧密，三者共同完成对云服务中数据的存储、处理、查询。这些服务让基于网络的计算更加方便，可提高开发者的效率。

1. SimpleDB 的特点

SimpleDB 主要有以下特点：

(1) 使用简单。SimpleDB 不需要使用那些复杂的不常用的数据库操作就可以提供高效的查询功能。通过调用一组简单的 API 可以快速添加数据，并且可以方便地检索和编辑这些数据。

(2) 灵活性。在 SimpleDB 中，不需要提前定义存储数据的格式，当需要的时候可以方便地向 SimpleDB 数据集中添加新属性，系统会自动索引数据。

(3) 可扩展。SimpleDB 允许轻松地扩展应用程序，当数据不断增长或请求数量过多时，可以快速创建一个新的域。

(4) 快速。SimpleDB 提供快速、高效存储和检索数据的功能，以支持高性能的网络应用程序。

(5) 可靠。服务运行在 Amazon 高可靠数据中心，提供高可靠一致性。为了防止数据丢失和不可用，所有可以被索引到的数据都被冗余存储在多个数据中心的多台服务器上。

(6) SimpleDB 可以被轻易地整合到其他网络服务中，例如 Amazon EC2 和 Amazon S3。比如，开发者可以在 EC2 中运行应用程序，把数据对象存储在 S3 中，此时，可以通过 SimpleDB 查询在 EC2 中运行的应用程序中的对象的元数据信息，然后返回一个指向存储在 S3 中的对象的指针。

SimpleDB 通常按照结构化数据存储进行计费，通过在每个项目的头部添加 45 个字节的原始数据，测量收费数据的大小。另外，数据在 SimpleDB 和其他服务(例如 Amazon S3、Amazon EC2、Amazon SQS 等)之间的迁移是免费的。SimpleDB 也可以按照机器利用率进行计费，通过测量每个请求的机器利用率，按照完成特定请求所需要的机器容量进行收费。Amazon 每天都会测量几次个人账户中每个对象使用的数据总量。在每个计费周期快要结束的时候，SimpleDB 都会按照字节-小时的格式存储这些信息，并且计算这些信息和其他测量值的平均值。Amazon 根据每次写入和写出 SimpleDB 的数据总量进行收费。每次操作，SimpleDB 都会监控发送和接收的数据总量。每小时都会计算用户的使用量，这个数据累加记录在账单尾部。

2．SimpleDB 中的常用概念

1）数据模型

SimpleDB 把结构化的数据存储在域中，也可以通过域进行查询操作。域其实就是一张二维表格，表中的每一行称为一个项(item)，每一列称为属性。域的大小不超过 10 GB，最多有 10 亿个属性。域名字的长度为 3～255 个字符，可以是字母、数字、"–""_""."的组合。每个账户最多有 250 个域，属性名、属性值及每个项的名称最长都不超过 1024 个字节。行列交叉处的单元格存放的是该项中该属性对应的值。每个域按照项来存储数据，每个项包含一个或多个属性，每个属性由属性名、属性值构成。属性可以有多个值，比如某个 item 有颜色属性，那么该 item 对应的颜色值可以是两个值——红色和蓝色。SimpleDB 不需要特定的属性。可以创建一个域包含完全不同的产品类型，比如说在某个域对应的表中可以同时存储服装、汽车部件、摩托车部件。可以在同一个域内执行查询操作，但是不能跨域执行。不用关心数据怎么存储，SimpleDB 会快速、准确地找到我们想要的数据。

2）请求和回复操作

任何一个调用 Amazon SimpleDB 的应用程序、脚本、软件的用户都被称为提交者。通过 AWS 访问关键字 ID 可以确定每一个以计费和计量为目的的提交者。

Amazon SimpleDB 请求——提交者向 SimpleDB 发送的用来完成一次或多次操作的网络服务 API 调用及其数据。

Amazon SimpleDB 回复——处理完请求之后，从 SimpleDB 返回给提交者的任何回应及结果。

3）API 概述

Amazon SimpleDB 提供了一组 API 来完成核心功能，可以利用这些功能构建用户的应用程序。

Create Domain：创建域，最多可以创建 250 个域；

Delete Domain：删除域；

List Domain：列出账户对应的所有域；

Put Attributes：在域中添加、删除或修改数据；

Batch Put Attributes：在一次调用中产生多个 put 操作；

Delete Attributes：从域中删除项、属性或值；

Batch Delete Attributes：在一次调用中生成多个删除操作；

Get Attributes：检索指定 ID 的 item 的属性和值；

Select：使用 SQL 中的 select 语句查询指定的域；

Domain Metadata：查看域的相关信息，比如域的创建日期、域中项和属性的数量等。

4) 兼容性(一致性)

SimpleDB 保持每个域有多个副本，并且确保所有域的副本具有持久性。SimpleDB 提供了两种读一致性操作：最终一致性读和一致性读。最终一致性读也许不能反映最近一次写操作的结果，但可以在一秒钟之内让所有数据的副本保持同步，短暂时间之后的重复读就可以得到更新后的数据。默认情况下，GetAttributes 和 Select 操作完成最终一致性读操作。

5) 并发应用程序

这一段提供了最终一致性读请求和一致性读请求的例子，当多个客户端同时对一个项进行写操作的时候，会实现一些并发控制机制，比如时间戳排序，确保得到想要的数据。

6) 数据集划分

SimpleDB 支持高并发的应用程序，为了提高性能,可以把数据集分散存储在多个域中，从而可以进行并行查询，并且可以对多个私有的小数据集同时进行查询。当然，也可以在单个域中进行单个查询，可以在应用层对查询结果进行合并操作。

7) 自然分区

按照某种特征对数据进行自然划分，比如一个产品目录分为书籍、CD、DVD。当然也可以把产品的所有数据存储在一个区域，进行数据分类可以提高整体性能。

8) 大数据集

SimpleDB 集成了 AWS 身份确认和访问控制(AWS Identity and Access Management)功能，可提供以下功能：

- 在 AWS 账户下创建用户和组；
- 同一个账户的使用者可以共享该账户的资源；
- 给每个用户分配安全证书；
- 控制每个用户对资源和服务的访问；
- 同一个账户的所有用户对应一份账单。

6.2 PaaS 模式的实现——Google 云计算解决方案

PaaS 模式把硬件资源抽象成一个平台，统一提供给用户使用。用户不用考虑硬件节点之间是怎样配合工作的，因为 PaaS 自身维护一种资源动态扩展和容错机制。但是用户在 PaaS 平台进行开发时具有一定的局限性，必须使用某种特定的编程环境，并且遵守相应的编程规则。Google App Engine 是一个典型的 PaaS 平台。

6.2.1 Google 云计算概述

Google 以强大的搜索引擎闻名全球。当然，Google 的业务不仅仅局限于搜索引擎，还有 Google Map、Google Earth、Gmail 等众多业务。这些业务都有共同的特点，即数据量巨大，并且这些数据的并发性、实时性都比较高。因此，Google 必须解决并发处理海量数据的问题。Google 在数百万台廉价计算机基础上构建出独特的云计算技术，很好地解决了这些问题。这些技术主要包括 Google 分布式文件系统 GFS、分布式编程模型 MapReduce、分布式结构化数据存储 Bigtable、分布式锁服务等。GFS 提供了海量数据的存储和访问机制，MapReduce 提供了对这些数据的并行处理方式，Chubby 提供了一种锁机制保证了分布式环境下并行处理的同步性，Bigtable 对分布式结构化数据提供了组织和管理功能。

6.2.2　GFS 文件系统

　　GFS(Google File System)是一个可扩展的分布式文件系统，专门为大型分布式应用程序提供服务。它具有良好的可靠性、可伸缩性和可用性。目前，Google 针对不同的应用已经部署了大量的 GFS 集群。虽然 GFS 在设计目标上和传统的分布式文件系统类似，但是 GFS 在实现过程中又有自身的特点。

　　首先，GFS 是以大量廉价的普通机器作为存储设备，这就决定了在任意时刻这些设备都可能发生故障，并且发生故障后并不一定能完全恢复。这些故障不仅局限于硬件故障，如网络设备故障、存储设备故障，甚至电源失效等，还有可能是软件故障，比如程序 bug、操作系统 bug，当然还有可能是人为故障。这就决定了在 GFS 中，故障的出现呈现出一种常态化现象，而不是意外现象。所以在 GFS 中必须提供一些长效的监控机制，时刻检测故障的发生，当发生故障时，还需要一种自动恢复机制及冗余备份机制来把故障的破坏程度降到最低。

　　其次，GFS 中存储的文件数量比普通的分布式文件系统大，并且每个文件包含内容多，通常可以达到 TB 级别。所以在管理这些文件的时候必须考虑 I/O 操作及对应文件块的尺寸。

　　再次，在 GFS 文件系统中，一旦文件写入完成，通常对文件只有只读操作，如果要修改文件，也只是追加操作。几乎没有对文件的随机写入操作。因为 GFS 中的文件大部分是数据分析程序对应的数据集或者是存档数据，或者是由某些机器生成的中间数据，针对这些数据客户端不需要建立缓存，数据的追加操作能保证操作的原子性，另外对程序优化具有一定效果。

　　最后，GFS 文件系统提供了类似传统文件系统的 API 接口，通过这些接口可以对文件进行大部分常用操作，例如创建新文件、删除文件、打开文件、关闭文件、读写文件。另外还可以对文件进行快照和记录追加操作。快照实现对文件或者是目录树的快速拷贝，记录追加操作允许多个客户端同时对一个文件进行数据追加操作，并且保证每个客户端操作的原子性。

1. GFS 集群

　　一个 GFS 集群通常包含一个主(Master)节点服务器、多个块(Chunk)服务器和多个客户端。所有机器都是普通的 PC，运行的都是用户级别的服务进程。

　　GFS 客户端以库的形式提供给用户使用，用户可以在应用程序中直接调用这些 API 完成对 GFS 文件系统的访问。当块服务器硬件资源充裕的时候，客户端可以和块服务器放在同一台 PC 上。

　　GFS 把文件分为固定大小的块(Chunk)，存储在块服务器的硬盘上。每个块对应一个全球唯一的 64 位的 Chunk 标识，这个标识是在创建块的时候由主服务器分配的。为了保证块数据的可靠性，通常每块数据会被保存到多个块服务器上。

　　GFS 中的主节点服务器主要保存文件系统的元数据信息，这些元数据信息主要和块相关，包括命名空间即整个文件系统的目录结构、文件和块之间的映射关系、当前块的位置信息及每个块的副本的位置信息。主节点保存的元数据信息并不是固定不变的，主节点会周期性地和每个块服务器进行通信，发送指令到各个块服务器并接收块服务器的状态信息。当主节点服务器重启，或者新的块服务器加入当前的 GFS 集群时，主节点服务器会轮询块服务器，以获得最新的块信息。

　　GFS 所有元数据信息都保存在主服务器的内存中，但是一些重要的元数据信息比如命名空间、文件和块的对应关系等信息会被保存到系统的日志文件中，日志文件存储在主服务器的本地磁盘上，同时这些日志会被复制到其他远程主节点服务器上。通过这种方式可以有效避免主节点服务器崩溃带来的风险。

2. 客户的访问处理流程

　　客户端在访问 GFS 时，通过相关 API 首先访问主服务器节点，在主服务器节点上获得块服务器的信息，然后再去访问块服务器，完成数据的读取操作。这种访问方式把数据流和控制流分开。可以减少对主服务器节点的访问，避免主服务器节点成为整个文件系统的瓶颈。图 6-1 给出了客户访问处理流程的示意图。

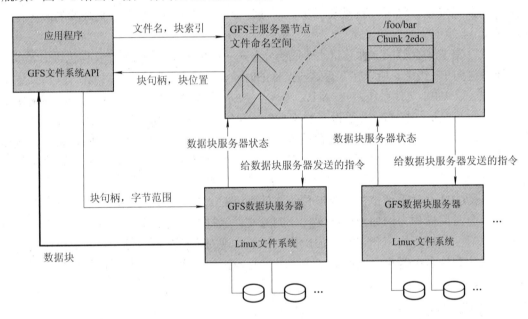

图 6-1　客户访问处理流程

6.2.3　分布式数据处理 MapReduce

　　MapReduce 是 Google 提出的一种编程模型，主要用来并行处理海量数据。该模型首先采用"Map(映射)"过程把用户数据处理成为类似于{key，value}的键值对，然后采用 Reduce(简化)过程对具有相同 key 值的键值对进行处理，得到每个 key 值的最终结果，把所有 Reduce 处理的最终结果合并起来就是我们需要的数据。

在 MapReduce 编程模型中需要定义两个函数，分别是 Map 函数和 Reduce 函数。Map 函数用来对原始数据进行处理，每个 Map 函数操作的原始数据都不一样，因此多个 Map 函数可以并行执行，并且它们之间是相互独立的。Map 函数执行成功后会生成相应的键值对。这个过程可以用下面的函数式表示：$Map(raw\ data) \rightarrow \{(key_i,\ value_i),\ i=1...n\}$。Reduce 函数对 Map 函数的结果再进行处理，即每个 Reduce 函数对每个 Map 函数产生的特定结果进行一种合并操作，每个 Reduce 函数处理的 Map 函数的结果都不相同，所以 Reduce 函数也可以并行执行。Reduce 函数执行完毕产生的最终结果合并起来就是最终我们需要的结果集。Reduce 函数的处理过程可以表示如下：

$$Reduce(key,\ [value_1, value_2, value_3, ... value_n]) \rightarrow (key,\ final\_value)$$

在调用 Map 函数处理数据的时候，Map 函数首先会把原始数据分为 M 块，每块的大小在 16～64 MB，之后会启动一个 Master 主控程序。Master 主控程序负责把原始的 M 块数据分派到不同的工作(work)机器上，称为 Map 工作机，然后在 Map 工作机上执行 Map 函数对每块数据进行操作，相当于有 M 个 Map 任务在并行执行，Map 函数执行成功后会生成$(key_i,\ value_i)$键值对，这些键值对被暂存在 Map 工作机的缓存中。Map 工作机会定时把这些键值对写入本地硬盘，同时调用分区函数对键值对$(key_i,\ value_i)$进行分区操作，类似于执行 hash(key) mod R 操作，R 代表分区的数量。R 的值和分区函数由用户自己定义。这样会产生 R 个 Reduce 处理过程。分区后的键值对在本地硬盘的存储信息会被发送到 Master 主控程序，Master 主控程序再把这些信息传送给 Reduce 工作机，Reduce 工作机得到这些信息后，启动远程过程调用，从 Map 工作机的硬盘上获取对应的键值对数据，当 Reduce 工作机得到所有的键值对后，就按照 key 值对这些键值对排序，把具有相同 key 值的键值对排在一起，然后调用 Reduce 函数对这些经过排序的键值对集合进行处理。每个 Reduce 函数执行成功后，经过合并操作得到最终结果。

6.2.4　分布式结构化数据表 Bigtable

Bigtable 是一个分布式结构化数据存储系统，现在已经广泛应用在 Google 的多个项目和产品上。Bigtable 和数据库类似，实现过程中借鉴了数据库实现的策略。但是 Bigtable 不支持完整的关系数据模型，所以 Bigtable 并不是真正意义上的数据库。本小节主要介绍 Bigtable 的数据模型及 Bigtable 的系统架构。

Bigtable 的数据模型是一种分布式、持久化存储的多维度排序 Map。Map 中的数据都按照字符串的格式进行存储，当用户需要的时候，再把这些字符串解析成需要的数据结构。每行数据有一个行关键字，每列数据有一个列关键字，除此之外，每条数据还有自己的时间戳信息。检索的时候根据这三点对数据进行检索。

每行都有一个行关键字，行关键字没有固定的格式，可以是任意的字符串，最大不超过 64 KB。对行关键字的读写操作都是原子操作。

行与行之间按照字典顺序进行排列。如果某行数据量太大，可以对该行数据进行动态分区，每个分区称为子表"Tablet"。每个 Tablet 可以包含多个行。Tablet 是数据划分和负载均衡的最小单位。

每列都有一个列关键字，列关键字由两部分组成，分别是列族名(column family)和限定词。把数据内容类似的列组合在一起，称为列族，并且同族的数据会被压缩在一起保存。列族名必须是有意义的可打印的字符串，限定词可以任意选择。

列族是 Bigtable 中访问控制的基本单位，可以在列族层面设置访问控制，比如限制某些应用只能读取数据，另外一些应用只能浏览数据等。

时间戳是 64 位整型数，在 Bigtable 中用来标识同一份数据的不同版本。通过用户程序可以给时间戳赋值，精确到毫秒级别。不同版本的数据通常按照时间戳倒序存储，即最新的数据排在最前面。

Bigtable 提供了两种方式来简化数据版本的管理：一种方式是按照版本的序号，只保留最新的 N 个版本；另外一种方式是保留有限时间内的所有版本，比如只保存最近 3 天的所有版本的数据。

Bigtable 并不是单独存在的，而是构建在 Google 的其他几个组件之上。Bigtable 由主服务器、Tablet 服务器、客户端程序库构成。主服务器负责管理 Tablet 服务器，分配 Tablet 表到合适的 Tablet 服务器，平衡 Tablet 服务器之间的负载等。Tablet 服务器负责数据的读写操作。客户通过调用客户端程序库来访问 Bigtable 中的数据。客户访问 Bigtable 中的数据时几乎不和主服务器进行通信，主要从 Tablet 服务器获取数据。

Bigtable 采用 GFS 来存储数据文件和日志信息。为此，Google 为 Bigtable 设计了一种内部数据存储格式，称为 SSTable。SSTable 由一系列数据块构成，每个块的大小通常是

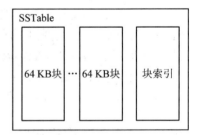

64 KB，块的大小也可以重新进行配置。SSTable 最后存放了一个块索引，通过块索引可以快速定位 SSTable 中的每个数据块。当读取 SSTable 中的数据时，首先会把块索引加载进内存，用户通过内存中的块索引直接定位数据块的位置，然后直接从硬盘读取块数据，加快用户的读取速度。如果 SSTable 较小，可以把整个 SSTable 都加载进内存，这样查找起来会更方便，效率会更高。SSTable 结构如图 6-2 所示。

图 6-2　SSTable 构成示意图

多个 SSTable 构成一个子表 Tablet，除此之外，子表中还包含一个日志文件。Tablet 结构如图 6-3 所示。多个子表可以包含同一个 SSTable，即子表中的 SSTable 并不唯一。每个子表的日志文件作为一个片段保存在子表服务器上，子表服务器上的所有子表日志片段合并起来才构成一个完整日志文件，这样可以节省一定的空间。

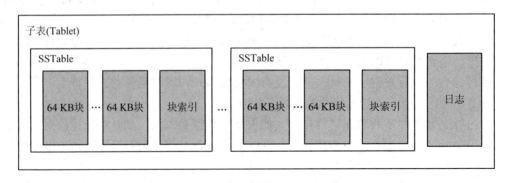

图 6-3　子表构成示意图

Bigtable 的正常运行还依赖一个分布式锁服务组件 Chubby。Chubby 提供了一个目录结构，该结构中包括一些目录和小文件，可以把这些目录和小文件当做锁处理。Bigtable 的数据引导区作为一个目录存储在 Chubby 中，通过读取该目录中的值，Bigtable 才能找到对应的 Tablet。如果 Chubby 长时间无法访问，Bigtable 就会失效。Bigtable 结构如图 6-4 所示。

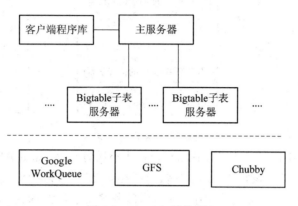

图 6-4　Bigtable 结构图

Bigtable 中的主服务器主要负责子表的分配工作。记录哪些子表已经分配，并且分配给哪些服务器。还有哪些子表未分配，把未分配的子表分配给有足够空闲空间的子表服务器。

当 Master 服务器启动后，首先会从 Chubby 中获得一个唯一的 Master 锁，确保当前只有一个 Master 服务器实例，接着会扫描当前 Chubby 中的文件锁存储目录，获取当前正在运行的子表服务器列表。然后 Master 服务器会和当前运行的子表服务器进行通信，获得每个子表服务器上的子表分配信息。最后，Master 服务器会扫描 METADATA 表从而获得所有子表集合，如果在扫描的过程中，发现有未分配的子表，就把这个子表加到未分配的子表集合，等待合适的时机分配。

Master 服务器成功分配 Tablet 后，还需要通过轮询 Tablet 服务器文件锁的状态来判断 Tablet 服务器是否正常工作。如果 Tablet 服务器向 Master 服务器报告自己已丢失文件锁，或者 Master 服务器和 Tablet 服务器不能正常通信，那么 Master 服务器会试图在 Chubby 中取得该 Tablet 服务器的文件锁，如果 Master 服务器成功获得锁，则表明此时 Chubby 工作正常，Tablet 服务器有可能宕机或者由于某些原因暂时无法和 Chubby 进行通信。总之，Tablet 服务器此时无法正常工作，那么 Master 服务器就删除它在 Chubby 上的文件，保证 Tablet 服务器不再提供服务。之后，Master 服务器把之前分配给该 Tablet 服务器的 Tablet 都放入未分配集合，再重新进行分配。

Bigtable 中的子表服务器主要存储子表信息。为了更好地遍历子表，读取子表中的数据，Bigtable 采用三层结构保存子表的位置信息。其中用到了 METADATA 表，METADATA 表也是由多个子表构成的，METADATA 表中的第一个子表也称为根子表(Root Tablet)，根子表保存了 METADATA 表中其余子表的位置信息。除根子表之外剩下的子表中保存的才是真正的用户子表的位置信息。根子表的位置信息以文件的形式保存在 Chubby 中。

图 6-5 给出了子表服务器的架构示意图。

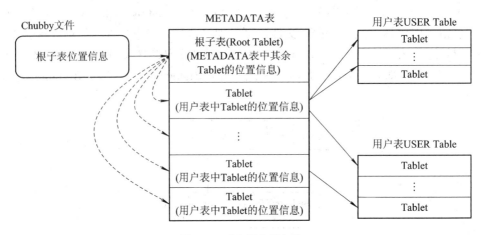

图 6-5 子表服务器架构

METADATA 表中每行存储一个 Tablet 地址,大小约为 1 KB。如果 Tablet 的大小为 128 MB,则 METADATA 根子表(Root Tablet)中最多可以存储 2^{17} 个 Tablet 地址,除根子表之外的每个 Tablet 又可以存储 2^{17} 个地址,采用这种结构最多可以存储 $2^{17} \times 2^{17} = 2^{34}$ 个 Tablet 的地址。每个 Table 的大小为 128 MB,所以该 Bigtable 最多可以存储 2^{61} B 数据。

当一个 Tablet 服务器启动的时候,首先会在 Chubby 某个指定的目录中建立一个文件,该文件名具有唯一性,同时获得该文件的独占锁。主服务器实时监控这个目录,当有新的 Tablet 服务器启动时,主服务器可以立即得到该 Tablet 服务器的信息。如果由于某些故障,比如网络拥塞等导致 Tablet 服务器失去对独占锁的占有,那么 Tablet 服务器会停止对 Tablet 提供服务。此时如果文件仍然存在, 则 Tablet 服务器会试图重新获取该文件的独占锁;如果文件丢失,那么 Tablet 服务器会停止提供服务,Bigtable 集群管理系统会把停止提供服务的 Tablet 服务器从集群中移出。

当对子表服务器进行写操作的时候,子表服务器会对写操作发起者进行权限验证,即把写操作者和从 Chubby 文件中读取出来的具有写权限的操作者列表进行匹配,匹配成功才能继续进行操作,除此之外还需要检查本次操作格式是否正确。如果写操作成功,则会被记录在日志中。写入的数据暂时保存在一个有序的缓存中,称为 Memtable。随着写操作的执行, Memtable 中的内容会不断增加,达到阈值后, 这个 Memtable 会被冻结,然后再创建一个新的 Memtable 存储新的数据。冻结的 Memtable 会被压缩成 SSTable 格式的文件,作为持久化存储数据写入 GFS 中, 这个压缩过程称为次压缩(Minor Compaction)。

随着次压缩过程的增加,会产生大量 SSTable。由于读操作的对象主要是 SSTable,所以如果 SSTable 数量过多,会影响读操作效率。因此,Bigtable 会定期对 SSTable 再进行一次压缩,即合并压缩(Merging Compaction)。合并压缩把一些 Memtable 和 SSTable 压缩,生成新的 SSTable。当新的 SSTable 生成后就可以把压缩前的 Memtable 和 SSTable 删除掉。除此之外,Bigtable 还定期提供了主压缩操作,即把所有的 SSTable 压缩成一个大的 SSTable 文件。压缩完成后,之前的 SSTable 也可以删除掉。这样不仅节省空间,而且可以保护敏感数据。

当对子表服务器进行读操作时,子表服务器同样会进行完整性和权限检查,读操作通常在 Memtable 和 SSTable 合并的视图里执行。

Bigtable 中的客户端通过库访问 Tablet 的时候都会缓存 Tablet 的地址信息。如果客户端发现内存中没有所要访问的 Tablet 的位置信息，就会在存储 Tablet 地址信息的树状结构中递归查询，直到找到对应的 Tablet。当读取该 Tablet 的元数据的时候，通常会多读取几个 Tablet 的元数据，方便后续客户端程序的访问，可以进一步减少程序访问的开销。

6.2.5　分布式数据存储 Megastore

Megastore 是 Google 的一个内部存储系统，底层数据存储在 Bigtable 中，也就是 NoSQL 数据库中，Megastore 同时又具有 RDBMS 的特性，同时也支持事务和并发操作，并且提供数据一致性解决方案，在单个用户内部的数据支持强一致性，而多个用户之间的数据支持弱一致性。

Megastore 把数据存储在 Bigtable 中，同时对这些数据进行分区。每个分区称为实体组集(Entity Groups，类似一个数据库)，每个实体组集又由若干个实体组(Entity Group，类似于数据库中的表)构成。实体组又由若干个实体(Entity，类似于表中的记录)构成。实体组之间具有松散一致性。同一个实体组中数据更新采用单阶段(signal-phase)ACID 事务实现，不同实体组中的数据更新采用两阶段(two-phase)ACID 事务实现。采用分区可以很好地提高 Megastore 的可扩展性。为方便查找数据，Megastore 在单个实体组中定义了局部索引，作用域仅限于当前实体组；与局部索引对应的是全局索引，全局索引可以在多个实体组集上使用。Megastore 数据模型如图 6-6 所示。

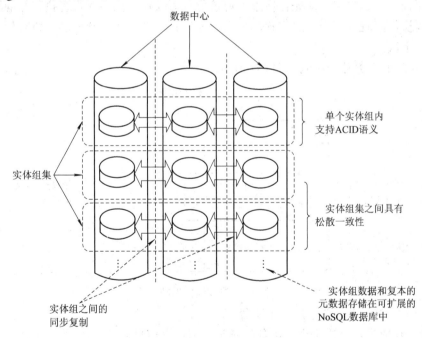

图 6-6　Megastore 数据模型

用户可以使用传统关系型数据库中的 Join 等操作来满足自己的需求，但是在 Megastore 中传统关系型数据库的操作显然不合适，因为 Megastore 负载较高，在 Megastore 上执行传统关系型数据库操作效率较低，并不能带来明显的性能提升；其次，对 Megastore 进行的读操作较多，如果在写操作的同时也能进行一些读操作，显然读操作效率会提升；最后，Megastore 中的数据以键值对的方式存储在 Bigtable 中，所以对这些数据进行级联查询效率会较高。Google 团队为 Megastore 设计了一种能够进行细粒度控制的数据模型和模式语言。Megastore 的数据模型是在模式(Schema)中定义的，每个模式包含一个表的集合，表中又包含一个实体集合，实体又含有众多的属性，属性是可以命名的，并且有自己的类型，类型可以是传统的字符、数字等类型。属性可以被设置成可选的、必须的或者可重复的。一个主键往往由一个或多个属性构成。

Megastore 支持事务和并发操作，一个写事务操作通常会首先写入对应 Entity Group 的日志中，然后才更新数据。因为 Bigtable 可以根据时间戳存储同一份数据的不同版本，所以 Megastore 可以实现多版本并发控制。当一个事务同时执行多个更新时，写入的值带有这个事务的时间戳，读操作为了获得完整的数据，往往读取最后一个时间戳完全生效的事务。

Megastore 提供了三种级别的读操作，分别是 Current、Snapshot 和 Inconsistent。Current 读之前会确保所有提交的写操作已生效，然后应用程序会从最后一个成功提交的事务的时间戳的位置开始读取数据；Snapshot 读的时候，系统会取得当前已知的已经完整提交的最后一个事务的时间戳，然后从这个位置开始读取。和 Current 读不同的是，Snapshot 读的时候，可能会有已经提交的事务，但是没有生效。Inconsistent 读不用考虑日志的状态，直接读取最新的数据。

Megastore 中的写操作通常开始于一个 Current 读，以便确认下一个可用的日志位置。写操作采用预写日志方式，即先在日志中记录所有写操作，然后才真正执行写的动作。如果有多个写操作同时写一个日志位置，那么通常只有一个写操作会成功。所有失败的写操作会终止并重试。

Megastore 的事务处理机制如图 6-7 所示。

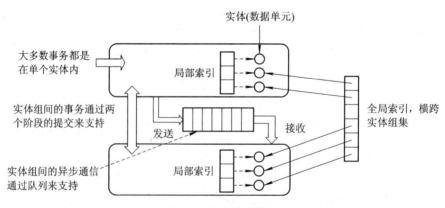

图 6-7　事务处理机制

通常一个完整的事务会经历以下阶段：

(1) 读：获取最后一次提交的事务的时间戳和日志信息。

(2) 应用逻辑：从 Bigtable 读取数据并且准备在日志中进行记录。

(3) 提交：使用 Paxos 算法保证数据一致性，并且在日志中进行记录。

(4) 生效：对 Bigtable 中的实体和索引进行数据更新。

(5) 清理：删除不需要的数据。

6.2.6 分布式监控系统架构 Dapper

Dapper 主要负责对 Google 提供的服务进行跟踪监控，并且对该过程产生的数据进行分析处理，一旦系统发生异常，可以快速定位哪个环节出现了问题，从而可以更好地解决问题。

Dapper 监控系统主要有以下三个特点：

(1) 开销低。由于 Google 提供的很多服务是一个持续的不间断的过程，所以要求监控系统也能进行持久性的监控，最好是 7×24 小时，否则即使只有一小时没有监控到，监控结果也不值得信任。长时间的工作再加上广泛的部署要求该监控系统有较低的开销。开销越低，越容易被开发人员接受。

(2) 应用级别透明。对开发应用程序的程序员来说，不需要知道监控系统的实现细节。如果一个监控系统需要依赖应用级别的程序员才能正常工作的话，那么这个监控系统势必会影响到应用程序的开发，并且往往会由于监控系统的 bug 导致应用程序出现较大的问题。

(3) 很好的扩展性。随着时间的推移，Google 应用程序的规模越来越大，监控系统应该能在未来的几年继续满足监控需求。

Dapper 监控过程可以用一棵监控树(Trace Tree)来描述，监控树其实就是对某个特定事件的所有消息记录的集合。监控树主要由区间(Span)、注释(Annotation)构成。区间对应树中的节点，实际上就是一条记录，所有区间联合起来就构成整个事件的监控过程。区间有自己的区间 id、区间名称、父 id、监控 id。区间名称、区间 id 是用来区分不同的区间的，通过父 id 可以对树中不同区间的关系进行重建，没有父 id 的区间称为根区间。一颗监控树有一个唯一的监控 id，一棵监控树中的所有区间拥有相同的监控 id。注释主要包含一些自定义的内容，可以用这些内容来推断区间之间的关系。

Dapper 监控系统产生的消息记录需要经过汇总才能生成有效的信息，具体过程如图 6-8 所示。首先，区间数据会被写入本地日志文件中，然后经过 Dapper 守护进程和 Dapper 收集器把所有本地日志文件汇集到 Bigtable 中，Bigtable 中一行表示一个记录，一列对应一个区间。

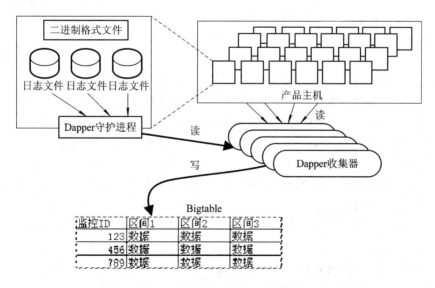

图 6-8 汇总监控信息

6.3　SaaS 模式的实现案例——奇观科技虚拟化云桌面解决方案

6.3.1　奇观科技云桌面概述

奇观科技虚拟化云桌面方案可以简化 80% 以上的桌面运维工作，最大程度降低系统升级的成本，有效提升企业信息资产安全，打造桌面随身行的办公模式。

在采用奇观虚拟化云桌面之后，所有的桌面管理工作统一在 Miracle Cloud 云平台上进行，每个老师可以用软件轻松维护数百台的终端设备，大幅降低终端维护的工作量和人力支持成本。而系统升级、环境设置、故障恢复等工作可以快速完成，也无需再为教学或考试环境的准备及复原进行大量的工作，提升桌面系统的正常使用率。例如，部署一个 100 台电脑的机房软件环境，传统的网络同传方式需要 3~4 个小时，而采用云计算方式，完成部署不会超过 30 分钟。

6.3.2　MiracleCloud 云平台

奇观科技办公私有云平台解决方案的主体部分为 MiracleCloud 云平台，主要包含云平台资源调度模块、终端设备支持模块、镜像衍生处理模块、数据中心引擎模块和安全服务管控模块等 5 个模块，如图 6-9 所示。

MiracleCloud 是与 Vmware 类似的虚拟化平台，可用于公有云和私有云的平台搭建。该平台由奇观科技自主设计开发，是目前国内少有的中国人自己的商用云平台，在安全性、性能和价格方面拥有极大的优势。

MiracleCloud 云平台是基于虚拟化、自动化和自优化等技术实现的新一代云计算运行平台，实现了应用程序与计算资源的解偶，以及对工作负荷以及计算资源的动态管理，提供了更灵活的应用部署和运行方式，确保了计算资源有效合理的分配和应用程序的服务水平，并提供了更高的可用性，同时简化了运维工作。相对于传统的应用服务器平台，MiracleCloud 云平台以应用服务器动态集群(以下简称动态集群)为核心，为应用程序运行提供一个具备更高共享度和灵活性的运行环境。该平台主要包括以下功能：

图 6-9　奇观科技办公私有云平台
解决方案模块

(1) 动态应用服务器集群分配。管理一组由多台物理服务器组成的计算资源池构建的、具备动态特性的服务器集群。

(2) 应用路由控制。作为客户端请求的统一接入层，实现对动态集群成员间的负载均衡和路由。

(3) 管理控制。可定义和配置动态集群及应用路由控制节点的各种相关参数，包括运行时的动态集群需要遵循的各种策略，并可监控这个环境的运行状态。

(4) 提供自动化的健康检查及异常处理能力。MiracleCloud 云平台提供了自动化的健康检查机制，用户可以定义系统健康状态的边界条件，包括计算资源消耗状态、应用响应时间以及产生错误的数量等，动态集群环境会依据这些条件对动态集群的每个成员进行实时监控，当系统超越边界条件处于异常状态时，可以进行告警。同时用户还可以定义自动化的异常处理动作，包含隔离异常应用服务器、自动记录诊断信息以及自动重启应用服务器等，在发生异常状态时，这些处理动作将被自动执行，从而使用户可以有效制定应对系统异常的应急预案，由此大大简化系统管理员的运维工作。

云平台资源调度模块是本平台的核心部分，用以执行实际的资源供应与部署。其主要功能包括：执行集群管理的任务；为请求的应用配置和管理已安装的镜像；调度虚拟资源和进行弹性计算，为云平台的部署和运行提供安全的网络环境。

终端设备支持模块主要是使用云平台资源的终端设备，通过虚拟化技术来整合异构平台的硬件资源；为云平台的使用者提供多元化的终端设备，实现设备与平台之间的无缝连接。

镜像衍生处理模块提供了各种虚拟机镜像，以服务的形式提供给用户。一个完整的用户虚拟机镜像可分为基础镜像、扩展镜像、定制镜像。基础镜像主要存放纯净版操作系统数据，扩展镜像在基础镜像之上增加相应的功能，定制镜像则根据用户具体需求安装所需的软件。

云资源集中于数据中心引擎模块，为上层模块提供统一的应用，从统一 API 获取参数，并通过 API 触发 MiracleCloud 存储管理器。该模块拥有计算节点和控制节点，用以调度和控制服务器资源。

安全服务管控模块主要对计算资源、授权、扩展性、网络等进行管理。在该模块形成一个庞大的安全中心，包括对外接设备的管理和控制。

6.3.3 云平台管理系统

奇观科技云平台管理系统与 MiracleCloud 平台结合使用，可以方便、快捷地管理 MiracleCloud 云平台上的各种资源，全面、实时、准确地提供云平台与虚拟机的相关信息。该系统主要由云平台的管理人员操作，为管理人员提供极大的便利。MiracleCloud 管理平台窗口如图 6-10 所示。

图 6-10 MiracleCloud 管理平台

云平台管理系统可以对虚拟机镜像、虚拟机、节点和用户进行管理，包括虚拟机镜像管理、虚拟机管理、计算节点管理、用户管理、池管理等基本功能。管理系统可创建 img 镜像，并安装镜像；安装完镜像之后，需要上传到指定节点。虚拟机管理包括查看当前所有节点信息，填写要创建虚拟机的名称，选择要创建虚拟机的镜像类型，选择在哪个节点上创建虚拟机，选择创建多少个虚拟机，确定创建虚拟机，在命令行界面下使用 update 命令更新系统。管理系统可对虚拟机进行"重启""关机""删除"操作；计算节点管理功能可以查看每台服务器允许最多创建的虚拟机数量和当前创建了多少台虚拟机，每台服务器的 CPU 使用率。用户管理中包括添加用户、导入用户表、导出用户表、设置用户 USB 的权限、修改密码、修改权限、绑定用户与虚拟机、解除绑定等功能。

6.3.4 奇观科技云桌面架构

办公或者普通语音应用不要求强大的计算能力，服务器不需要高配置，服务器主要提供数据的存储；MiracleCloud 管理平台将整合服务器资源并管理资源，保证用户数据的安全性，管理员可以通过 MiracleCloud 管理平台管理服务器资源和用户信息。奇观科技办公私有云架构于 MiracleCloud 平台之上，为每位使用者提供一个隔离的寄存桌面平台环境，这里所说的"隔离"，指的是每个寄存桌面平台映像都会在自己的虚拟机中执行，而完全独立于主机服务器上的其他使用者之外，也就是说，每位使用者可使用自己的桌面环境并且允许资源分配，不会因其他使用者的应用程序或系统出现问题而受影响。

相较于以集中化的终端服务器为主的环境，MiracleCloud 平台提供给每位桌面环境使用者一部独立的虚拟机，而不是共享使用虚拟机。其系统架构如图 6-11 所示。

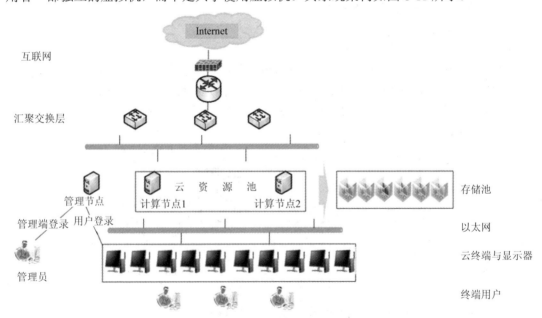

图 6-11 办公私有云平台整体架构图

奇观科技办公私有云平台依托云计算先进的技术架构体系，实现对资源的整合、应用的集成及信息服务能力的打造，并在此基础之上拓展平台的开放性、共享能力、资源的引入能力等，云平台整体功能架构包括弹性资源配置平台 ERAP 云平台和安全云终端两大部分，通过安全云盘提供网络存储功能。图 6-12 给出了云解决方案的拓扑图。

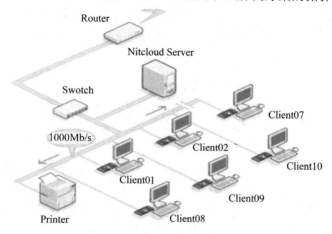

图 6-12　私有云解决方案拓扑图

1. 弹性资源配置平台 ERAP

弹性资源配置平台(Elastic Resources Allocation Platform，ERAP)是将数据中心中所有服务器、存储和网络设备集中统一管理，通过资源池化、模板配置和动态调整等功能为用户提供整合的、高可用性的、动态弹性分配的、可快速部署使用的 IT 基础设施。ERAP 打破了传统资源部署模式下应用系统之间的"资源竖井"，可根据应用对资源的需求类别和程度动态调配资源，实现应用和资源的最佳结合。

ERAP 同时能提高数据中心的运维效率，降低成本和管理复杂度，自动化的资源部署、调度和软件安装保证了业务的及时上线和应用的快速交付能力。

2. 安全云终端

奇观科技 V2 系列云终端使用的是瘦终端，可以提供比普通 PC 更加安全可靠的使用环境，以及更低的功耗，更高的安全性。所有的数据全部存放在服务器上，云终端必须通过账号登录到服务器才可访问，用户密码使用 MD5 加密。V2 系列云终端对于用户而言所带来的除了便利，就是成本的有效节约。

用户可以通过本终端安全登录到用户的操作系统中，而且可以在不同操作系统中进行切换。在虚拟化服务器上有多个应用系统镜像，当云终端开机后，服务器会根据客户端启动后登录的不同账号，为客户端分配私有应用系统和桌面。每个部门、每位员工都可以为其推送个性化需求。

奇观科技 V2 系列云终端是一款全新铝合金外壳的迷你电脑，它不仅具有超低的功耗、小巧的体积、超强的性能，而且简单的拆卸设计使移动更加便捷，并配有支架，可挂壁，这些优势都受到用户青睐。奇观科技 V2 系列云终端是基于服务器虚拟化的云计算解决方案的主要组成部分，客户端将云终端融入整体的使用环境中，能够实现单机多用户使用。

这是一款具有完全创新意义的终端机产品，以其安全可控的特性、高画质视频流、高音质声音输入输出、音视频同步以及更加流畅的操作效果，让它兼具终端机的特点，又能带给我们更加逼真的如同 PC 级的体验，这样的终端能够胜任办公、教育、会议室、酒店客房以及更多广阔的应用领域。

初次握手阶段由协议版本、安全、客户机初始消息和服务器初始消息组成。客户端和服务器端彼此都发送一个协议版本消息。协议交互阶段包括密码认证、协商帧缓冲更新消息中的像素值的表示格式、编码类型协商、帧数据的请求与更新等。

3．安全云盘

奇观科技安全云盘是基于 Hadoop 的私有的安全云盘服务器，每个虚拟机都可以通过加密通道，像操作本地硬盘一样对云盘进行读写操作，而数据存储在私有云盘服务器上时已经被加密，最终可以实现数据的集中存储和安全防护。

依赖 Hadoop 分布式存储技术，依靠稳定的集群和分块存储设计原则，加上多重备份功能，该云盘为文件的存储提供了高效、稳定的存储机制。数据加密采用高级加密标准(Advanced Encryption Standard，AES)，在密码学中又称 Rijndael 加密法，是美国联邦政府采用的一种区块加密标准。AES 采用对称分组密码体制，密钥长度最少支持 128 位、192位、256 位，分组长度为 128 位。先进的加密机制保障了数据的安全性。

6.3.5　奇观科技云桌面解决方案的优势

1．降低桌面维护成本

该云桌面解决方案基于服务器运算架构能够大幅降低前端设备的运算需求，从而延长原有 PC 终端的使用寿命，节省大量桌面 PC 的投入成本。

桌面和应用集中管理与维护使得 IT 部门的人员可以在后台通过管理和操作系统、应用程序、配置文件的单一实例，即可向所有用户交付个性化的桌面，同时满足不同类型用户的需求，使用快捷、方便、安全。

2．提高数据安全性

云终端只配备了键盘、鼠标动作以及显示界面，用户的数据没有传递到客户端，用户数据、缓存、Cookie 等全部在中心服务器受限的环境中；奇观科技的办公安全云还含有多种加密的存储和传输技术，客户端的操作就像在本机操作一样，但如果没有得到权限许可，使用者不得进行常规修改、备份、拷贝、打印等操作。所以，在高校实验室或者办公室内部使用云桌面，可以抵御不安全的 Web 应用、蠕虫和病毒工具以及应用级的入侵。

MiracleCloud 平台提供公用用户和私有用户登录方式,私有用户的密码使用 MD5 加密,确保密码不会泄露。

3．简化桌面管理

奇观科技办公私有云解决方案将桌面作为一种按需服务，随时随地交付给任何用户。利用奇观科技 MiracleCloud 独特的传输技术，可以快速而安全地向高校或者企业内的所有用户传输单个应用或整个桌面。用户可以通过云终端灵活地访问他们的桌面。IT 人员只需管理操作系统、应用和用户配置文件的单个实例，大大简化了桌面管理。

4．服务器集中管控与分布式计算

在数据中心对所有的虚拟云桌面进行统一的高效维护，无需特定的分发软件即可实现对桌面的统一安装和升级，大大降低了维护桌面的费用，应用管理更加简单，管理员在服务器端进行统一管理，就可以将最新的桌面更新交付给所有终端用户。

分布式计算即采用分布式多节点集群的架构方案，对应每个实验室部署一套服务器集群，由一个控制节点和若干个计算节点构成分别支撑实验室内部虚拟机的调度与运算。以一个实验室为单位构建实验室内部网络，作为整体网络中的一个子网，避免外部网络数据的干扰。单点服务器的故障并不会影响整体方案的运行以及用户的体验。

5. 基于虚拟化的云管理平台提供弹性资源池

Miraclecloud 虚拟化平台软件将服务器、存储器等虚拟化成弹性资源池。资源池的存储以及计算资源均可以实现按需所取，动态调配。对于系统而言，其可以动态调整资源的利用，实现资源的合理分配及利用率最大化；对于用户来说，其可以获取定制化的虚拟桌面，并且能够根据其需求变化申请对云桌面的调整，桌面具有很强的灵活性。

6. 云终端绿色节能

传统 PC 的耗电量是非常庞大的，一般来说，台式机的功耗在 230 W 左右，即使它处于空闲状态时耗电量也至少得 100 W，按照每天使用 10 个小时，每年 240 天工作来计算，每台计算机的年耗电量在 500~600 度，耗电量非常惊人。采用奇观桌面云方案后，每个瘦客户端的电量消耗在 15 W 左右，算上服务器的能源消耗，整体的能源消耗只相当于台式机的 20%，极大地降低了 IT 系统的能耗。

7. 服务器和云终端协同计算

利用专有的服务器和云终端协同计算，可以保证云桌面优质的显示效果。例如 RDP 协议必须使用 16 色传输和固定的分辨率以降低传输流量，但是却牺牲了桌面的画质。我们利用协同计算这一技术不限制用户选择不同的色位，当用户选择高分辨率时也不会过多地影响网络流量，从而保证用户体验。

目前云桌面的难题有音视频同步问题，我们利用服务器和云终端协同计算可以解决音视频同步。只要保证每秒 15 帧的传输速率人的肉眼就会感觉是流畅的画面，现在的远程协议和网络带宽可以保证这一效果；声音的特殊之处使其很难在拥挤的网络下保证平稳地传输，网络的延迟和包交互就会造成声音卡顿和音视频不同步。

8. 提供公有和私有登录

为了适应多应用场合，我们提供公有用户、私有用户登录。例如在公共机房，不必为每个学生建立一个私有账号而浪费大量资源，管理员可以提供公有系统；公有登录 MiracleCloud 会记忆学生使用过的机器，下次登录时仍然可使用同样的机器；老师可以拥有自己的私有账号，课上课下都可以随时随地登录到自己的系统。

6.4　混合云解决方案——华为云

华为云经过近 40 年的发展，如今已经日趋成熟。可以为政府和企业提供 IaaS、PaaS、DaaS 等全堆栈混合云服务能力。通过统一架构、统一运维、统一升级、统一 API、统一生态，华为云可以帮助客户实现业务高安全合规、高稳定可靠以及业务战略规划的可持续性发展。目前华为云已经得到全球七十多家机构的安全合规认证，分别从物理环境安全、主机安全、网络安全、数据安全、应用安全、管理安全等六大领域构建可信性，并且华为云提供全球本地化服务，在全球部署多个物理区和可用区，为全球客户提供高速稳定的全球云连接网络。全球已经有 300 多万企业用户和开发者正在使用华为云实现自己的梦想。

华为云的基础服务种类繁多，分别包括计算、存储、网络、容器服务、数据库、智能云提速、视频等领域。下面分别对华为云计算中的计算、存储、网络等领域进行简单的介绍。具体使用方法及相关参数信息请登录华为云官方网站 https://www.huaweicloud.com/ 查看。

6.4.1　计算

华为云在计算领域分别提供弹性云服务器(ECS)、GPU 加速云服务器、FPGA 加速云服务器、裸金属服务器(BMS)、云手机、专属主机、弹性伸缩(AS)、镜像服务(IMS)、函数工作流(FunctionGraph)等功能。

1. 弹性云服务器

弹性云服务器(Elastic Cloud Server，ECS)是一种可随时自助获取、可弹性伸缩的云服务器资源，通过配置不同的虚拟主机，可完成不同场景的计算服务。弹性云服务器是由 CPU、内存、操作系统、云硬盘组成的基础的计算组件。弹性云服务器创建成功后，就可以像使用自己的本地 PC 或物理服务器一样，在云上使用弹性云服务器。弹性云服务器具有可靠、安全、灵活、高效的特点，可以确保服务持久稳定运行，提升运维效率。华为弹性云服务架构如图 6-13 所示。

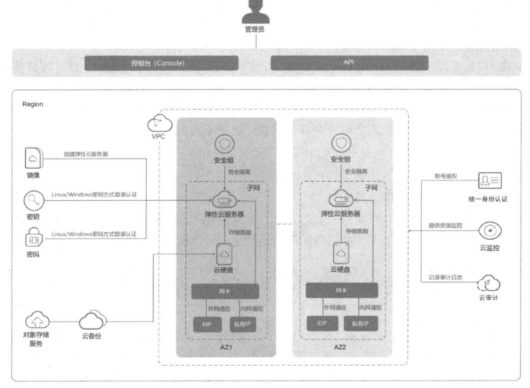

图 6-13　华为弹性云服务

1) 弹性云服务器的特点

弹性云服务器提供丰富的规格类型，可满足不同的使用场景。每种类型的弹性云服务器包含多种规格，同时支持规格变更。

弹性云镜像类型多样，可以灵活便捷地使用公共镜像、私有镜像或共享镜像申请弹性云服务器。

弹性云服务器磁盘种类丰富，可以提供普通 I/O、高 I/O、超高 I/O、通用型高性能固态硬盘，满足不同业务场景需求。

弹性云支持网络隔离，具有安全组规则保护功能，可远离病毒攻击和木马威胁，并且提供 Anti-DDoS 流量清洗、Web 应用防火墙、漏洞扫描等多种安全服务，从而提供多维度防护。

弹性云可以实现弹性负载均衡，将访问流量自动分发到多台云服务器上，扩展应用系统对外的服务能力，实现更高水平的应用程序容错性能。弹性云通过和其他产品、服务组合，可以实现计算、存储、网络、镜像安装等功能。

弹性云服务器在不同可用区中部署(可用区之间通过内网连接)，部分可用区发生故障后不会影响同一区域内的其他可用区。可以通过虚拟私有云建立专属的网络环境，设置子网、安全组，并通过弹性公网 IP 实现外网链接(需带宽支持)。通过镜像服务，可以给弹性云服务器安装镜像，也可以通过私有镜像批量创建弹性云服务器，实现快速的业务部署。通过云硬盘服务可以实现数据存储，并通过云硬盘备份服务实现数据的备份和恢复。

云监控是保持弹性云服务器可靠性、可用性和性能良好的重要部分。通过云监控，用户可以观察弹性云服务器资源。

云备份(Cloud Backup and Recovery，CBR)提供对云硬盘和弹性云服务器的备份保护服务，支持基于快照技术的备份服务，并支持利用备份数据恢复服务器和磁盘的数据。

2) 弹性云服务器的访问方式

弹性云服务器的访问方式有两种：一种是通过 API 调用弹性云服务器提供的接口，这种访问方式可以基于弹性云服务器进行二次开发；另外一种是通过控制台访问，这种方式需要用户注册，注册成功后，登录控制台，直接从主页来配置弹性云服务器。

2. 裸金属服务器

裸金属服务器(Bare Metal Server，BMS)是一种计算类服务器。这种服务器既有虚拟机的弹性也有物理机的性能，可以提供专属的云上物理服务器，为核心数据库、关键应用系统、高性能计算、大数据等业务提供卓越的计算性能以及数据安全服务。

不同型号的裸金属服务器配置有不同介质、不同接口、不同容量的本地磁盘。如果业务需要有较高的数据冗余能力，可以使用配置有 RAID 卡的裸金属服务器。

裸金属服务器支持虚拟私有云(VPC)，可以和其他云服务器、GPU 云服务器以及其他云产品实现互联互通，并且提供 2 Gb/s 以上的内网带宽。裸金属服务器支持高速网络，为同一可用区内域的裸金属服务器之间提供带宽不受限制的网络，同一可用区域内裸金属服务器之间的网络带宽可以达到 10 Gb/s 以上。裸金属服务器支持自定义 VLAN 网络，物理上采用 QinQ 技术实现用户的网络隔离，提供额外的物理区域和网络带宽；支持 IB 网络(InfiniBand Network)，其低延迟、高带宽的网络特性可用于很多高性能计算(High Performance Computing，HPC)项目。

裸金属服务器可以使用公共镜像、私有镜像及共享镜像。裸金属服务器保持和云服务器相同的安全组策略,支持企业主机安全服务(Host Security Service,HSS),提升服务器整体安全性;支持 Anti-DDoS 流量清洗服务,提供网络层和应用层的 DDoS 攻击防护和攻击实时告警通知;支持 Web 应用防火墙(Web Application Firewall,WAF),保障 Web 服务安全稳定。

3. 其他类型的服务器

1) GPU 加速云服务器

GPU 加速云服务器(GPU Accelerated Cloud Server, GACS)是云服务器的一种,这种云服务器的浮点计算能力比较强大,适用于高实时、高并发的海量计算场景。

GPU 加速云服务器根据使用场景不同分为两类,分别是 G 系列和 P 系列。其中 G 系列主要用于图形加速型弹性云服务器,适合于 3D 动画渲染、CAD 等;P 系列主要用于计算加速型或推理加速型弹性云服务器,适合于深度学习、科学计算、CAE 等。

2) FPGA 加速云服务器

FPGA 加速云服务器(FPGA Accelerated Cloud Server, FACS)提供 FPGA 开发和使用的工具及环境,让用户方便地开发 FPGA 加速器和部署基于 FPGA 加速的业务,提供易用、经济、敏捷和安全的 FPGA 云服务。

FPGA 加速云服务器包括两类,分别是高性能架构 FPGA 云服务器和通用型架构 FPGA 云服务器。高性能架构 FPGA 云服务器基于 Intel DPDK(Data Plane Development Kit)的高性能交互框架,支持流计算模式,支持数据流并发,主要用于 RTL(Run-Time Library)开发场景,满足用户高带宽低时延的要求。通用型架构 FPGA 云服务器是基于 SDAccel 交互框架实现的,支持块计算模式,支持 Xilinx SGDMA 数据传输框架,主要用于高级语言开发或已有算法移植,满足用户快速上线的需求。

4. 弹性伸缩

弹性伸缩(Auto Scaling,AS)是根据用户的业务需求,通过策略自动调整业务所需资源的服务。通过弹性伸缩服务可以避免当业务变化或负载不均衡时,人为反复调整资源,从而节约资源和人力运维成本。弹性伸缩支持自动调整弹性云服务器和带宽资源。

弹性伸缩应用场景比较广泛,比如流量较大的论坛网站、电商网站、视频直播网站等。这些网站对资源的需求量波动比较大,弹性伸缩服务可以实时根据流量动态调整服务器上的资源,从而很好地支撑业务运行。

弹性伸缩调整服务器资源有三种方式,分别是按需调整云服务器资源、按需调整带宽资源和按可用区均匀分配实例。

按需调整云服务器资源能够实现在业务增长时增加实例,业务下降时减少实例,从而降低运维成本,避免浪费不必要的资源。调整资源主要包括以下三种方式:动态调整资源、计划调整资源、手工调整资源。动态调整资源首先需要设置警告策略,然后通过警告策略的触发来调整资源;计划调整资源通过定时策略或周期策略的触发来调整资源;手工调整资源通过修改期望实例数或者手动移入、移出实例来调整资源。

按需调整带宽资源,即能够实现在业务增长时扩大带宽,业务下降时减小带宽。按需调整带宽有三种策略,分别是告警策略、定时策略、周期策略。告警策略可设置出网流量、出网带宽等告警触发条件，系统检测到触发条件满足时，会自动调整带宽的大小；定时策略可以在固定的时间自动将带宽增大、减小或者调整到固定的值；周期策略可以周期性地调整带宽大小，减少了人工重复设置带宽的工作量。

按可用区均匀分配实例是指尽可能地将实例均匀地分布在不同的可用区中，以降低电力、网络等可能出现的故障对整个系统稳定性的影响。区域指弹性云服务器云主机所在的物理位置。每个区域包含许多不同的称为"可用区"的位置。可用区即在同一区域下，电力、网络隔离的物理区域。可用区之间内网互通，不同可用区之间物理隔离。每个可用区都被设计成不受其他可用区故障影响的模式，并提供低价、低延迟的网络连接，以连接到同一地区其他可用区。伸缩组可以包含来自同一区域的一个或多个可用区的实例。在资源调整时，弹性伸缩会通过实例分配和再均衡两种方法尽可能地将实例均匀分配到可用区中。

弹性伸缩会尝试在可用区之间均匀分配实例，例如，伸缩组目前有四个实例均匀分布在两个可用区内，若该伸缩组下一个伸缩活动会增加四个实例，则会在两个可用区内分别增加两个实例，以实现可用区之间均匀分配实例。手工加入或移出实例后，伸缩组中的实例没有均匀分配在可用区时，后续进行的伸缩活动会优先在可用区内均匀分配实例。例如，伸缩组中目前有三个实例分布在两个可用区内，若该伸缩组下一个伸缩活动增加五个实例，则会在有两个实例的可用区内再新增两个实例，在有一个实例的可用区内增加三个实例，从而实现可用区之间均匀分配实例。

5. 镜像服务

镜像是一个包含了软件及必要配置的服务器或磁盘模板，包含操作系统或业务数据，还可以包含应用软件(例如数据库软件)和私有软件。镜像分为公共镜像、私有镜像、共享镜像、市场镜像。公共镜像为系统默认提供的镜像，私有镜像为用户自己创建的镜像，共享镜像为其他用户共享的私有镜像。

镜像服务(Image Management Service，IMS)提供镜像的生命周期管理能力。用户可以灵活地使用公共镜像、私有镜像或共享镜像申请弹性云服务器和裸金属服务器。同时，用户还能通过已有的云服务器或者使用外部镜像文件创建私有镜像，实现业务向云上迁移。

镜像服务适用于多种场景，利用镜像导入功能，可以将已有的业务服务器制作成镜像后导入到云平台，方便企业业务向云上迁移。使用镜像共享和镜像跨区域复制功能，可以实现云服务器在不同账号、不同地域之间迁移。使用共享镜像或者应用超市的市场镜像均可帮助企业快速搭建特定的软件环境，免去了自行配置环境、安装软件等耗时费力的工作，特别适合互联网初创型公司使用。将已经部署好的云服务器的操作系统、分区和软件等信息打包，用以制作私有镜像，然后使用该镜像批量创建云服务器实例，新实例将拥有一样的环境信息，从而达到批量部署的目的。对一台云服务器实例制作镜像以备份环境，当该实例的软件环境出现故障而无法正常运行时，可以使用镜像进行恢复。

6. 函数工作流

函数工作流(FunctionGraph)是华为云提供的一款无服务器(Serverless)计算服务，无服务器计算是一种托管服务，服务提供商会实时分配充足的资源，而不需要预留专用的服务器或容量，真正按实际使用付费。FunctionGraph 是一项基于事件驱动的函数托管计算服务。使用 FunctionGraph 函数，只需编写业务函数代码并设置运行的条件，无需配置和管理服务器等基础设施，函数以弹性、免运维、高可靠的方式运行。此外，按函数实际执行资源计费，不执行则不产生费用。

1) 函数使用流程

用户首先编写代码，目前支持 Node.js、Python、Java、Go、C#、PHP 等语言。然后将代码上传至服务器。目前支持在线编辑代码。服务器通过 API 和云产品事件源触发函数执行。

函数在执行过程中，会根据请求量弹性扩容，支持请求峰值的执行。此过程用户无需配置，由 FunctionGraph 函数完成。FunctionGraph 函数不仅实现了与日志云服务的对接而且实现了与云监控服务的对接，用户无需配置，即可查看函数运行日志信息和图形化监控信息。

函数执行结束后，根据函数的实际执行时间按量计费，收费粒度精确到 100 ms。

2) 快速创建第一个 FunctionGraph 函数

(1) 准备环境。

登录华为云官方网站，选择"产品"选项，在侧边栏找到"基础服务"，点击之后可以看到"函数工作流"选项，如图 6-14 所示。

图 6-14　选择函数工作流

进入函数工作流产品页，单击"立即使用"，系统会提示选择合适的区域，区域选择完毕后进入创建函数的页面，如图 6-15、图 6-16 所示。

图 6-15　函数工作流界面

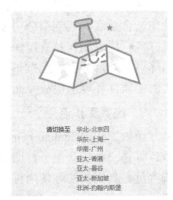

图 6-16　函数工作流区域选择界面

单击页面右上角的"创建函数",进入"创建函数"页面,如图 6-17 所示。

图 6-17　创建函数

(2) 创建函数。

① 进入创建函数页面后,依次填写各项内容,开始创建函数。

② 选择模板选项,这里单击"使用空模板",不用创建模板。

③ 在函数名称选项栏填入适当的函数名称,本次测试用"HelloWorld"。

④ 选择所属应用选项,这里选择默认的"default"。

⑤ 委托名称选项选择"不使用任何委托"。如果需要创建委托,可以参考创建委托的内容。

⑥ 以上内容填写完毕后,单击页面右侧"创建函数"选项,创建函数,如图 6-18 所示。

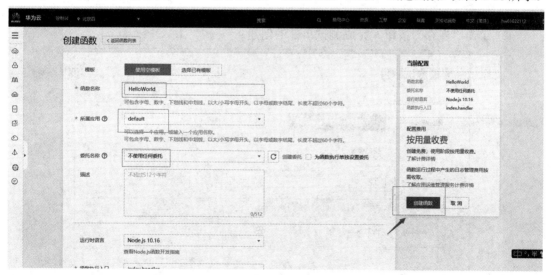

图 6-18　创建函数页面

注意:创建函数需要实名认证,如果没有实名认证,则"创建函数"按钮无法点击,并且在该页面会提示进行实名认证。只需要按照提示完成实名认证即可创建函数。

(3) 测试函数。

函数创建成功后,可以对函数进行测试。测试函数时首先需要进行配置。

① 在函数详情页面，单击右上角"请选择测试事件"选项中的"配置测试事件"，弹出"配置测试事件"页，如图 6-19 所示。

图 6-19　配置测试事件

② 在"配置测试事件"页输入测试信息。单击"创建新的测试事件"，选择"空白模板"，在"事件名称"栏输入"test"，"测试事件"栏输入{"message":"HelloWorld"}，如图 6-20 所示。

③ 单击"保存"按钮，完成测试事件的创建。

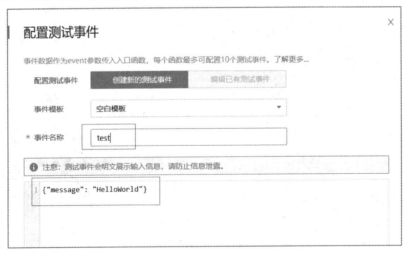

图 6-20　创建测试事件

(4) 查看函数运行结果。

① 测试函数创建成功后，在函数详情页，选择测试事件"test"，单击"测试"按钮。成功执行后，单击"详细信息"，查看函数执行结果，如图 6-21 所示。

图 6-21　查看测试结果

② "函数返回"选项显示函数的返回结果。

③ "执行摘要"部分显示"日志"中的关键信息。

④ "日志"部分显示函数执行过程中生成的日志。

(5) 监控指标。

函数及触发器创建以后，可以实时监控函数被调用及运行的情况。

在函数详情界面，选择函数对应的版本或者别名，单击"函数指标"页签，在此页签选择时间粒度(5分钟、15分钟、1小时)，查看函数运行状态。除了时间粒度外，还可以查看函数调用次数、错误次数、运行时间(包括最大运行时间、最小运行时间、平均运行时间)、被拒绝次数等信息，如图 6-22 所示。

图 6-22　查看监控指标

(6) 删除函数。

对于已经不再使用的函数，可以进行删除操作，及时释放资源。在"函数详情"页面，点击右侧"函数"选项。在函数列表中选择待删除函数，单击操作栏的"删除"按钮，弹出"删除函数"页，如图 6-23 所示。在"删除函数"页输入"DELETE"(大写)，单击"确定"按钮，完成函数删除，如图 6-24 所示。

图 6-23　删除函数

图 6-24　确认删除函数

6.4.2　存储

华为云在存储领域分别提供对象存储服务(OBS)、云硬盘(EVS)、云备份(CBR)、专属分布式存储服务、存储容灾服务(SDRS)、弹性文件服务、数据快递服务、云存储网关等功能。

1. 对象存储服务

对象存储服务(Object Storage Service，OBS)是一个基于对象的海量存储服务，为客户提供安全、高可靠、低成本的数据存储能力。

OBS 系统和单个桶(一种存储容器)都没有总数据容量和对象/文件数量的限制，可以为用户提供超大存储容量，适合存放任意类型的文件，适合普通用户、网站、企业和开发者使用。OBS 是一项面向 Internet 访问的服务，提供了基于 HTTP/HTTPS 协议的 Web 服务接口，用户可以随时随地连接到 Internet 的计算机上，通过 OBS 管理控制台或各种 OBS 工具访问和管理存储在 OBS 中的数据。此外，OBS 支持 SDK 和 OBS API 接口，可以让用户方便管理自己存储在 OBS 上的数据，以及开发多种类型的上层业务应用。

华为云在全球多区域部署了 OBS 基础设施，具备高度的可扩展性和可靠性，用户可根据自身需要指定区域使用 OBS，由此获得更快的访问速度和实惠的服务价格。

对象存储服务 OBS 的基本组成是桶和对象。桶(Bucket)是 OBS 中存储对象的容器。对象存储提供了基于桶和对象的扁平化存储方式，桶中的所有对象都处于同一逻辑层级，去除了文件系统中的多层级树形目录结构。

每个桶都有自己的存储类别、访问权限、所属区域等属性，用户可以在不同区域创建不同存储类别和访问权限的桶，并配置更多高级属性来满足不同场景的存储需求。

对象存储服务设置有四类桶存储类别，分别为标准存储、低频访问存储、归档存储、深度归档存储(公测中)，从而满足客户业务对存储性能、成本的不同需求。创建桶时可以指定桶的存储类别，桶的存储类别可以修改。

在 OBS 中，桶名必须是全局唯一的且不能修改，即用户创建的桶不能与自己已创建的其他桶名称相同，也不能与其他用户创建的桶名称相同。桶所属的区域在创建后也不能修改。每个桶在创建时都会生成默认的桶 ACL(Access Control List)，桶 ACL 列表的每项包含了对被授权用户授予什么样的权限，如读取权限、写入权限等。用户只有对桶有相应的权限，才可以对桶进行操作，如创建、删除、显示、设置桶 ACL 等。桶和对象如图 6-25 所示。

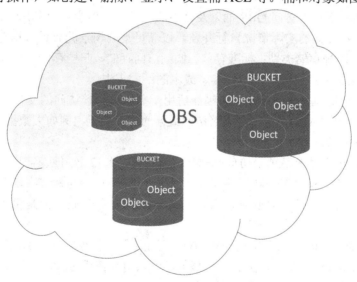

图 6-25　桶和对象

一个账号可创建 100 个桶。每个桶中存放的对象的数量和大小总和没有限制，用户不需要考虑数据的可扩展性。

由于 OBS 是基于 REST(Representational State Transfer)风格的 HTTP 和 HTTPS 协议的服务，所以可以通过 URL(Uniform Resource Locator)来定位资源。

对象(Object)是 OBS 中数据存储的基本单位，一个对象实际是一个文件的数据与其相关属性信息(元数据)的集合体。用户上传至 OBS 的数据都以对象的形式保存在桶中。

对象包括了 Key、Metadata、Data 三部分。

(1) Key：键值，即对象的名称，为经过 UTF-8 编码的码长度大于 0 且不超过 1024B 的字符序列。一个桶里的每个对象必须拥有唯一的对象键值。

(2) Metadata：元数据，即对象的描述信息，包括系统元数据和用户元数据，这些元数据以键值对(key-value)的形式被上传到 OBS 中。系统元数据由 OBS 自动产生，在处理对象数据时使用，包括 Date、Content-length、Last-modify、Content-MD5 等。用户元数据由用户在上传对象时指定，是用户自定义的对象描述信息。

(3) Data：数据，即文件的数据内容。

通常，我们将对象等同于文件来进行管理，但是由于 OBS 是一种对象存储服务，并没有文件系统中的文件和文件夹的概念，为了使用户更方便地进行数据管理，OBS 通过在对象的名称中增加"/"的方式模拟文件夹。例如"test/123.jpg"，其中"test"就被模拟成一个文件夹，"123.jpg"则模拟成"test"文件夹下的文件名，而实际上，对象名称(key)仍然是"test/123.jpg"。

上传对象时，可以指定对象的存储类别，若不指定，默认与桶的存储类别一致。上传后，对象的存储类别可以修改。

在 OBS 管理控制台和客户端中，用户均可直接使用文件夹的功能，符合文件系统下的操作习惯。

华为云针对 OBS 提供的 REST API 进行了二次开发，提供控制台、SDK 和各类工具，方便在不同的场景下轻松访问 OBS 桶以及桶中的对象。当然也可以利用 OBS 提供的 SDK 和 OBS API，根据业务的实际情况自行开发，以满足不同场景的海量数据存储需求。

OBS 提供了四种存储类别：标准存储、低频访问存储、归档存储、深度归档存储(公开测试中)，从而满足客户业务对存储性能、成本的不同需求。

标准存储访问时延低，吞吐量高，因而适用于需大量频繁访问的文件(平均一个月访问多次)或小文件(小于 1 MB)，且需要频繁访问数据的业务场景，例如大数据、移动应用、热点视频、社交图片等场景。

低频访问存储适用于不频繁访问(平均一年访问少于 12 次)但在需要时也要求快速访问数据的业务场景，例如文件同步/共享、企业备份等场景。与标准存储相比，低频访问存储有相同的数据持久性、吞吐量以及访问时延，且成本较低，但是可用性略低于标准存储。

归档存储适用于很少访问(平均一年访问一次)数据的业务场景，例如数据归档、长期备份等场景。归档存储安全、持久且成本极低，可以用来替代磁带库。为了保持成本低廉，数据取回时间可能长达数分钟到数小时不等。

深度归档存储适用于长期不访问(平均几年访问一次)数据的业务场景，其成本相比归档存储更低，但相应的数据取回时间将更长，一般为数小时。

上传对象时，对象的存储类别默认继承桶的存储类别，也可以重新指定对象的存储类别。修改桶的存储类别，桶内已有对象的存储类别不会被修改，但是新上传对象的默认存储类别会随之修改。

对象存储服务功能强大，适用于以下场景：

1) 大数据分析

OBS 提供的大数据解决方案主要面向海量数据存储分析，通常可以达到拍字节(PB，

1 PB = 1024 TB)级的数据存储量，批量数据分析，并且可以完成毫秒级的数据详单查询等；此外，还可以进行历史数据明细查询，例如流水审计、设备历史能耗分析、轨迹回放、车辆驾驶行为分析、精细化监控等；还可以进行海量行为日志分析，例如学习习惯分析、运营日志分析、系统操作日志分析查询等；最后，还能进行公共事务分析统计，例如犯罪追踪、关联案件查询、交通拥堵分析、景点热度统计等，从而向用户提供低成本、高性能、不中断业务、无需扩容的解决方案。

用户通过数据快递服务(DES)等迁移服务将海量数据迁移至 OBS，再基于华为云提供的 MapReduce 等大数据服务或开源的 Hadoop、Spark 等运算框架，对存储在 OBS 上的海量数据进行大数据分析，最终将分析的结果呈现在 ECS 中的各类程序或应用上。

2) 静态网站托管

OBS 提供低成本、高可用、可根据流量需求自动扩展的网站托管解决方案，结合内容分发网络(CDN)和弹性云服务器(ECS)，快速构建动静态分离的网站和应用系统。

终端用户浏览器和 APP 上的动态数据直接与搭建在华为云上的业务系统进行交互，动态数据请求发往业务系统处理后直接返回给用户。静态数据保存在 OBS 中，业务系统通过内网对静态数据进行处理，终端用户通过就近的高速节点，直接向 OBS 请求和读取静态数据。

3) 在线视频点播

OBS 提供高并发、高可靠、低时延、低成本的海量存储系统，结合媒体处理(MPC)、内容审核 Moderation 和内容分发网络(CDN)可快速搭建极速、安全、高可用的视频在线点播平台。

OBS 作为视频点播的源站，一般的互联网用户或专业的创作主体将各类视频文件上传至 OBS 后，通过 Moderation 对视频内容进行审核，并通过 MPC 对视频源文件进行转码，最终通过 CDN 回源加速之后便可以在各类终端上进行点播。

4) 基因测序

OBS 提供高并发、高可靠、低时延、低成本的海量存储系统，结合华为云计算服务可快速搭建高扩展性、低成本、高可用的基因测序平台。

客户数据中心测序仪上的数据通过云专线自动快速上传到华为云，通过由弹性云服务器(Elastic Cloud Server，ECS)、云容器引擎(Cloud Container Engine，CCE)、MRS(MapReduce Server)等服务搭建的计算集群进行分析计算，分析计算产生的数据和计算结果存储到 OBS 中，其中上传到华为云的基因数据自动转为低成本的归档对象保存在 OBS 提供的归档存储中，计算得出的测序结果通过公网在线分发到医院和科研机构。

5) 智能视频监控

OBS 为视频监控解决方案提供高性能、高可靠、低时延、低成本的海量存储空间，同时提供标准存储、低频访问存储和归档存储等分类存储数据，降低存储成本，满足个人、企业的各类视频监控场景需求，提供设备管理、视频监控以及视频处理等多种能力的端到端解决方案。

摄像头拍摄的监控视频通过公网或专线传输至华为云，在弹性云服务器和弹性负载均衡组成的视频监控处理平台将视频流切片后存入 OBS，后续再从 OBS 下载历史视频对象并传输到观看视频的终端设备。

6) 备份归档

OBS 提供高并发、高可靠、低时延、低成本的海量存储系统，满足各种企业应用、数据库和非结构化数据的备份归档需求。

企业数据中心的各类数据通过使用同步客户端、主流备份软件、云存储网关或数据快递服务，备份至华为云对象存储服务器(OBS)。OBS 提供生命周期功能实现对象存储类别自动转换，以降低存储成本。在需要时，可将 OBS 中的数据恢复到云上的灾备主机或测试主机。

7) 高性能计算(HPC)

OBS 配合弹性云服务器(ECS)、弹性伸缩(AS)、云硬盘(EVS)、镜像服务(IMS)、统一身份认证服务(IAM)和云监控服务(CES)，为 HPC 提供大容量、大单流带宽(大的单向传输的带宽)、安全可靠的解决方案。

在 HPC(High Performance Computing)场景下，企业用户的数据可以通过直接上传或数据快递的方式上传到 OBS。同时 OBS 提供的文件语义和 HDFS 语义支持将 OBS 直接挂载到 HPC Flavors 的节点以及大数据分析的应用下，为高性能计算各个环节提供便捷高效的数据读写和存储能力。

8) 企业云盘(网盘)

OBS 配合弹性云服务器(ECS)、弹性负载均衡(ELB)、关系型数据库(RDS)和云硬盘备份(VBS)为企业云盘提供高并发、高可靠、低时延、低成本的存储系统，存储容量可随用户数据量的增加而自动扩容。

用户手机、电脑、平板电脑等终端设备上的动态数据与搭建在华为云上的企业云盘业务系统进行交互，动态数据请求发送到企业云盘业务系统，处理后直接返回给终端设备。静态数据保存在 OBS 中，业务系统通过内网对静态数据进行处理，用户终端直接向 OBS 请求和取回静态数据。同时，OBS 提供生命周期功能，实现不同对象存储类别之间的自动转换，以节省存储成本。

2. 云硬盘

云硬盘(Elastic Volume Service, EVS)可以为云服务器提供高可靠、可弹性扩展的存储服务，可满足不同场景的业务需求，适用于分布式文件系统、开发测试、数据仓库以及高性能计算等场景。云服务器包括弹性云服务器和裸金属服务器。

云硬盘类似 PC 中的硬盘，无法单独使用，需要挂载至云服务器使用。可以对挂载到云服务器上的云硬盘执行初始化、创建文件系统等操作，并且可以把数据持久化地存储在云硬盘上。

1) 云硬盘快照

云硬盘快照指的是云硬盘数据在某个时刻的完整拷贝或镜像，是一种重要的数据容灾手段，当数据丢失时，可通过快照将数据完整地恢复到快照时间点。可以通过管理控制台或者 API 接口创建云硬盘快照。

快照和云硬盘备份均是重要的数据容灾手段，两者之间略有不同。

(1) 存储方案不同。快照数据与云硬盘数据存储在一起，可以支持快速备份和恢复。云硬盘备份数据则存储在对象存储(OBS)中，当云硬盘损坏时，可用备份数据进行恢复。

(2) 创建策略不同。快照不支持设置自动创建策略。云硬盘备份支持设置自动创建策略，并且可以指定不同的备份策略，系统会根据策略自动对云硬盘进行数据备份。

2) 云硬盘快照原理

快照不仅保存数据，而且还在快照和数据之间建立了一种关联关系。下面通过一个例子来说明快照和数据之间的关系。

假设新建云硬盘 v1；向云硬盘 v1 中写入数据 d1 和 d2。数据写入完毕，创建 v1 的快照 s1，此时并不会去保存另外一份 d1、d2 数据，而是建立快照 s1 与数据 d1 和 d2 的关联关系。这时如果把数据 d2 修改为 d3，则会使用新的空间存储 d3，而 d3 并不会把原来的数据 d2 覆盖掉。快照 s1 到数据 d1 和 d2 的关联关系仍然有效，因此若有需要，可以通过快照 s1 恢复原数据。此时可以创建云硬盘 v1 的另外一个快照 s2，从而建立 s2 到数据 d1、d3 的关联关系。

3) 云硬盘快照使用场景

首先，通过快照可以更好地维护数据，防止由于黑客攻击、误操作、病毒等原因导致的数据丢失，可以对云硬盘定期创建快照，实现数据日常备份。其次，通过快照可以很好地恢复数据，当软件升级或业务数据迁移时，可以创建一份或多份快照，当升级过程中或迁移过程中出现问题时，可以通过快照迅速将业务恢复到快照节点的数据状态。最后，通过快照可以快速部署多个业务。通过同一个快照可以快速创建出多个具有相同数据的云硬盘，从而可以同时为多种业务提供数据资源，例如数据挖掘、报表查询和开发测试等业务。这种方式既保护了原始数据，又能通过快照创建的新云硬盘快速部署其他业务，满足企业对业务数据的多元化需求。

3. 云备份

云备份(Cloud Backup and Recovery，CBR)为云内的弹性云服务器(Elastic Cloud Server, ECS)、裸金属服务器(Bare Metal Server, BMS)(下文统称为服务器)、云硬盘(Elastic Volume Service, EVS)等提供简单易用的备份服务，针对病毒入侵、人为误删除、软硬件故障等场景，可将数据恢复到任意备份点。云备份保障用户数据的安全性和正确性，确保业务安全。

云备份一共有四种类型，分别是云硬盘备份、云服务器备份、文件系统备份和混合云备份。云硬盘备份提供对云硬盘的基于快照技术的数据保护。云服务器备份提供对弹性云服务器和裸金属服务器的基于多云硬盘一致性快照技术的数据保护。同时，未部署数据库等应用的服务器产生的备份为服务器备份，部署数据库等应用的服务器产生的备份为数据库服务器备份。文件系统备份提供对 SFS Turbo 文件系统的数据保护。混合云备份提供对线下备份软件 OceanStor BCManager 的备份数据以及对 VMware 服务器备份的云上管理和恢复的数据保护。

云备份使用存储库来存放备份。创建备份前，需要先创建至少一个存储库，并将服务器或磁盘绑定至存储库。服务器或磁盘产生的备份则会存放至绑定的存储库中。

存储库分为备份存储库和复制存储库两种。备份存储库用于存放备份对象产生的备份，复制存储库用于存放复制操作产生的备份。

不同类型的备份对象产生的备份需要存放在不同类型的存储库中。

1) 云硬盘备份策略

(1) 备份策略。

需要对备份对象执行自动备份操作时，可以设置备份策略。通过在策略中设置备份任务执行的时间、周期以及备份数据的保留规则，将备份存储库绑定到备份策略上，可以为存储库执行自动备份。

(2) 复制策略。

需要对备份或存储库执行自动复制操作时，可以设置复制策略。通过在策略中设置复制任务执行的时间、周期以及备份数据的保留规则，将备份存储库绑定到复制策略上，可以为存储库执行自动复制。复制产生的备份需要存放在复制存储库中。

2) 云硬盘备份机制

首次备份为全量备份，备份云服务器、文件系统已使用空间，后续备份均为增量备份，备份上次备份后变化的数据，缩短备份时长，节约备份空间。删除备份时，仅删除不被其他备份依赖的数据块，不影响使用其他备份进行恢复。无论是全量还是增量备份，都可以快速、方便地将数据恢复至备份所在时刻的状态。

云备份会在备份过程中自动创建快照并且为每个磁盘保留最新的快照。如果该磁盘已备份，再次备份后会自动将旧快照删除，保留最新的快照。

云备份通过服务器、文件系统与对象存储服务的结合，将数据备份到对象存储中，高度保障用户备份数据的安全性。

3) 备份方式

云备份提供两种备份方式：一次性备份和周期性备份。一次性备份是指用户手动创建的一次性备份任务。周期性备份是指用户通过创建备份策略并绑定存储库的方式创建的周期性备份任务。另外，用户也可以根据业务情况将两种方式混合使用。例如，根据数据的重要程度不同，可以将所有的服务器、文件系统绑定至同一个存储库，并将该存储库绑定到一个备份策略中进行日常备份保护。其中个别保存有非常重要的数据的服务器、文件系统，应根据需要不定期地执行一次性备份，保证数据的安全性。

4) 访问云备份

云备份提供两种访问方式，分别是控制台和 API(Application Programming Interface)。

(1) 控制台形式访问。控制台形式访问，需要登录华为云官方网站。在官方网站选择登录管理控制台，选择"云备份"即可。

(2) API 方式访问。如果用户需要将云平台上的云备份集成到第三方系统，用于二次开发，可以使用 API 方式访问云备份。

5) 云硬盘加密

由于业务需求，需要对存储在云硬盘的数据进行加密，而 EVS 就提供了加密功能，可以对新创建的云硬盘进行加密。

EVS 加密采用行业标准的 XTS-AES-256 加密算法，利用密钥加密云硬盘。加密云硬盘使用的密钥由数据加密服务(Data Encryption Workshop，DEW)中的密钥管理服务(Key Management Service，KMS)功能提供，不需要自行构建和维护密钥管理基础设施，安全便捷。KMS 使用符合 FIPS 140-2 第 3 等级认证的硬件安全模块(Hardware Security Module，HSM)，能够保护密钥的安全。所有的用户密钥都由 HSM 中的根密钥保护，避免密钥泄露。

使用 KMS 提供的密钥，包括默认主密钥和用户主密钥(Customer Master Key，CMK)：

• 默认主密钥：由 EVS 通过 KMS 自动创建的密钥，系统创建的默认主密钥名称为"evs/default"。默认主密钥不支持禁用、计划删除等操作。

• 用户主密钥：由用户自己创建的密钥，可以选择已有的密钥或者新创建密钥。

使用用户主密钥加密云硬盘，若对用户主密钥执行禁用、计划删除等操作，将会导致云硬盘不可读写，甚至数据永远无法恢复。

6) 加密云硬盘与快照、备份、镜像之间的关系

云硬盘加密功能支持系统盘、数据盘、快照、备份和镜像，具体说明如下：

系统盘的加密与创建云服务器的镜像相关：如果使用加密镜像创建云服务器，那么系统盘默认开启加密功能，加密方式与镜像保持一致。

创建空白云硬盘时，可以选择加密或者不加密，创建完成后无法更改加密属性。通过快照创建云硬盘时，云硬盘加密属性和快照与源云硬盘保持一致。通过备份创建云硬盘时，云硬盘的加密属性无需和备份保持一致。通过镜像创建云硬盘时，云硬盘加密属性和镜像源云硬盘保持一致。通过云硬盘创建备份时，备份的加密属性与源云硬盘保持一致。通过云硬盘创建快照时，快照的加密属性与源云硬盘保持一致。

7) 云硬盘加密权限

安全管理员(拥有"Security Administrator"权限)可以直接授权 EVS 访问 KMS，使用加密功能。普通用户(没有"Security Administrator"权限)使用加密功能时，根据该普通用户是否为当前区域用户或者为项目内第一个使用加密特性的用户，作如下区分：

(1) 如果该普通用户是当前区域或者项目内第一个使用加密功能的，需先联系安全管理员进行授权，然后再使用加密功能。

(2) 如果区域或者项目内的其他用户已经使用过加密功能，该普通用户可以直接使用加密功能。

(3) 对于一个租户而言，同一个区域内只要安全管理员成功授权 EVS 访问 KMS，则该区域内的普通用户都可以直接使用加密功能。

(4) 如果当前区域内存在多个项目，则每个项目下都需要安全管理员执行授权操作。

4. 专属分布式存储服务

专属分布式存储服务(Dedicated Distributed Storage Service，DSS)可以提供独享的物理存储资源，通过数据冗余和缓存加速等多项技术，提供高可用性和持久性，以及稳定的低时延性能。可灵活对接弹性云服务器(Elastic Cloud Server，ECS)、裸金属服务器(Bare Metal Server，BMS)以及专属计算集群(Dedicated Computing Cluster，DCC)等多种不同类型的计算服务，适用于高性能计算(High-performance Computing，HPC)、联机分析处理(OnLine Analytical Processing，OLAP)以及混合负载等应用场景。

1) 专属分布式存储服务功能的特点

(1) 规格丰富。

专属分布式存储服务可以提供高性能、高扩展、高可靠的服务，适用于性能相对较高、读写速率要求也较高且有实时数据存储需求的高 I/O 应用场景。

专属分布式存储服务可以提供低时延、高性能的服务，适用于时延较低、读写速率较

高、数据密集型的超高 I/O 应用场景。

(2) 弹性扩展。

专属分布式存储服务可以按需扩容，即可以根据业务需求扩容存储池，并且支持在线扩容 DSS 下的磁盘，而且能保证性能线性增长，满足业务需求。

(3) 安全可靠。

专属分布式存储服务可以提供三副本冗余策略，保障数据持久性高达 99.999 999 9%，并且系统盘和数据盘均支持数据加密，从而保护数据安全。

(4) 备份恢复。

专属分布式存储服务可以提供云备份服务功能，可为专属分布式存储下的磁盘创建备份，利用备份数据回滚磁盘，最大限度保障数据的安全性和正确性，确保业务安全。

2) 专属分布式存储服务与云硬盘的区别

(1) 存储可靠性不同。

专属分布式存储服务为用户提供独享的物理存储资源，存储池资源物理隔离，数据持久性高达 99.999 999 9%，可同时对接多种不同类型的计算服务，如 ECS、BMS、DCC 等，功能丰富、安全可靠。云硬盘利用分布式多副本技术，将数据写入三份跨机架的存储节点中，保证任何一个副本故障时可快速进行数据迁移恢复，数据可靠性高达 99.999 999 9%，避免单一硬件故障造成数据丢失。系统盘和数据盘均支持数据加密，无需自行构建和维护密钥管理基础设施，且应用无感知，安全便捷。

(2) 存储类别不同。

专属分布式存储服务存储池物理隔离，资源独享，专属存储。云硬盘服务共享存储池资源。

(3) 应用场景不同。

专属分布式存储服务可以对接专属云中的 ECS、BMS 等计算服务，也可以对接非专属云中的 ECS、BMS 等计算服务，支持混合负载，可同时支持 HPC、数据库、Email、OA 办公、Web 等多个应用混合部署，支持高性能计算、OLAP 应用。云硬盘服务支持企业日常办公应用、开发测试、企业业务应用，例如 SAP、Microsoft Exchange 和 Microsoft SharePoint 等，也支持分布式文件系统、各类数据库，例如 MongoDB、Oracle、SQL Server、MySQL 和 PostgreSQL 等。

(4) 性能规格不同。

专属分布式存储服务支持高 I/O 和超高 I/O，起步容量分别达到 13.6TB 和 7.225TB。云硬盘支持按需扩容，最小扩容步长为 1GB，单个磁盘可由 10GB 扩展至 32TB。

5. 存储容灾服务

存储容灾服务(Storage Disaster Recovery Service)是一种为弹性云服务器(Elastic Cloud Server，ECS)、云硬盘(Elastic Volume Service，EVS)和专属分布式存储服务(Dedicated Distributed Storage Service)等服务提供容灾的服务。通过存储复制、数据冗余和缓存加速等多项技术，提供给用户高级别的数据可靠性和业务连续性，简称存储容灾。

存储容灾服务有助于保护业务应用，可以将弹性云服务器的数据、配置信息复制到容灾站点，并允许业务应用所在的服务器停机期间从另外的位置启动并正常运行，从而提升业务的连续性。

1) 容灾与备份的区别

容灾与备份具有以下区别：

(1) 场景不同。

容灾主要针对火灾、地震等重大自然灾害，因此生产站点和容灾站点之间必须保证一定的安全距离；备份主要针对人为误操作、病毒感染、逻辑错误等因素，用于业务系统的数据恢复，数据备份一般是在同一数据中心进行。

(2) 目的不同。

容灾系统不仅保护数据，更重要的目的在于保证业务的连续性；而数据备份系统只保护不同时间点版本数据的可恢复性。一般首次备份为全量备份，所需的备份时间会比较长，而后续增量备份则在较短时间内就可完成。

(3) 策略不同。

容灾的最高等级可实现 RPO=0；备份时可设置一天最多 24 个不同时间点的自动备份策略，后续可将数据恢复至不同的备份点。

(4) 效率不同。

故障情况下(例如地震、火灾)，容灾系统的切换时间可降低至几分钟；而备份系统的恢复时间可能需要几小时到几十小时。

2) 存储容灾应用场景

当生产站点因为不可抗力因素(比如火灾、地震)或者设备故障(软、硬件被破坏)导致应用在短时间内无法恢复时，存储容灾服务可提供跨可用区 RPO=0 的服务器级容灾保护。存储容灾服务采用存储层同步复制技术提供可用区间的容灾保护，满足数据崩溃一致性，当生产站点故障时，通过简单的配置，即可在容灾站点迅速恢复业务。

对于有状态的应用，例如使用 Microsoft Office 365 的用户，当用户在云服务器上部署 Microsoft Office 365 时，需要在该服务器的云硬盘上存储用户的数据，此场景更适合使用存储容灾服务。

6. 弹性文件服务

弹性文件服务(Scalable File Service，SFS)提供按需扩展的高性能文件存储(NAS)，可为云上多个弹性云服务器(Elastic Cloud Server，ECS)、容器(CCE 和 CCI)、裸金属服务器(BMS)提供共享访问。

与传统的文件共享存储相比，弹性文件服务具有以下优势：

(1) 文件共享。

同一区域跨多个可用区的云服务器可以访问同一文件系统，实现多台云服务器共同访问和分享文件。

(2) 弹性扩展。

弹性文件服务可以根据用户的使用需求，在不中断应用的情况下，增加或者缩减文件系统的容量，通过一键式操作，轻松完成用户的容量定制。

(3) 高性能、高可靠性。

弹性文件服务性能随容量增加而提升，同时保障数据的高持久度，满足业务增长需求。

(4) 无缝集成。

弹性文件服务同时支持 NFS 和 CIFS 协议。通过标准协议访问数据，无缝适配主流应用程序进行数据读写，同时兼容 SMB 2.0/2.1/3.0 版本，Windows 客户端可轻松访问共享空间。

(5) 操作简单、成本低。

操作界面简单易用，可以轻松快捷地创建和管理文件系统。

7. 数据快递服务

数据快递服务(Data Express Service，DES)是面向太字节(TB)或拍字节(PB)级数据上云的传输服务，它使用物理存储介质(Teleport 设备、外置 USB 硬盘驱动器、SATA 硬盘驱动器、SAS 硬盘驱动器等)向华为云传输大量数据。使用 DES 可解决海量数据传输的难题(包括高昂网络成本、较长传输时间等)，传输数据的速度可达 1000 Mb/s，相当于高速 Internet 传输速度的 10 倍，但是成本却低至高速 Internet 费用的五分之一。使用 DES 不占用用户公网带宽，不与主营业务争抢带宽资源。

DES 目前支持 Teleport 和磁盘两种数据传输方式。Teleport 方式适用于 TB、PB 级的数据量迁移，磁盘方式适用于 TB 级的数据量迁移，用户可根据需要传输的数据量的多少合理选择传输方式。其中，选择 Teleport 方式时由华为数据中心邮寄 Teleport 设备给用户使用，而选择磁盘方式时用户需自己准备磁盘。

DES 主要具有以下几方面的特点：

1) 安全制度

DES 具备完善的安全制度，确保用户数据无法被恶意访问和篡改。

(1) 迁移介质安全保障。Teleport 设备具备防尘防水、抗震抗压、安全锁、报警录音、256 位 AES 数据加密、GPS 跟踪、限定区域解锁等功能，可确保用户数据传输的安全性。

(2) 传输全程安全保障。用户可以将存放数据的迁移介质邮寄到华为云数据中心，管理员将 Teleport 设备或磁盘挂载到服务器后，短信通知用户输入访问密钥(AK/SK)，密钥验证成功后触发数据上传。传输全程华为人员无法接触客户密钥及客户数据，确保了数据在传输过程中的安全性。

2) 多种传输方式

DES 的一个重要功能是提供高速传输速率，解决数据传输时间长的问题。因为本地数据源上传严重受限于用户的网络带宽，所以 DES 可以将用户数据存储在迁移介质上，运输到华为云数据中心，从而解决网络带宽问题。但 DES 传输速率仍受设备性能、数据量大小、数据类型以及文件的存储方式等影响。

(1) Teleport 方式。Teleport 设备上传数据的速率主要受数据文件类型和大小影响，普通文件传输速率一般可达 500 MB/s，海量小文件和超大文件传输速率也可达 200 MB/s。因此用户可优先选择 Teleport 方式，快速、高效地实现数据传输。

(2) 磁盘方式。磁盘上传数据的速率主要取决于用户磁盘自身的 I/O 性能，普通 USB 接口移动硬盘传输速率为 30 MB/s，SATA 接口的磁盘传输速率为 100 MB/s。

Teleport 支持 NFS/CIFS/FTP 等协议的数据源导入 OBS，满足大数据上云(存储到服务器上)场景。

3) 服务状态跟踪

DES 具备完善的服务单使用流程规范，用户可根据管理控制台服务单状态信息，跟踪数据传输进程。

4) 防误操作

签名文件是 DES 服务单与迁移介质一一匹配的唯一标识，DES 由系统识别签名文件，迁移介质与服务单自动匹配，避免人为误操作。

用户成功申请服务单后，系统会生成唯一签名文件。用户需将签名文件不加密地存入 Teleport 设备或磁盘根目录，寄送 Teleport 设备或磁盘到华为云数据中心。管理员接收并挂载 Teleport 设备或磁盘到服务器后，系统会自动识别与 Teleport 设备或磁盘中签名文件信息一致的服务单。签名文件与服务单匹配成功后，系统根据用户输入的访问密钥(AK/SK)触发数据上传，数据上传全程均无人为干预，避免人为误操作。

5) 报表汇总

用户可获取 DES 服务单的详细报表信息。用户数据上传完成后，会生成数据传输报告，以报表形式供用户确认数据传输完整性。

8. 云存储网关

云存储网关(Cloud Storage Gateway，CSG)是一种混合云存储服务。用户本地数据中心的应用程序通过标准存储协议(NFS 协议)访问网关，连接到华为云，实现用户本地和华为云存储数据的同步管理。

用户只需在本地部署网关，通过 NFS 协议将数据缓存到本地，再定期同步到华为云 OBS 上存储。数据存储到云服务器后，可通过 OBS 生命周期管理，将数据存储在低频访问存储或归档存储桶中，降低存储成本。在使用数据时再从低频访问存储或归档存储桶中读取。同时通过协议接口，NFS 客户端可反向同步 OBS 中的已有对象到本地。通过 CSG 可实现数据无缝与云服务器交互，简化用户本地存储，解决本地数据冗余的问题。

云存储网关具有以下特点：

(1) 完备的安全制度。CSG 具备完善的安全制度，在激活网关时，需校验用户访问密钥(AK/SK)，验证通过后才能激活网关，并在本地网关生成网关认证信息，确保用户使用网关过程中数据不被篡改或窃取。

(2) 标准文件协议。CSG 支持 NFS 标准文件存储协议，无需修改应用程序。通过 NFS 存储协议可无缝集成本地应用程序和 OBS。数据传输到 OBS 之后，用户可以将其作为 OBS 对象进行管理。

(3) 超大缓存容量。CSG 通过本地缓存盘，缓存近期写入网关的数据，用户通过本地缓存对存储在 OBS 中的数据进行低时延访问。

(4) 数据分级存储。CSG 提供两级存储能力，两级存储分别为网关服务器的缓存和 OBS 桶。分级存储根据数据的使用频率为用户提供低时延的访问体验。

(5) 动态网关监控。CSG 支持对网关状态、网关资源等进行监控，通过在云监控服务器(Cloud Eye)上配置监控指标，实时采集本地网关操作数据，并在告警触发时实时通知用户。此外，用户可根据监控面板可视化监控数据信息，实时掌握网关状态和资源使用情况，对网关进行管理配置。

6.4.3　网络

网络领域，华为云分别提供虚拟私有云、弹性负载均衡、NAT 网关、弹性公网 IP、云专线、虚拟专用网络、云连接、云解析服务、VPC 终端节点等功能。

1. 虚拟私有云

虚拟私有云(Virtual Private Cloud，VPC)为云服务器、云容器、云数据库等资源构建隔离的、用户自主配置和管理的虚拟网络环境，提升用户云上资源的安全性，简化用户的网络部署。

可以在 VPC 中定义安全组、VPN、IP 地址段、带宽等网络特性。用户可以通过 VPC 方便地管理、配置内部网络，进行安全、快捷的网络变更。同时，用户可以自定义安全组内与组间弹性云服务器的访问规则，加强弹性云服务器的安全保护。

VPC 使用网络虚拟化技术，通过链路冗余、分布式网关集群、多 AZ 部署等多种技术，保障网络的安全、稳定、高可用。

虚拟私有云(VPC)产品架构可以分为 VPC 的组成、VPC 安全、VPC 连接。

1) VPC 的组成

每个虚拟私有云 VPC 由一个私网网段、子网和路由表组成。

(1) 私网网段：用户在创建虚拟私有云(VPC)时，需要指定虚拟私有云使用的私网网段。当前虚拟私有云支持的网段有 10.0.0.0/8~24、172.16.0.0/12~24 和 192.168.0.0/16~24。

(2) 子网：云资源(例如云服务器、云数据库等)必须部署在子网内。所以，虚拟私有云创建完成后，需要为虚拟私有云划分一个或多个子网，子网网段必须在私网网段内。

(3) 路由表：在创建虚拟私有云(VPC)时，系统会自动生成默认路由表，默认路由表的作用是保证同一个虚拟私有云下的所有子网互通。当默认路由表中的路由策略无法满足应用(比如未绑定弹性公网 IP 的云服务器需要访问外网)时，可以通过创建自定义路由表来解决。更多信息请参考 VPC 内自定义路由示例和 VPC 外自定义路由示例。

2) VPC 安全

安全组与网络 ACL(Access Control List)用于保障虚拟私有云(VPC)内部署的云资源的安全。安全组类似于虚拟防火墙，为同一个 VPC 内具有相同安全保护需求并相互信任的云资源提供访问策略。更多信息请参考华为云安全组简介。用户可以为具有相同网络流量控制的子网关联同一个网络 ACL，通过设置出方向和入方向规则，对进出子网的流量进行精确控制。更多信息请参考网络 ACL 的介绍。

3) VPC 连接

华为云提供了多种 VPC 连接方案，以满足用户不同场景下的诉求。具体应用场景及连接方案请参见华为云应用场景相关介绍。

通过 VPC 对等连接功能，可实现同一区域内不同 VPC 下的私网 IP 互通。通过 EIP(Elastic IP)或 NAT 网关，使得 VPC 内的云服务器可以与公网 Internet 互通。通过虚拟专用网络 VPN、云连接、云专线及 VPC 二层连接网关功能可将 VPC 和用户的数据中心连通。

2. 弹性负载均衡

弹性负载均衡(Elastic Load Balance，ELB)是一种流量分发控制服务，根据特定的访问策略把访问后端的流量分发到不同的服务器上。弹性负载均衡可以通过流量分发扩展应用系统对外的服务能力，同时通过消除单点故障提升应用系统的可用性。

弹性负载均衡由负载均衡器、监听器、后端服务器等组件组成。

负载均衡器接收来自客户端的传入流量并将请求转发到一个或多个可用区中的后端服务器上。

可以为服务器配置一个或多个监听器。监听器使用配置的协议和端口检查来自客户端的连接请求，并根据预先指定的分配策略将请求转发到一个后端服务器上。

每个监听器会绑定一个后端服务器组，后端服务器组由一个或多个后端服务器组成。后端服务器组使用指定的协议和端口号将请求转发到一个或多个后端服务器上。

可以为后端服务器配置流量转发权重，不能为后端服务器组配置权重。

可以开启健康检查功能，对每个后端服务器组配置运行状况进行检查。当后端某台服务器健康检查出现异常时，弹性负载均衡会自动将新的请求分发到其他健康检查正常的后端服务器上；而当该后端服务器恢复正常运行时，弹性负载均衡会将其自动恢复到弹性负载均衡服务中。

弹性负载均衡支持经典型负载均衡和共享型负载均衡。经典型负载均衡适用于访问量较小、应用模型简单的 Web 业务。共享型负载均衡适用于访问量较大的 Web 业务，提供基于域名和 URL 的路由均衡能力，可实现更加灵活的业务转发。

1) 共享型负载均衡算法

(1) 加权轮询算法：根据后端服务器的权重，按顺序依次将请求分发给不同的服务器。该算法用相应的权重表示服务器的处理性能，按照权重的高低以及轮询方式将请求分配给各服务器，相同权重的服务器处理相同数目的连接数。该算法常用于短连接服务，例如 HTTP 等服务。

(2) 加权最少连接算法：通过当前活跃的连接数来估计服务器负载情况的一种动态调度算法。加权最少连接就是在最少连接数的基础上，根据服务器的不同处理能力，给每个服务器分配不同的权重，使其能够接收相应权值数的服务请求。该算法常用于长连接服务，例如数据库连接等服务。

(3) 源 IP 算法：将请求的源 IP 地址进行一致性 Hash 运算，得到一个具体的数值，同时对后端服务器进行编号，按照运算结果将请求分发到对应编号的服务器上。该算法可以对不同源 IP 的访问进行负载分发，同时使得同一个客户端 IP 的请求始终被派发至某特定的服务器。该方式适合负载均衡无 Cookie 功能的 TCP 协议。

2) 经典型负载均衡算法

(1) 轮询算法：按顺序把每个新的连接请求分配给下一个服务器，最终把所有请求平分给所有的服务器。该算法常用于短连接服务，例如 HTTP 等服务。

(2) 最少连接算法：通过当前活跃的连接数来估计服务器负载情况的一种动态调度算法，即系统把新的连接请求分配给当前连接数目最少的服务器。该算法常用于长连接服务，例如数据库连接等服务。

3) 弹性负载均衡工作原则

可以在弹性负载均衡服务中创建一个负载均衡器。该负载均衡器会接收来自客户端的请求，并将请求转发到一个或多个可用区的后端服务器中进行处理。请求的流量分发与负载均衡器配置的分配策略类型相关。

3. NAT 网关

NAT 网关可为用户提供网络地址转换服务，分为公网 NAT 网关和私网 NAT 网关。

1) 公网 NAT 网关

公网 NAT 网关(Public NAT Gateway)能够为虚拟私有云内的云主机或者通过云专线/VPN 接入虚拟私有云的本地数据中心的服务器提供最高 10 Gb/s 能力的网络地址转换服务，使多个云主机可以共享弹性公网 IP，访问 Internet 或使云主机提供互联网服务。

公网 NAT 网关分为 SNAT 和 DNAT 两个功能。SNAT 功能通过绑定弹性公网 IP，实现私有 IP 向公有 IP 的转换，可实现 VPC 内跨可用区的多个云主机共享弹性公网 IP，安全、高效地访问互联网。DNAT 功能绑定弹性公网 IP，可通过 IP 映射或端口映射两种方式实现 VPC 内跨可用区的多个云主机共享弹性公网 IP，为互联网提供服务。

2) 私网 NAT 网关

私网 NAT 网关(Private NAT Gateway)能够为虚拟私有云内的云主机提供网络地址转换服务，使多个云主机可以共享私网 IP，访问用户本地数据中心(IDC)或其他虚拟私有云，同时，也支持云主机面向私网提供服务。

私网 NAT 网关支持大小网段灵活组网，IP 网段可重叠，业务零改造，可降低企业上云的成本和风险。

私网 NAT 网关也分为 SNAT 和 DNAT 两个功能：SNAT 功能通过绑定外部子网 IP，可实现 VPC 内跨可用区的多个云主机共享外部子网 IP，访问外部数据中心或其他 VPC。DNAT 功能绑定外部子网 IP，可通过 IP 映射或端口映射两种方式，实现 VPC 内跨可用区的多个云主机共享外部子网 IP，为外部私网提供服务。

4．弹性公网 IP

弹性公网 IP(Elastic IP，EIP)提供独立的公网 IP 资源，包括公网 IP 地址与公网出口带宽服务，可以与弹性云服务器、裸金属服务器、虚拟 IP、弹性负载均衡、NAT 网关等资源灵活地绑定及解绑。一个弹性公网 IP 只能绑定一个云资源使用。

弹性公网 IP 支持与 ECS、BMS、NAT 网关、ELB、虚拟 IP 灵活的绑定与解绑，带宽支持灵活调整，应对各种业务变化；支持多种计费策略，支持按需、按带宽、按流量计费，使用共享带宽可以降低带宽成本，包年包月使用更优惠；支持快速绑定解绑，带宽调整实时生效。

1) 访问弹性公网 IP 的方式

可以通过管理控制台、基于 HTTPS 请求的 API(Application Programming Interface)两种方式访问弹性公网 IP。

(1) 管理控制台方式。

使用管理控制台方式访问公网 IP 是通过网页实现的，可以使用直观的界面进行相应的操作。只需要登录管理控制台，从主页选择"弹性公网 IP"即可实现这种操作。

(2) API 方式。

如果用户需要将云平台上的弹性公网 IP 集成到第三方系统，用于二次开发，可以使用 API 方式访问弹性公网 IP。

2) 弹性公网 IP 的适用场景

(1) 绑定云服务器。弹性公网 IP 可绑定到云服务器上，实现云服务器连接公网的目的。

(2) 绑定 NAT 网关。NAT 网关通过与弹性公网 IP 绑定，可以使多个云主机(弹性云服务器、裸金属服务器、云桌面等)共享弹性公网 IP，访问 Internet 或使云主机提供互联网服务。通过创建 SNAT 规则，为 VPC 内指定子网中的云产品提供共享弹性公网 IP，访问互联网的服务。通过创建 DNAT 规则，使 VPC 内云主机更好地对外提供服务。

(3) 绑定 ELB 实例。通过弹性公网 IP 可以对外提供服务，将来自公网的客户端请求按照指定的负载均衡策略分发到后端云服务器进行处理。

5. 云专线

云专线(Direct Connect)为用户搭建本地数据中心与云上 VPC 之间的专属连接通道，实现安全可靠的混合云部署。

1) 云专线服务组成

云专线服务主要包括物理连接、虚拟网关、虚拟接口三个组成部分。

(1) 物理连接。物理连接是用户本地数据中心与接入点的运营商物理网络的专线连接。物理连接提供两种专线接入方式：一种是标准专线接入，是用户独占端口资源的物理连接，此种类型的物理连接由用户创建，并支持用户创建多个虚拟接口；另一种是托管专线接入，是多个用户共享端口资源的物理连接，此种类型的物理连接由合作伙伴创建，并且只允许用户创建一个虚拟接口，用户通过向合作伙伴申请来创建托管物理连接，需要合作伙伴为用户分配 VLAN 和带宽资源。

(2) 虚拟网关。虚拟网关是实现物理连接访问 VPC 的逻辑接入网关。虚拟网关会关联用户访问的 VPC。一个 VPC 只能关联一个虚拟网关。多条物理连接可以通过同一个虚拟网关实现专线接入，访问同一个 VPC。

(3) 虚拟接口。虚拟接口是用户本地数据中心通过专线访问 VPC 的入口。用户创建虚拟接口关联物理连接和虚拟网关，连通用户网关和虚拟网关，可实现云下数据中心和云上 VPC 的互访。

2) 云专线功能的特点

(1) 高安全性。用户使用云专线接入华为云上 VPC，使用专享私密通道进行通信，网络隔离，安全性极高。

(2) 低时延。专用网络进行数据传输，网络性能高，延时小，用户使用体验更佳。

(3) 支持大带宽。华为云专线单线路最大支持 10 Gb/s 带宽连接，满足各类用户的带宽需求。

(4) 资源无缝扩展。通过云专线将用户本地数据中心与云上资源互联，形成灵活可伸缩的混合云部署。

6. 虚拟专用网络

虚拟专用网络(Virtual Private Network，VPN)用于在远端用户和虚拟私有云(Virtual Private Cloud，VPC)之间建立一条安全加密的公网通信隧道。远端用户需要访问 VPC 的业务资源时，可以通过 VPN 连通 VPC。

默认情况下，在虚拟私有云(VPC)中的弹性云服务器无法与数据中心或私有网络进行通信。如果需要将 VPC 中的弹性云服务器和数据中心或私有网络连通，可以启用 VPN 功能。

VPN 由 VPN 网关和 VPN 连接组成,VPN 网关提供了虚拟私有云的公网出口,与用户本地数据中心侧的远端网关对应。VPN 连接则通过公网加密技术,将 VPN 网关与远端网关关联,使本地数据中心与虚拟私有云通信,更快速、安全地构建混合云环境。

1) VPN 网关

VPN 网关是虚拟私有云中建立的出口网关设备,通过 VPN 网关可建立虚拟私有云和企业数据中心或其他区域 VPC 之间的安全可靠的加密通信。

VPN 网关需要与用户本地数据中心的远端网关配合使用,一个本地数据中心绑定一个远端网关,一个虚拟私有云绑定一个 VPN 网关。VPN 支持点到点或点到多点连接,所以 VPN 网关与远端网关为一对一或一对多的关系。

2) VPN 连接

VPN 连接是一种基于 Internet 的 IPsec 加密技术,可帮助用户快速构建 VPN 网关和用户本地数据中心的远端网关之间的安全、可靠的加密通道。当前 VPN 连接支持 IPsec VPN 协议。VPN 连接使用 IKE 和 IPsec 协议对传输数据进行加密,保证数据安全可靠,并且 VPN 连接使用的是公网技术,更加节约成本。

7. 云连接

云连接(Cloud Connect)为用户提供一种能够快速构建跨区域 VPC 之间以及云上多 VPC 与云下多数据中心之间的高速、优质、稳定的网络能力,帮助用户打造一张具有企业级规模和通信能力的全球云上网络。

通过创建云连接,可将用户所需要实现互通的不同区域的网络实例加载到创建的云连接实例中,之后通过配置需要互通的网络实例之间的域间带宽,就可以快速地提供全球网络互通服务。这里的网络实例可以是用户自己创建的 VPC 实例或用户创建的用于本地数据中心接入的 VGW 实例,也可以是其他用户授予权限允许加载的 VPC 实例。

VGW 即虚拟网关,是云专线的接入路由器。在云专线服务里,物理专线是用户本地数据中心与云上 VPC 建立网络连接线路的通道。虚拟接口是用户本地数据中心访问 VPC 的入口。VGW 将虚拟接口和 VPC 关联,即可实现本地数据中心访问 VPC。

网络实例包括 VPC 与虚拟网关(VGW)。将 VPC 加载到云上,可以实现 VPC 之间的互通。将虚拟网关加载到云上,可以实现云下 IDC 与云上多 VPC 互通,从而构建混合云。

域间带宽指所规划的场景中,一个区域到另一个区域的网络带宽,用户实现两个区域之间的互通。基于一个带宽包配置的多个域间带宽的总和不能超过带宽包的总带宽。

云连接的应用场景有如下两种:

(1) 跨区域多 VPC 私网互通。

当云上多个区域的 VPC 之间需要跨区域进行私网通信时,云连接可以根据用户的网络规划,轻松实现多个跨区域 VPC 连通的场景,提高网络拓扑的灵活性,并为用户提供安全可靠的私网通信。这里的 VPC 可以是同账号的 VPC,也可以是不同账号经过授权的 VPC,通过云连接服务,都可以为用户实现私网互通。

(2) 多数据中心与多区域 VPC 互通。

当用户本地的多个数据中心需要与云上多个区域的 VPC 进行私网通信时,可以通过云专线实现本地数据中心接入云上 VPC,再通过云连接加载需要互通的 VPC 和数据中心接入的 VGW,实现本地数据中心与多区域 VPC 的私网通信,从而实现多点全网通场景。这里的 VPC 可以是同账号的 VPC，也可以是不同账号经过授权的 VPC，通过云连接服务，都可以实现私网互通。

8. 云解析服务

云解析服务(Domain Name Service，DNS)提供高可用、高扩展的 DNS 服务，把人们常用的域名(如 www.example.com)转换成用于计算机连接的 IP 地址(如 192.1.2.3)。云解析服务可以让用户直接在浏览器中输入域名，访问网站或 Web 应用程序。

1) 云解析服务的基本功能

云解析服务提供以下解析服务类型：

(1) 公网域名解析。云解析服务将公网域名与 IP 地址相关联，提供基于 Internet 网络的域名解析服务，实现通过域名直接访问网站或者 Web 应用程序的功能。

(2) 内网域名解析。云解析服务将在 VPC 内生效的内网域名与私网 IP 地址相关联，为华为云上资源提供 VPC 内的域名解析服务。

(3) 反向解析。云解析服务支持通过 IP 地址反向获取该 IP 地址指向的域名，通常用于自建邮件服务器的场景，是提高邮箱 IP 和域名信誉度的必要设置。

(4) 智能线路解析。云解析服务支持按运营商、地域等不同访问者 IP 的来源和类型，对同一域名的访问请求做出不同的解析响应，指向不同服务器的 IP 地址，解决跨运营商或者跨地域访问慢的难题，提高解析效率。

2) 云解析服务的特点

(1) 高性能。云解析服务采用自研的新一代高性能解析加速服务，单节点支持千万级并发，提供高效稳定的解析服务。

(2) 安全防护。云解析服务基于华为自研的 Anti-DDoS 设备以及多年防护经验，可以有效应对各类 DDoS 攻击。

(3) 轻松访问云上资源。云解析服务支持为云服务器创建内网域名，既支持云服务器之间通过内网域名互相访问，也支持云服务器通过内网 DNS 访问云上资源，无需经过 Internet，访问延时小，性能高。

(4) 平滑切换无感知。云解析服务支持将使用中的网站域名迁移至华为云云解析服务进行托管。在域名转入时可以提前创建域名，并设置解析记录，使网站的 DNS 服务实现平滑切换，用户访问体验不中断。

(5) 核心数据安全隔离。对于保存核心数据的云服务器，不绑定弹性 IP，使用内网 DNS 为其提供域名解析服务，这样既保证了核心数据的安全性，又实现了对核心数据的访问。

3) 云解析服务的使用

云解析服务提供了 Web 化的服务管理平台，即管理控制台和基于 HTTPS 请求的 API(Application Programming Interface)管理方式。

(1) 管理控制台方式。

用户可直接登录管理控制台访问云解析服务。如果用户已注册账户，可直接登录管理控制台，从主页选择"域名与网站→云解析服务"，即可使用云解析服务。如果用户未注册，则需要先注册成功，才能使用云解析服务。

通过管理控制台上的简单配置，可以快速让 DNS 服务开始提供域名解析服务。

(2) API 方式。

如果用户需要将云解析服务集成到第三方系统，用于二次开发，可使用 API 方式访问云解析服务。

9. VPC 终端节点

VPC 终端节点(VPC Endpoint)能够将 VPC 私密地连接到终端节点服务(云服务、用户私有服务)上，使 VPC 中的云资源无需弹性公网 IP 就能够访问终端节点服务。

终端节点服务在 VPC 和终端节点服务之间提供连接通道。可以在 VPC 中创建自己的应用程序并将其配置为终端节点服务，同一区域下的其他 VPC 可以通过创建在自己 VPC 内的终端节点访问终端节点服务。

VPC 终端节点包括接口终端节点和网关终端节点两种类型。

1) VPC 终端节点的类型

(1) 接口终端节点是指具备私有 IP 地址的弹性网络接口，它可作为接口型终端节点服务的通信入口。

(2) 网关终端节点是一个网关，在其上配置路由，用于将流量指向网关型终端节点服务。

2) VPC 终端节点的特点

(1) 性能优异。每个网关节点可提供百万级对话，满足多种应用场景需求。

(2) 即创即用。秒级创建，快速生效，迅速响应，方便用户及时使用。

(3) 使用灵活。无需弹性公网 IP，直连内网，使用更加灵活。

(4) 安全性高。用户能够通过终端节点私密地连接到终端节点服务，避免泄漏服务端相关信息所带来的不可知风险。

3) 终端节点服务

终端节点服务指将云服务或用户私有服务配置为 VPC 终端节点支持的服务，即终端节点服务。该服务分为网关和接口两种类型。网关型服务是由系统配置的受 VPC 终端节点支持的云服务，用户可直接使用。接口型服务包括系统配置的云服务和用户自己创建的私有服务。

4) 终端节点的应用场景

(1) 高速上云。本地数据中心可以通过 VPN 或云专线，利用建立的终端节点通过内网访问云服务，提高访问效率，节约使用成本，更加便捷安全。

(2) 跨 VPC 连接。不同 VPC 之间不能进行通信，但可以在 VPC 中创建应用程序并将其配置为终端节点服务，同一区域下其他 VPC 内创建的终端节点可以与该终端节点服务建立连接，实现跨 VPC 资源通信。

思考与练习

1. Amazon 云计算采用 Dynamo 架构存储数据，在 Dynamo 中采用什么方法既可保证数据存储的可靠性，又能保证数据的写入速度不受影响？

2. Dynamo 中的容错机制是怎么实现的？

3. Dynamo 采用什么方法感知成员节点的行为？

4. 弹性计算云 EC2 中的"弹性"具体表现在哪些方面？

5. Amazon EC2 中一共有几类 AMI？每种类型的 AMI 各有什么特点？

6. Amazon 中的简单存储服务 S3 采用几层架构来存储数据？每层存储的数据有什么不同？

7. Amazon 中的 Simple DB 具有哪些功能？

8. Google 云计算解决方案中的 GFS 文件系统采用什么方式存储数据？

9. Google 云计算解决方案和 Amazon 云计算解决方案有何异同？试从采用技术、实现功能、系统架构三方面进行分析。

第七章 云 安 全

由于云计算的一些特性和现有的 IT 模式有很大的差异，特别是数据和应用都存储和运行在远端的云计算中心，而不是在传统的企业数据中心内，所以自云计算诞生之后，在安全方面就受到了极大的非议。通过多次对企业 CIO 和业务线上同事的调查可知，企业打算云平台在运作时，企业数据的安全、业务的连贯性等能否得到有效的保障，都是需要考虑的基本问题。因此，安全问题在云计算面临的各种问题中排在第一位。

云计算、云服务的安全除了相关的技术因素之外，还包括云服务提供商如何进行安全管理以满足企业在治理、信息安全、审计与合规性方面的要求。

同很多其他技术一样，安全性在云计算世界中就好比硬币的两面，既有正面也有反面。本章将揭开云安全的神秘面纱，澄清云安全常见的困惑，探讨云计算环境的安全挑战与防护策略，以及云计算安全防护的未来展望。

7.1 云计算安全概述

和云计算的定义一样，关于云计算安全的概念业界并没有统一的定义，但不同的定义其内涵基本上也都差不多，可以总结为：云计算安全就是确保用户在稳定和私密的情况下在云计算中心上运行应用，并保证存储于云中的数据的完整性和机密性。

关于云计算安全问题，业界诸多传统 IT 硬件和服务供应商都推出了自己的私有云解决方案，通过这种解决方案，能够在基本不影响企业现有 IT 安全模式的情况下，在企业数据中心引入云计算能力，但这种模式在成本和维护等方面有一定的瑕疵。从长远来看，公有云在成本等方面存在明显的优势，因此公有云肯定将成为主流。所以本章所讨论的云计算主要是指公有云这种模式。

下面将讨论云计算与现有的 IT 模式相比，在安全方面面临哪些新的挑战，现有的安全系统有哪些不足，云计算在安全方面有哪些优势。

7.1.1 云安全的概念

1. 云安全的内涵

"云安全"最初是由传统防病毒厂商提出来的，主要思路是将用户和厂商安全中心平台通过互联网紧密相连，组成一个庞大的病毒、木马、恶意软件检测、查杀的"安全云"，每个用户都是"安全云"中的一个节点，用户在为整个"安全云"网络提供服务的同时，也分享其他所有用户的安全成果。这只是云计算概念在安全领域的一个应用。

当前主流云计算服务提供商及研究机构更为关注的是云计算应用自身的安全。从完整意义上讲，"云安全"应该包含两个方面的含义：一是"云上的安全"，即云计算应用自身的安全，如云计算应用系统及服务安全、云计算用户信息安全等；二是云计算技术在网络信息安全领域的具体应用，即通过采用云计算技术来提升网络信息安全系统的服务效能，如基于云计算的防病毒技术、木马检测技术等。前者是各类云计算应用健康、可持续发展的基础，简称为"云安全"；后者是当前网络信息安全领域最受关注的技术热点，定义为"安全云"。

许多人对于"云安全"和"安全云"这两个名词的区别不是特别清楚，其实广义的"云安全"同时包含了"云安全"和"安全云"两个概念。"云安全"是指云计算基础架构的安全防护；"安全云"是安全领域利用云计算技术强化对抗新兴威胁的能力。事实上，"安全云"的概念可进一步从软件和服务两个角度进行细化。前者以采用"云杀毒"或"云端信誉评级"技术的防毒软件为代表；后者是将安全产品云化，以服务的形式提供，用户不需要自行采购与维护安全设备，不但可大量降低用户管理负担，还可以通过服务厂商的专业级连续服务(全年无休息的服务)，获得更完善的安全防护。

2. 比较云安全与传统安全

云安全与传统安全的异同点对比如表 7-1 所示。

表 7-1　云安全与传统安全的异同点

对比点	传　统　安　全	云　安　全
针对对象	针对的是用户可以掌控的"安全区域"(例如个人电脑、网站服务器等)，所保护的对象也都处于用户可以掌控的范围内	用户的数据、应用程序等都存储或运行在云平台上，而云平台则是用户无法掌控的区域。因此云安全针对的是云平台中用户无法掌控的区域。如何保证用户信息不被其他用户甚至是云服务提供商恶意访问，是云计算安全中十分重要并亟待解决的关键性问题之一
安全技术	所面临的诸如软件漏洞、网络病毒、黑客攻击及信息泄漏等信息系统中普遍存在的共性问题，都会在云安全中有充分的体现	云计算的发展也带来了新安全技术的发展或诞生。例如，云平台中虚拟化技术的广泛使用使得虚拟化的安全问题凸显出来，也带来了虚拟化安全技术的大力发展；云计算场景下对加密数据处理的需求，也在一定程度上刺激了密文计算技术的发展
服务模型	传统服务中数据分散，用户享受服务的成本高，性价比低	云计算引入了全新的多租户、数据集中、软硬件资源集中的服务模型。这种服务模型使得包括个人和企业在内的用户能够以较低的价格获得十分稳健和优异的存储或计算服务，同时也会带来新的安全需求

随着传统环境向云计算环境的大规模迁移，云计算环境下的安全问题变得越来越重要。相对于传统安全，云计算的资源虚拟化、动态分配以及多租户、特权用户、服务外包等特性造成信任关系的建立、管理和维护更加困难，服务授权和访问控制变得更加复杂，网络边界变得模糊等问题让"云"面临更大的挑战，云的安全成为用户最为关注的问题。云安全与传统安全到底有什么区别和联系呢？传统安全与云安全的对比如表 7-1 所示。

7.1.2　云安全面临的威胁

云计算面临的安全威胁具体表现在以下几个方面：由物理计算资源共享带来的虚拟机安全问题；由数据的拥有者与数据之间的物理分离带来的用户数据隐私保护与云计算可用性之间的矛盾；用户行为隐私问题；云计算服务的安全管理方面的问题。云数据中心面临的安全威胁如图 7-1 所示。

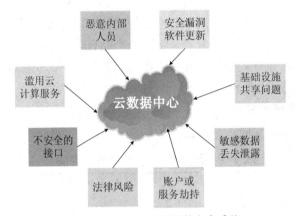

图 7-1　云数据中心面临的安全威胁

1．虚拟化技术安全威胁

虚拟化技术是在云计算中心实现计算与存储资源高效共享的核心技术。该技术使得云计算相对于传统计算方式具有两个关键的特点：多租户(multi-tenancy)和快速弹性(rapid elasticity)，而它们都带来了额外的安全威胁。

1) 多租户带来的威胁

多租户表示用户需要与其他租户分享计算资源、存储资源、服务和应用，是具有安全风险的。所有租户同时存在于相同的进程和硬件中，这样的资源共享会严重地影响租户在云中的信息安全性。

2) 快速弹性带来的威胁

快速弹性是说云服务提供商可以根据当前的需求动态调整分给每个服务的资源，这也意味着租户有机会使用之前被分配给其他租户的资源，这样就会导致机密性的问题。

3) 虚拟机存在的相关安全问题

虚拟机存在的相关安全问题主要包括虚拟机自身安全、虚拟机镜像安全、虚拟网络安全和虚拟机监控器安全。

2．数据管理失控

在云计算中，用户对放置在远程云计算中心的数据和计算失去物理控制，对于自身的数据是否受到保护、计算任务是否被正确执行等都不能确定，由此带来了新的安全问题。数据安全问题包括存储数据安全、剩余数据安全和传输数据安全等。

1) 存储数据安全

存储数据安全考虑的是用户存储在云上的数据的安全性。许多用户直接将网络数据存储在云端，很少会有人使用加密的方法与手段对数据进行保护。在发生安全事故时，云服务提供商很难能够及时告知用户，用户也就无法对数据进行及时的处理；一些云服务提供商可能为了商业利益和名誉而对数据的丢失或者篡改等隐而不报，这会对用户数据隐私和用户数据的完整性造成极大的安全威胁。如果预先用传统密码体制加密，云计算中心基本上就无法对密文做任何有意义的计算。

2) 剩余数据安全

剩余数据安全问题是指用户在使用完云存储服务后退租或动态释放部分资源时，如果只是对用户磁盘中的文件做简单的删除，而下一次将磁盘空间(逻辑卷)重新分配给其他租户时，可能会被恶意租户使用数据恢复软件读出磁盘数据，从而导致先前租户的数据泄漏。

3) 传输数据安全

传输数据安全是指数据在传输过程中可能被窃取或篡改。服务商需要通过有效的手段，防止传输数据被窃取或篡改，需要保证数据即使丢失也不易泄密。针对用户未采用加密手段的情况，服务商也应有相应强度的加密措施，保证用户数据在网络传输中的机密性和完整性，同时保证传输的可用性。

3. 云服务供应商信任问题

传统数据中心的环境中，员工泄密的事情时有发生，同样的问题，也极有可能发生在云计算的环境中。此外，云计算供应商可能同时经营多项业务，在一些业务和计划开拓的市场甚至可能与客户具有竞争关系，可能存在巨大的利益冲突，这将大幅增加云计算服务供应商内部员工窃取客户资料的动机。某些云服务供应商对客户知识产权的保护是有限制的。选择云服务供应商除了应避免竞争关系外，也应该审慎阅读云服务供应商提供的合约内容。另外，一些云服务供应商所在国家法律规定，允许执法机关未经客户授权，直接对数据中心的资料进行调查，这也是选择云服务供应商时必须注意的。

4. 数据取证与多方审计问题

云计算中用户数据不再被用户本地拥有，因此需要有方法让用户确信他们的数据被正确地存储和处理，即进行完整性验证；另外，从涉及数据安全和使用的法律及网络监管角度看，也需要一种机制能够远程公开地对数据进行审计，并且，这种审计必须以不泄漏用户隐私信息为前提。

在云计算环境中，涉及供应商与用户间双向审计问题，因此对云计算的审计远比传统数据中心的审计来的复杂。国内对云计算审计的讨论，很多都是集中在用户对云服务供应商的审计上。而在云计算环境中，云服务供应商也必须对用户进行审计，以保护其他用户和自身的声誉。另外，在某些安全事故中，审计对象可能涉及多个用户，复杂度更高。为维护审计结果的公信力，审计行为可能由独立的第三方执行，云服务供应商应记录并维护审计过程所有的稽核轨迹。如何有效地进行多方审计，仍然是云安全中的重要议题。

5．云平台安全管理面临的挑战

对于安全的需求越高，所需付出的代价也就越大。技术只是手段，管理才是根本。信息安全保障依赖"三分技术，七分管理"，信息安全管理覆盖了信息系统的整个生命周期。据统计，有超过半数的安全事件源于内部人员。尽管大多数组织都有可能存在恶意企图的内部人员，但在云计算模式下这种风险会增大。

7.1.3　云安全面临的挑战

综合网络安全行业的各类分析报告及云计算安全的现实情况，云计算安全面临的挑战主要来源于技术、管理和法律风险等几个方面，具体如下：

(1) 数据集中。聚集的用户、应用和数据资源更方便黑客发动集中的攻击，事故一旦产生，影响范围广、后果严重。

(2) 防护机制。传统基于物理安全边界的防护机制在云计算的环境下难以得到有效的应用。

(3) 业务模式。基于云的业务模式给数据安全的保护提出了更高的要求。

(4) 系统复杂。云计算的系统非常大，发生故障的时候要进行快速定位的挑战也很大。

(5) 开放接口。云计算的开放性对接口安全提出了新的要求。

(6) 管理方面。在管理方面，云计算数据的管理权和所有权是分离的，需要不断完善使用企业和云服务提供商之间运营管理、安全管理等方面的措施。

(7) 法律方面。法律方面主要是地域性的问题，如云信息安全监管、隐私保护等方面可能存在法律风险。

7.1.4　云安全性的优势

并不是说用户的数据在云上是不安全的，云服务提供商会竭尽所能确保用户数据的安全性，否则，会出现口头传播，并且会逐渐失去稳定的业务关系。在安全性方面，云计算并不是一无是处，它具有很多优势，主要体现在以下几个方面。

1．管理方面

使用云计算能摆脱之前 IT 数据中心常见的异构性和复杂性，并且所有的服务都通过一个云系统提供，这样就能够统一监管服务，简化了管理的复杂度，从而降低了缺陷和漏洞存在的几率。另外，只要在服务的多个层次中加入探针，就能完善地记录整个系统的运行，这样任何应用和数据的访问和使用都会被记录在案，不需要繁琐的条例，只需要查看日志即可以让任何犯罪和异常无所遁形。

2．容灾方面

由于资金和技术等原因，大多数企业不会为容灾而建立多个数据中心。但是对于云计算供应商来说，多个数据中心是一个非常标准的配置，这样当一个数据中心出现问题的时候，也能保证服务稳定地运行。

3．信誉方面

虽然云计算供应商主要以大型的 IT 企业和传统的 IDC 供应商为主，但是随着云计算的不断发展，今后的供应商将以传统的电信企业为主。这样就使这些电信公司能以接近国家级的信用来确保其服务的质量，让用户对使用云计算服务更有信心。

7.2 云安全架构

虽然在安全方面，云计算还需要应对一些挑战，但是只要经过精细和完善的设计，云计算绝对能解决安全问题。下面我们介绍一下怎么解决这个问题，也就是介绍一下云计算的安全架构，如图 7-2 所示。

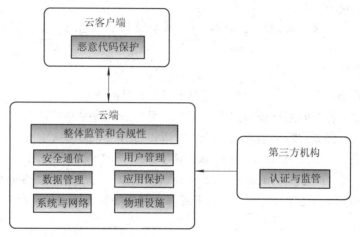

图 7-2　云计算安全架构

整个架构包括三大部分：云客户端、云端和第三方机构。它们之间的关系为：云客户端通过访问云端来得到服务；第三方机构对云端的安全机制进行审核，并在其平时运行的时候，对其进行实时监控。下面我们分别介绍这三大部分。

7.2.1　云客户端

云客户端的安全关系到云计算的用户体验。要确保用户在非常安全和稳定的情况下使用和访问在云上运行的应用，这需要很多方面的保护，其中最重要的莫过于恶意代码保护。该项措施主要采用防火墙、杀毒软件、打补丁和沙箱机制等手段来使云客户端免受木马、病毒和间谍软件的侵害。同时，可以利用云端超强的计算能力实现云模式的安全检测和防护。比如对于本地不识别的可疑流量，任何一个客户端都可以第一时间将其送到后台的云检测中心，利用云端的检测计算能力来进行快速的安全解析，并将发现的安全威胁的特征推送到全部客户端和安全网关，从而使整个云中的客户端和安全网关都能检测到这种威胁。

7.2.2　云端

云端即公共云计算中心，主要包括 7 个模块：整体监管和合规性、安全通信、用户管理、数据管理、应用保护、系统与网络和物理设施。

1. 整体监管和合规性

该模块处于云端安全架构的最顶层，主要包含四方面的功能：

首先是对整个云端安全架构进行规划，也就是能对企业业务和运行风险进行评估，确定相关的战略和治理框架、风险管理框架，指定相应的安全策略、管理和确立信息安全文档管理体系。

其次，能观测云计算整体的安全情况，使云计算管理者能有效地管理和监控整个云计算中心，以防恶性事件发生。

再次，在合规性方面，可以定义一些与合规性和审计相关的流程，以确保整个云计算系统遵从其所需要遵守的协议。

最后，为了保持整个架构的可信度，这个模块支持引入第三方审计机构，对整个云计算安全架构进行认证。

2. 安全通信

该模块是整个云端的网关，主要包括以下三个方面的功能：

首先是提供大容量的网络处理能力，能处理用户对云端的海量请求；

其次是提供了强大的防火墙功能，能应对诸如 DDoS 等的恶意攻击；

最后是还能通过使用 SSL(Secure Sockets Layer，安全套接层)、TLS(Transport Layer Security，传输层安全)、VPN(Virtual Private Network，虚拟专用网络)和 IPSec(Internet Protocol Security，因特网协议安全性)等安全技术来确保云客户端和云端通信的私密性和完整性。

3. 用户管理

该模块主要用于认证和授权用户进入系统和访问数据的权限，同时保护资源免受非授权的访问。该模块主要包括两部分的内容：

一是要确保每个用户只能访问他们得到授权的应用和数据，对用户的操作进行日志记录以检测每个用户的行为，以便发现用户任何触及安全底线的行为。

二是提供基于角色和集中的账号管理机制来简化认证管理，满足安全需求，降低成本，改善用户体验，提高和避免风险，还需要支持在多种服务之间简化登录过程的单点登录机制。

4. 数据管理

在云计算中，数据安全特别关键。对于大多数企业而言，数据大多是存储在企业防火墙之外的云计算中心，因此在数据管理方面，对云计算的要求非常苛刻。该模块主要包括四个方面的功能：

一是数据的管理，可以根据数据的类型和所属的组织来对数据进行分类和隔离，并设置完善的归类、保护、监控和访问机制，以防止数据被误用和泄露。

二是数据加密。比如用户在上传数据之前先使用密钥对其进行加密，并在使用时再解密。这样能确保即使数据被窃取，也不会被非法分子所用。还可以通过数据检验技术来保证数据的完整性。

三是云计算的备份。为避免由于硬盘故障和管理错误造成数据方面的遗失，需要对数据进行多次备份，同时在数据被删除的时候，也要保证每个备份都被清除，包括备份所占的硬盘也要被彻底清空。

四是数据存储地点。由于法律、政治和安全等原因，数据存储的地点对于一些企业而言非常关键，所以需要让用户有能力获知并选择数据合理的存放地点。

5．应用保护

该部分主要包含以下三个方面：

(1) 由于很多应用是以虚拟镜像的形式部署的，所以需要确保在主机上运行虚拟机的安全性，并通过监视虚拟机的运行情况来发现"恶意主机"的存在。同时，尽量减少每个虚拟机开启的服务和监听的端口。

(2) 对应用本身的安全设计，确保点对点的安全通信，并对应用进行完善测试，以减少安全方面的漏洞。

(3) 对应用发布的对外接口进行安全方面的加固，以确保这些服务的安全性。

6．系统与网络

系统方面，每个主机所处理的数据或事务之间应该是隔离的，同时提供虚拟机或基于规则的安全区这两种机制来进一步隔离服务器，并减少服务器监听端口和支持的协议。网络方面分为可信和不可信两个部分，不可信的一般在隔离区，支持对入侵和 DDoS 攻击的侦测。还要检测和分析整个网络的流量来确保网络的安全运行，并使用 VLAN 机制对网络进行隔离。

7．物理设施

首先，在基础设施方面，要确保各种设备的冗余，包括电源、制冷设备和路由器等，并在数据中心内置一台大功率的发电机以应对停电的情况。同时，设备的部署必须考虑到高可靠性的支持，以保证业务永续性，真正实现大流量汇集情况下的基础安全防护。其次，在数据中心的人员方面，需要限制每个人的权限范围，并调查管理人员的背景，以避免商业间谍入侵，并配置闭路电视监控系统来监视，以提高安全性。最后，容灾管理方面，需要在不同地点建设多个数据中心，当发生停电、火灾、地震等突发事件的时候能够将服务快速地切换到备用数据中心上继续运行。

7.2.3　第三方机构

第三方机构需要具备很好的公信力，不会轻易被任何一方左右，而且在安全领域方面具备丰富的经验和技术。第三方机构应具有两方面的功能：一是认证问题，第三方机构能够对云计算服务提供商的服务进行安全认证，采用标准化的技术和非技术手段对云服务进行检测，找出其安全漏洞，对其安全级别进行评估，使用户有信心将数据存储在云端和使用云端提供云服务；二是监管问题，第三方实时监控云端运行状况，以确保其在安全范围内运行，这样会提高用户对云端的信任度。

7.3　云安全的防护策略和方法

尽管云计算会带来新的安全风险与挑战，但其与传统 IT 信息服务的安全需求并无本质区别，核心需求仍是对应用及数据的机密性、完整性、可用性和隐私性的保护。因此，云计算安全防护也不是开发全新的安全理念或体系，而是从传统安全管理角度出发，结合云计算系统及应用特点，将现有成熟的安全技术及机制延伸到云计算应用及安全管理中，满足云计算应用的安全防护需求。

7.3.1 云计算核心架构的安全防护

1. IaaS 架构安全策略与防护

从功能角度看，IaaS 系统的逻辑架构如图 7-3 所示，包含虚拟网络系统、虚拟存储系统、虚拟处理系统，以及最上层的客户虚拟机。

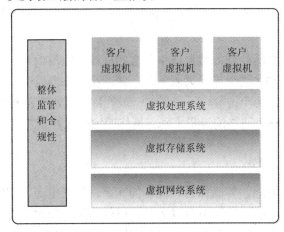

图 7-3　IaaS 系统的逻辑架构

虚拟网络系统是通过虚拟化技术将服务器、交换机、路由器、网卡等物理网络设备虚拟成多个逻辑独立的虚拟网络设备，如虚拟交换机等。

虚拟存储系统是通过在主机和物理存储系统上运行虚拟化软件将存储交换机、磁盘阵列等物理存储虚拟成满足上层需要的特定存储服务。

虚拟处理系统是通过在物理主机上运行虚拟机平台软件将异构的主机服务器等物理主机虚拟成满足上层需要的虚拟主机。虚拟处理系统可以使用本地硬盘、SAN、iSCSI 等物理存储器作为存储资源，也可以使用虚拟存储系统作为存储资源。

客户虚拟机是虚拟处理系统将物理主机进行虚拟化后产生的虚拟机，是客户操作系统安装的位置。

业务管理平台负责向用户提供业务受理、业务开通、业务监视、业务保障等能力。业务平台通过与客户、计费系统、虚拟化平台的交互实现 IaaS 业务的端到端运营和管理。

在虚拟化安全方面，应充分利用虚拟化平台提供的安全功能进行合理配置，防止客户虚拟机恶意访问虚拟平台或其他客户的虚拟机资源。

1) 服务器虚拟化的安全保证

虚拟机管理器 VMM 是服务器虚拟化的核心环节。它主要用来运行虚拟机 VM 的内核，代替传统操作系统管理底层物理硬件，其安全性直接关系到上层的虚拟机安全，因此 VMM 自身必须提供足够的安全机制，防止客户机利用溢出漏洞取得高级别的运行等级，从而获得对物理资源的访问控制，给其他客户带来极大的安全隐患。

在具体的安全防护及安全策略配置上，应满足如下要求：

(1) 虚拟机管理器应具备内核模块完整性检查功能，利用数字签名确保由虚拟化层加载的模块、驱动程序及应用程序的完整性和真实性。

(2) 虚拟机管理器应具有内存安全强化策略，使虚拟化内核、用户模式应用程序及可执行组件位于无法预测的随机内存地址中。在将该功能与微处理器提供的不可执行的内存保护结合使用时，可以提供保护，使恶意代码很难通过内存漏洞来利用系统漏洞。

(3) 在安全管理方面，虚拟机管理器接口应严格限定为管理虚拟机所需的 API，并关闭无关的协议端口。

(4) 规范虚拟机管理器补丁管理要求。在进行补丁更新前，应对补丁与现有虚拟机管理器系统的兼容性进行测试，确认后与系统提供厂商配合进行相应的修复。同时应对漏洞发展情况进行跟踪，形成详细的安全更新状态报表。

(5) 对于每台物理机之上的虚拟平台，严格控制对虚拟平台提供的 HTTP、Telnet、SSH 等管理接口的访问，关闭不需要的功能，禁用明文方式的 Telnet 接口。

(6) 在用户认证安全方面，采用高强度口令，降低口令被盗用和破解的可能性。

(7) 在服务器虚拟化高可用性方面，提供商推出了如高可用性、零宕机容错、备份与恢复等成熟的虚拟化高可用性技术或方案，可以快速恢复故障用户的虚拟机系统，提高用户系统的高可用性。

• 高可用性(High Availability，HA)：当宿主物理机发生故障时，受影响的虚拟机没有在指定时间内生成检测信号，虚拟化平台实时监控系统检测不到其运行状态，就认为其发生了故障并自动重新启动其他宿主物理机上的备份，从而为虚拟机用户提供易于使用和经济高效的高可用性。对于启用该服务，要求虚拟机与其备份虚拟机必须不在一台宿主物理机上。

• 零宕机容错(Fault Tolerance，FT)：通过构建容错虚拟机的方式，当虚拟机发生数据、事务或连接丢失等故障时快速启用容错虚拟机。其要求是虚拟机与其容错虚拟机必须不在同一台宿主物理机上，容错保护的虚拟机文件也必须存储在共享存储器上。容错可提供比 HA 更高级别的业务连续性。

• 备份与恢复(Backup Recovery，BR)：在不中断虚拟机提供的数据和服务的情况下，创建并管理虚拟机备份，并在这些备份过时后将其删除。可以根据故障虚拟机的状态选定虚拟机的存储点，然后将该虚拟机重新写入目标主机或资源池。在重写的过程中，仅改写有变动的数据，重写完后该虚拟机即可重新启动。可以实现对虚拟机进行全面和增量的恢复，也能进行个别文件和目录的恢复。

2) 网络虚拟化安全

网络虚拟化安全主要通过在虚拟化网络内部加载安全策略，增强虚拟机之间以及虚拟机与外部网络之间通信的安全性，确保在共享的资源池中的信息应用仍能遵从企业级数据隐私及安全要求。

网络虚拟化的具体安全防护要求如下：

(1) 利用虚拟机平台的防火墙功能，实现虚拟环境下的逻辑分区边界防护和分段的集中管理，配置允许访问虚拟平台管理接口的 IP 地址、协议端口、最大访问速率等参数。

(2) 虚拟交换机应具有虚拟端口的限速功能，通过定义平均带宽、峰值带宽和流量突发大小，实现端口级别的流量控制。同时应禁止虚拟机端口使用混杂模式进行网络通信嗅探。

(3) 对虚拟网络平台的重要日志进行监视和审计，以便及时发现异常登录和操作。

(4) 在创建客户虚拟机的同时，在虚拟网卡和虚拟交换机上配置防火墙，提高客户虚拟机的安全性。

3) 存储虚拟化安全

存储虚拟化通过在物理存储系统和服务器之间增加一个虚拟层，将物理存储虚拟化成逻辑存储，使用者只用访问逻辑存储，从而把数据中心异构的存储环境整合起来，屏蔽底层硬件的物理差异，向上层应用提供统一的存取访问接口。虚拟化的存储系统应具有高度的可靠性、可扩展性和高性能，能有效提高存储容量的利用率，简化存储管理，实现数据在网络上共享的一致性，满足用户对存储空间的动态需求。

存储虚拟化的具体安全防护要求如下：

(1) 能够提供磁盘锁定功能，以确保同一虚拟机不会在同一时间被多个用户打开。能够提供设备冗余功能，当某台宿主服务器出现故障时，该服务器上的虚拟机磁盘锁定将被解除，以允许从其他宿主服务器重新启动这些虚拟机。

(2) 能够提供多个虚拟机对同一存储系统的并发读/写功能，并确保并行访问的安全性。

(3) 保证用户数据在虚拟化存储系统中的不同物理位置有至少 2 个以上的备份，并对用户透明，以提供数据存储的冗余保护。

(4) 虚拟存储系统可以按照数据的安全级别建立容错和容灾机制，以克服系统的误操作、单点失效、意外灾难等因素造成的数据损失。

4) 业务管理平台安全

业务管理平台应具备宿主服务器资源监控能力，可实时监控宿主服务器物理资源利用情况，在宿主服务器出现性能瓶颈时发出告警；具备虚拟机性能监控能力，可实时监控物理机上各虚拟机的运行情况，在虚拟机出现性能瓶颈时发出告警。

业务管理平台应支持设置单一虚拟机的资源限制量，保护虚拟机的性能不因其他虚拟机尝试消耗共享硬件上的太多资源而降低。在虚拟机资源分配时，应充分考虑资源预留情况，通过设置资源预留和限制量，保护虚拟机的性能不会因其他虚拟机过度消耗宿主服务器硬件资源而降低。

业务管理平台应具备高可靠性和安全性，具备多机热备功能和快速故障恢复功能。

业务管理平台应对管理系统本身的操作进行分权、分级管理，限定不同级别的用户能够访问的资源范围和允许执行的操作；对用户进行严格的访问控制，分别授予不同用户为完成各自承担的任务所需的最小权限。

2. PaaS 架构安全策略与防护

PaaS 云服务把分布式软件开发、测试、部署环境作为服务提供给应用程序开发人员。因此，要开展 PaaS 云服务，需要在云计算数据中心架设分布式处理平台，并对该平台进行封装。分布式处理平台包括作为基础存储服务的分布式文件系统和分布式数据库、为大规模应用开发提供的分布式计算模式，以及作为底层服务的分布式同步设施。对分布式处理平台的封装包括提供简易的软件开发环境、简单的 API 编程接口、软件编程模型和代码库等，使之能够方便地为用户所用。对 PaaS 来说，数据安全、数据与计算可用性、针对应用程序的攻击是主要的安全问题。

1) 分布式文件安全

基于云数据中心的分布式文件系统构建在大规模廉价服务器群上，因此存在以下安全问题：服务器等组件的失效现象可能经常出现，需解决系统的容错问题；能够提供海量数据的存储和快速读取功能，当多用户同时访问文件系统时，需解决并发控制和访问效率问题；服务器增减频繁，需解决动态扩展问题；需提供类似传统文件系统的接口以兼容上层应用开发，支持创建、删除、打开、关闭、读/写文件等常用操作。

为了提高分布式文件系统的健壮性和可靠性，当前的主流分布式文件系统设置辅助主服务器(Secondary Master)作为主服务器的备份，以便在主服务器故障停机时迅速恢复。系统采取冗余存储的方式，每份数据在系统中保存 3 个以上的备份，以保证数据的可靠性。同时，为保证数据的一致性，对数据的所有修改需要在所有的备份上进行，并用版本号的方式来确保所有备份处于一致的状态。

在数据安全性方面，分布式文件系统需要考虑数据的私有性和冲突时的数据恢复。透明性要求文件系统给用户的界面是统一完整的，至少需要保证位置透明、并发访问透明和故障透明。另外，分布式文件系统还要考虑可扩展性，增加或减少服务器时，应能自动感知，而且不对用户造成任何影响。

2) 分布式数据库安全

基于云计算数据中心大规模廉价服务器群的分布式数据库同样存在以下安全问题：

对于组件的失效问题，要求系统具备良好的容错能力；具有海量数据的存储和快速检索能力；多用户并发访问问题；服务器频繁增减导致的可扩展性问题等。

数据冗余、并行控制、分布式查询、可靠性等是分布式数据库设计时需主要考虑的问题。

数据冗余保证了分布式数据库的可靠性，也是并行的基础，但也带来了数据一致性问题。数据冗余有两种类型：复制型数据库和分割型数据库。复制型数据库指局部数据库存储的数据是对总体数据库全部或部分的复制；分割型数据库指数据集被分割后存储在每个局部数据库里。由于同一数据的多个副本被存储在不同的节点里，对数据进行修改时，须确保数据所有的副本都被修改。这需要引入分布式同步机制对并发操作进行控制，最常用的方式是分布式锁机制以及冲突检测。

在分布式数据库中，各节点具有独立的计算能力，具有并行处理查询请求的能力。然而由于节点间的通信使得查询处理的时延变大，因此，对分布式数据库而言，分布式查询或称并行查询是提升查询性能的最重要的手段。可靠性是衡量分布式数据库优劣的重要指标，当系统中的个别部分发生故障时，可靠性要求对数据库应用的影响不大或者无影响。

3) 用户接口和应用安全

对于 PaaS 服务来说，不能暴露过多的接口。PaaS 服务使客户能够将自己创建的某类应用程序部署到服务器端运行，并且允许客户端对应用程序及其计算环境配置进行控制。如果来自客户端的代码是恶意的，PaaS 服务接口暴露过多，可能会给攻击者带来机会，也可能会攻击其他用户，甚至可能会攻击提供运行环境的底层平台。

在用户接口方面，包括提供代码库、编程模型、编程接口、开发环境等。代码库封装平台的基本功能如存储、计算、数据库等，供用户开发应用程序时使用。编程模型决定了用户基于云平台开发的应用程序类型，它取决于平台选择的分布式计算模型。PaaS 提供的编程接口应该是简单的、易于掌握的，有利于提高用户将现有应用程序迁移至云平台或基于云平台开发新型应用程序的积极性。一个简单、完整的 SDK 有助于开发者在本机开发、测试应用程序，从而简化开发工作，缩短开发流程。

由于 PaaS 和用户基于 PaaS 云平台开发的应用程序都运行在云数据中心，因此，PaaS 运营管理系统需解决用户应用程序运营过程中所需的存储、计算、网络基础资源的供给和管理问题，需根据应用程序实际运行情况动态增加或减少运行实例。为保证应用程序的可靠运行，系统还需要考虑不同应用程序间的相互隔离问题，防止其影响到 PaaS 底层的承载平台或系统。

在技术层面上，PaaS 在对底层资源的调度和分配机制设计方面还有不足，PaaS 应用基本是采用尽力而为的方式来使用系统的底层计算处理资源。如果同一平台上同时运行多个应用，则会在优化多个应用的资源分配、优先级配置方面无能为力。要解决这个问题，需要借助更底层的资源分配机制，如将 PaaS 应用承载在虚拟化平台上，借助虚拟化平台的资源调度机制来实现多个 PaaS 应用的资源调度。

3. SaaS 架构安全策略与防护

由于 SaaS 服务端暴露的接口相对有限，并处于系统安全权限最低之处，一般不会给其所处的软件栈层次以下的更高系统安全权限层次带来新的安全问题。对于 SaaS 服务而言，SaaS 底层架构安全的关键在于如何解决多租户共享情况下的数据安全存储与访问问题，主要包括多租户下的安全隔离、数据库安全和应用程序安全等方面的问题。

1) 多租户安全

在多租户的典型应用环境下，可以通过物理隔离、虚拟化和应用支持的多租户架构等三种方案实现不同租户之间数据和配置的安全隔离，以保证每个租户数据的安全与隐私保密。

物理分隔法为每个用户配置其独占的物理资源，实现在物理层面上的安全隔离，同时可以根据每个用户的需求，对运行在物理机器上的应用进行个性化设置，安全性较好，但该模式的硬件成本较高，一般只适合对数据隔离要求比较高的大中型企业等。

虚拟化方法通过虚拟技术实现物理资源的共享和用户的隔离，但每个用户独享一台虚拟机，当面对成千上万的用户时，为每个用户都建立独立的虚拟机是不合理和没有效率的。

应用支持的多租户架构包括了应用池和共享应用实例两种方式。应用池是将一个或多个应用程序链接到一个或多个工作进程集合的配置。每个应用池都有一系列的操作系统进程来处理应用请求，通过设定每个应用池中的进程数目，能够控制系统的最大资源利用情况和容量评估等。在某个应用池中的应用程序不会受到其他应用池中应用程序所产生的问题的影响。这种方式被很多的托管商用来托管不同客户的 Web 应用。共享应用实例是在一个应用实例上为成千上万个用户提供服务，用户间是隔离的，并且用户可以用配置的方式对应用进行定制。这种技术的好处是由于应用本身对多租户架构的支持，所以在资源利用率和配置灵活性上都较虚拟化的方式好，并且由于是一个应用实例，在管理维护方面也比虚拟化的方式方便。

2) 数据库安全

在数据库的设计上，SaaS 服务普遍采用大型商用关系型数据库和集群技术。多重租赁的软件一般采用三种设计方法：每个用户独享一个数据库 instance；每个用户独享一个数据库 instance 中的一个 schema；多个用户以隔离和保密技术原理共享一个数据库 instance 的一个 schema。

出于成本考虑，多数 SaaS 服务均选择后两种方案，从而降低成本。数据库隔离的方式经历了 instance 隔离、schema 隔离、partition 隔离、数据表隔离，到应用程序的数据逻辑层提供的根据共享数据库进行用户数据增删修改授权的隔离机制，从而在不影响安全性的前提下实现效率最大化。

3) 应用程序安全

应用程序的安全主要体现在提升 Web 服务器安全性上，可以采用特殊的 Web 服务器或服务器配置以优化安全性、访问速度和可靠性。身份验证和授权服务是系统安全性的起点，J2EE 和 .NET 自带全面的安全服务。J2EE 提供 Servlet Presentation Framework，.NET 提供 .NET Framework，并持续升级。应用程序通过调用安全服务的 API 接口对用户进行授权和上下文继承。

在应用程序的设计上，安全服务通过维护用户访问列表、应用程序 Session、数据库访问 Session 等进行数据访问控制，并需要建立严格的组织、组、用户树和维护机制。

平台安全的核心是用户权限在各 SaaS 应用程序中的继承，一些厂商的产品自带权限树继承技术。ACL 和密码保护策略也是提高 SaaS 安全性的重要方面，用户可以在自己的系统中修改相关策略。有些厂商还推出了浏览器插件来保护客户登录安全。

7.3.2　云计算网络与系统的安全防护

云计算网络与系统设施主要包括云计算平台的基础网络、主机、管理终端等基础设施资源。在云计算网络和系统安全防护方面，应采用划分安全域、提高基础网络健壮性、加强主机安全防护、规范容灾及应急响应机制等方式，建立云计算基础设施的安全防御机制，提高云计算网络和系统等基础设施的安全性、健壮性，以及服务连续性和稳定性。

1. 划分安全域

云计算平台一般由生产域、运维管理域、办公域、DMZ 区和 Internet 域组成。根据云计算具体应用安全等级及防护需求，将云计算平台的安全域划分为三级：云计算平台生产系统、运维管理域(为第一级安全域)；办公域、DMZ 区(为第二级安全域)；Internet 域(为第三级安全域)。安全级别从一到三依次降低。

各安全域之间一般采用防火墙进行安全隔离，确保安全域之间的数据传输符合相应的访问控制策略，确保本区域内的网络安全。在各安全域内部，应根据业务类型与不同客户情况，再规划下一级安全子域。在虚拟化环境中，可考虑综合采用虚拟交换机、虚拟防火墙等措施将不同用途的网络流量分隔，以保证通信流量不会相互干扰，提高网络资源的安全性和稳定性。

2. 基础网络安全

云计算平台整体网络应进行统一 IP 地址规划，对于云计算平台所属服务器、生产客户端应采取 IP 地址和数据链路层地址绑定措施，防止地址欺骗。

核心网络设备应支持设备级和链路级的冗余备份，其业务处理能力也应具备冗余空间，以满足业务高峰期的需要，同时应按照对业务服务的重要次序来指定带宽分配优先级别，保证在网络发生拥堵的时候优先保护重要系统。为提高对基础网络的防攻击处理能力，还应通过构建异常流量监控体系，及时发现、阻断外网对云计算平台的 DDoS 攻击，确保云计算平台的服务连续性。

同时应加强云计算平台和外界的访问控制，所有接入互联网的云平台相关系统应安装防火墙。在云计算平台监控和维护方面，应保证网络设备所在物理区域的安全，以防止未经授权的访问。

在网络设备安全管理方面，应使用 SSH 或 HTTPS 来远程管理网络设备，如因条件限制必须使用 Telnet，则应限制使用 Telnet 远程管理的 IP 地址、会话时间、失败登录次数。

3. 应用系统主机安全

应用系统主机作为信息存储、传输、应用处理的基础设施，包括云服务器、运营管理系统及其他应用系统的主机。其自身安全性涉及虚拟机安全、应用安全、数据安全、网络安全等各个方面，任何一个主机节点都有可能影响整个云计算系统的安全。应用系统主机安全架构主要包括主机系统安全加固、安全防护、访问控制等内容。

系统安全加固主要指安全配置方面和系统补丁控制方面。在安全配置方面，应用系统上线前，应对其进行全面的安全评估，并进行安全加固。在系统补丁控制方面，应采用专业安全工具对主机系统定期评估。在补丁更新前，应对补丁与现有系统的兼容性进行测试。

系统安全防护包括恶意代码防范和入侵检测防范。关于恶意代码防范，出于影响性能考虑，一般不建议宿主服务器安装防病毒软件。其他应用系统建议部署实时检测和查杀病毒、恶意代码的软件产品，并应自动保持防病毒代码的更新，或者通过管理员进行手动更新。关于入侵检测防范，建议在云计算数据中心网络中部署 IDS/IPS 等设备，实时检测各类非法入侵行为，并在发生严重入侵事件时提供报警。

系统访问控制主要包括账户管理、身份鉴别和远程访问控制。账户管理应具备应用系统主机的账号增加、修改、删除等基本操作功能，支持账号属性自定义，支持结合安全管理策略，对账号口令、登录策略进行控制，支持设置用户登录方式及对系统文件的访问权限。采用严格身份鉴别技术用于主机系统用户的身份鉴别，包括提供多种身份鉴别方式、支持多因子认证、支持单点登录。限制匿名用户的访问权限，支持设置单一用户并发连接次数、连接超时限制等，应采用最小授权原则，分别授予不同用户各自所需的最小权限。

4. 管理终端安全

管理终端作为云计算系统的一个基本组件，面临各种威胁，是整个云计算系统安全的一部分。管理终端安全主要包括终端系统安全防护、网络接入控制、用户行为控制等三部分内容。

终端自身安全防护应支持根据安全策略对终端进行操作系统配置，建立有效的补丁管理机制，安装客户端防病毒和防恶意代码软件，实时进行病毒库更新。

终端安全管理必须具备接入网络认证功能，只允许合法授权的用户终端接入网络。具有终端安全性审查与修复功能，支持对试图接入网络的终端进行控制，在终端接入网络之前必须进行强制性的安全审查，只有符合终端接入网络的安全策略的终端才允许接入网络。应对接入网络的终端进行精细的访问控制，可根据用户权限控制接入不同的业务区域，防止越权访问。

在终端行为控制方面，应定义有针对性的策略规则，限制终端非法外联行为。应支持终端用户上网记录审计，可支持设置上网内容过滤，以及对终端网络状态及网络流量等信息进行监控和审计。应支持对终端用户软件安装情况进行审计，同时对应用软件的使用情况进行控制。

5. 容灾安全

为提高云计算平台及应用的可用性，应提供风险预防机制和灾难恢复措施，在保障数据安全的基础上，提高系统连续运行能力，降低云计算平台的运营风险，提升云计算服务质量和服务水平。

在综合评估云计算平台安全及业务运营需求的基础上，根据业务发展需要，逐步开展云计算平台容灾中心的建设，以便在因突发事件可能造成整个云计算平台中心瘫痪的极端情况下快速切换到容灾系统，进一步提升系统的连续运行能力。在建设云计算平台容灾系统时，应结合云计算应用的具体需求，综合考虑成本因素，选择合适的容灾等级和运营方式。

应建立有效的容灾管理组织机构，制定灾难应对计划，并对灾难应对计划进行有效的管理和维护。容灾管理主要是对云计算生产系统及其容灾系统的人员组织和流程规划进行相关的管理。其中，容灾管理流程应包括容灾预警流程和容灾恢复流程。容灾预警流程分以下几个主要处理步骤：风险上报，风险评估，风险决策，风险告知，风险警备，发起数据恢复/应用接管，预警总结。容灾恢复流程优先采用本地恢复，若无法本地恢复，则应进入灾难恢复流程。灾难恢复流程应包括数据恢复、应用接管和应用回切流程。

为提高容灾系统的可用性，应定期进行容灾演练、容灾测试，以及开展容灾培训工作。

7.3.3 云计算数据信息的安全防护

云计算用户的数据传输、处理、存储等均面临安全威胁。针对云计算环境下的数据安全防护，需要通过采用数据隔离、加密传输、安全存储、访问控制、剩余信息保护等技术手段，保障用户信息的可用性、保密性和完整性。

数据信息安全防护可以从以下几个方面进行考虑：

1．数据安全隔离

为实现不同用户间数据信息的隔离，可采用物理隔离、虚拟化和 Multi-tenancy 等方案实现不同租户之间数据和配置信息的安全隔离，以保护每个租户数据的安全与隐私保密。

2．数据访问控制

可采用基于身份认证的权限控制，进行实时的身份监控、权限认证和证书检查，防止用户间的非法越权访问。

3．数据加密存储

对数据进行加密是实现数据保护的一个重要方法，即使该数据被人非法窃取，对他们来说也只是一堆乱码，而无法知道具体的信息内容。在加密算法选择方面，应选择加密性能较高的对称加密算法；在加密密钥管理方面，应采用集中化的用户密钥管理与分发机制，实现对用户信息存储的高效安全管理与维护。

4．数据加密传输

为保障数据传输的安全性，可采用数据加密传输的方式。数据传输加密可以选择在链路层、网络层、传输层等层面采用网络传输加密技术实现，保证网络传输数据信息的机密性、完整性、可用性。对于管理信息加密传输，可采用 SSH、SSL 等方式为云计算系统内部的维护管理提供数据加密通道，保障维护管理信息安全。对于用户数据加密传输，可采用 IPSec VPN、SSL 等 VPN 技术提高用户数据的网络传输安全性。

5．数据备份与恢复

为应对突发的云计算平台的系统性故障或灾难事件，对数据进行备份及进行快速恢复尤为重要。如在虚拟化环境下，应能支持基于磁盘的备份与恢复，实现快速的虚拟机恢复，应支持文件级完整与增量备份，保存增量更改以提高备份效率。

6．剩余信息保护

在云计算平台中，用户数据是共享存储的，今天分配给某一用户的存储空间，明天可能分配给另外一个用户，因此需要做好剩余信息的保护措施。要求云计算系统在将存储资源重分配给新的用户之前，必须进行完整的数据擦除，防止数据被非法恶意恢复。

7.3.4　云计算的身份管理与安全审计

管理身份和访问企业应用程序的控制仍然是当今 IT 系统面临的最大挑战之一。对企业基于云计算的身份和访问管理(IAM)是否准备就绪进行一个深度的评估，以及理解云计算供应商的能力，是利用云生态系统的必要前提。

1．用户身份认证

云计算系统应建立统一、集中的认证和授权系统，以满足云计算多租户环境下复杂的用户权限策略管理和海量访问认证要求，提高云计算系统身份管理和认证的安全性。

(1) 集中用户认证：采用数字证书认证、硬件信息绑定认证、生物特征认证等主流认证方式，对不同类型和等级的系统、服务、端口采用相应等级的一种或多种组合认证方式，并提供用户访问日志记录，记录用户登录信息，包括系统标识、登录用户、登录时间、登录 IP、登录终端等标识。

(2) 集中用户授权：根据用户、用户组、用户级别的定义来对云计算系统资源的访问进行集中授权。

访问授权策略管理包括身份认证策略、授权策略和账号策略。身份认证策略是指采用用户身份与终端绑定的策略、完整性认证检查策略和口令策略。授权策略支持采用集中授权或分级授权策略。账号策略是指设置账号安全策略，包括口令连续错误锁定账号、长期不用导致账号失效、用户账号未退出时禁止重复登录等。

2. 用户账号管理

在云计算系统账号管理方面，可通过对云计算用户账号进行集中维护管理，为实现云计算系统的集中访问控制、集中授权、集中审计提供可靠的原始数据。

云计算用户账号访问控制应根据"业务需要"原则，严格控制访问和使用用户账户信息，任何云计算用户都只能访问其开展业务所必需的账户信息，防止未经授权擅自对账户信息进行查看、篡改和破坏；应至少采用口令、令牌或生物特征的一种方式验证访问账户信息的人员身份；分配唯一的用户账号给每个有权访问账户信息的系统用户，在添加、修改、删除用户账号或操作权限前，应履行严格的审批手续。

对不同用户账号设置不同的初始密码。对于用户首次登录，应强制要求其更改初始密码。用户密码长度不得少于 6 位，应由数字和字符共同组成，不得设置简单密码。对密码进行加密保护，密码明文不得以任何形式出现。要求用户定期更改登录密码，修改周期最长不得超过 3 个月，否则将予以登录限制。重置用户密码前必须对用户身份进行核实。

对用户账号登录进行控制。当用户登录连续失败达到 5 次时，应暂时冻结该用户账号。经云计算系统管理员对用户身份验证并通过后，再恢复其用户状态。用户登录后，工作暂停时间达到或超过 10 分钟的，应要求用户重新登录并验证身份。

用户账号在整个传输过程和云计算平台系统中必须加密。对于保存到期或已经使用完毕的账户信息，均应建立严格的销毁登记制度。

3. 系统安全审计

相对于传统 IT 系统，云计算系统的分层架构体系使得其日志信息对于运行维护、安全事件追溯、取证调查等方面来说更为重要，云计算系统应通过建立安全审计系统，进行统一、完整的审计分析，通过对操作、维护等各类云计算系统日志的安全审计，提高对违规事件的事后审查能力。

首先，建立完善的云计算系统日志记录及审核机制，日志的内容应包括用户 ID、操作日期及时间、操作内容、操作是否成功等云计算相关系统，应对用户的账户信息、登录系统的方式、失败的访问尝试、用户的操作记录、对系统日志的访问，以及其他涉及账户信息安全的事件记录日志。

其次，保持云计算所有重要系统时钟同步，采取及时将云计算平台生成的各类日志备份到专用日志服务器或安全介质内等措施，以确保云计算用户活动日志的准确性和完整性。

7.3.5 云计算应用的安全策略部署

本节将以公共基础设施云服务和企业私有云为例，对其安全应用策略部署提出建议。

1．公共基础设施云安全策略

对于公共基础设施云服务而言，重点需要解决云计算平台安全、多租户模式下的用户信息安全隔离、用户安全管理，以及法律与法规遵从等方面的安全问题。由于公有云平台承载了海量的用户应用，如何保障云计算平台的安全高效运营至关重要。而在公有云典型的多租户应用环境下，能否实现用户信息的安全隔离直接关系到用户的安全隐私能否得到有效保护。同时法律与法规的遵从也是非常重要的内容，作为云服务提供商对外提供服务，需要考虑满足相关法律法规要求。

对于云服务提供商而言，当前云计算服务还处在演进阶段，实现全面的安全功能和技术要求并非一蹴而就，需要结合具体的业务应用发展，循序渐进地开展安全部署和管理工作。其主要安全部署策略包括如下内容。

1）基础安全防护

建立公共基础设施云的安全体系，保障云计算平台的基础安全，主要包括构建涵盖云计算平台基础网络、主机、管理终端等基础设施资源的安全防护体系，建设云平台自身的用户管理、身份鉴别和安全审计系统等。针对一些关键应用系统或 VIP 客户，可考虑建设容灾系统，进一步提升其应对突发安全事件的能力。

2）规避数据监管风险

由于国际社会对日趋全球化的云计算服务中的跨境数据存储、流动和交付的监管政策尚未达成一致，在发生安全事件后如何对造成的损失进行评估及赔偿可能存在较多争议，因此，云服务提供商需要在商业合同中的司法管辖权和 SLA 条款中进行合理设定，并对运营管理制度、业务提供的合规性进行合理规范，以规避不必要的经营风险。

3）提供安全增值服务

在构建基础设施层面的安全防护体系的基础上，为进一步提高用户的"黏性"，为用户提供可选的应用、数据及安全增值服务，提高安全服务的商业价值，同时为提高用户对云服务安全性的感知度，可通过安全报表、安全外设等方式实现安全的显性化。

2．企业私有云安全策略

私有云一般是部署在企业内部的，和公有云相比，用户对其物理乃至安全性的控制更为直接。由于私有云一般承载着企业的日常运作流程或重要信息系统，其安全性和安全稳定运行对于企业的正常运作非常重要。在构建私有云安全防护体系时，除了需要在网络层、虚拟化层、操作系统、私有云平台自身应用和用户安全管理、安全审计、入侵防范等层面进行安全策略部署，做好基础的安全防护工作外，同时还应满足如下两方面要求：

1）与现有 IT 系统安全策略相兼容

一般来说，私有云是渐进式部署，而不是一次性部署完成。因此，私有云安全架构将能够与其他安全基础架构交换、共享安全策略，以满足企业的整体安全策略要求。

2）具备安全回退机制

需要对企业关键应用和相关重要信息进行定期备份，并制定相关应急处理预案，在私有云发生突发安全事件后，能够快速恢复，甚至可以回退到传统 IT 应用平台。

7.4 云安全标准

7.4.1 云安全的国际标准

1. ISO/IEC JTC1 SC27 工作组

SC27 作为 ISO/IEC JTC1 (国际标准化组织/国际电工委员会的第一联合技术委员会)下专门从事信息安全标准化的分技术委员会,其相关工作组启动了关于云计算安全及其隐私保护的标准化研究。该工作组明确了云安全和隐私标准研制的三个领域,分别为信息安全管理、安全技术、身份管理和隐私。

2. ITU-T FG Cloud

ITU-T(国际电信联盟电信标准分局)成立了云计算焦点组 Focus Group on Cloud Computing (FGCC,也有人习惯写为 FG Cloud),FG Cloud 致力于从实际的电信角度为云计算提供技术支持,例如电信方面的云安全和云管理。其服务内容主要体现在以下几个方面:

1) 用户安全威胁的主要来源

用户安全威胁的主要来源有:安全责任模糊;用户失去了对托付给云的服务和数据的掌控;选择了失信的云服务提供商;访问控制设置不当和数据泄漏带来的风险。

2) 云服务商安全威胁的主要来源

云服务商安全威胁的主要来源有:数据存储;身份管理;虚拟机隔离;可信级别和责任承担问题;非安全可靠的云计算服务;云服务提供商本身的滥用。

3) 云服务安全建议

应当对云服务提供商建立安全评估、安全审计或安全认证/认证计划,以便用户根据其安全要求选择合适的云服务提供商。

建议用户在使用云服务之前,首先根据标准化的规范,与云服务提供商进行安全标准的协商及信任身份等相关标准认证。

4) 云计算安全的主要研究方向

云计算安全的主要研究方向有:云框架下的安全体系结构/模型和框架安全;云服务管理和审计技术;云服务的连续性保障和灾难恢复机制;云存储安全;云数据保护和隐私保护;账户和身份管理机制;网络监控和实践响应;网络安全管理方法;云服务的可移植性问题等。

3. NIST SAJACC 与 USG Cloud Computing

美国国家标准与技术研究院(NIST)提供云技术的相关指导,制定并且推动云相关的技术标准,促进政府和行业内云的相关技术得以有效且安全使用。NIST 的工作有两个方面:加速推动云计算在各方面的应用(Standards Acceleration to Jumpstart Adoption of Cloud Computing,SAJACC);构建美国政府云计算技术的路线图(USG Cloud Computing)。

NIST 的工作内容有:制定和发布了标准化路线图和关于云计算的特别出版物,通过这些文件的发布,帮助美国政府完成了云相关的数据可移植性、互操作性和安全技术的规范化标准。

4. 云安全联盟(CSA)

云安全联盟(Cloud Security Alliance，CSA)是 2009 年 RSA 大会上宣布成立的非营利性组织，致力于在云计算环境下提供最佳的安全解决方案。自成立后，CSA 迅速获得了业界的广泛认可。CSA 和国际信息系统审计协会(Information Systems Audit and Control Association，ISACA)、开放式 Web 应用程序安全项目(Open Web Application Security Project，OWASP)等业界组织建立了合作关系。其宗旨是帮助业界在安全规范、安全标准方面更加有效地沟通，达到一致性的规范和标准，使得云应用更加安全可靠。

7.4.2 云安全的国内标准

近年来，国内云计算领域相关产业发展迅猛，与此同时，对于云安全和隐私的保护也越发受到大家的重视。我国云计算行业高速发展，孕育出巨大的安全需求，但是，相对落后的云安全技术尚无法满足市场需求。因此相关云安全的标准化制定显得更为重要。

我国的标准化机构在该方面做出了卓有成效的努力，制定了相关的行业标准；同时，国内的相关研究机构也开始了云安全标准化的研究工作。

1. 全国信息安全标准化技术委员会(TC260)

全国信标委云计算标准工作组全称为"全国信息技术标准化技术委员会云计算标准工作组"，成立于 2012 年 9 月 20 日，负责云计算领域基础、技术、产品、测评、服务、安全、系统和装备等国家标准的制定和修订工作。具体工作主要包含框架制定、关键技术、服务获取和安全管理四个部分。

从标准规划来看，其内容包括云安全的术语、云安全框架、云计算认证和授权标准、云计算授权保护指南、云计算通信安全标准、基于云计算的个人隐私保护、云安全服务测评规范、云计算通信安全标准、云安全服务功能及其规范测试、云平台安全配置指南、云审计要求、云安全的风险评估和管理等多个方面。

2. 中国通信标准化协会

中国通信标准化协会是国内企事业单位自愿联合组织起来的、经业务主管部门批准、国家社团登记管理机关登记、开展通信技术领域标准化活动的非营利性法人社会团体。

该协会负责制定云安全的行业标准，具体包括云运维管理接口技术要求，云计算安全框架，公有云服务安全防护检测要求，互联网资源协作服务信息安全管理系统技术要求，CCSA 其他标准。

7.5 云安全相关法律法规

近年来云计算平台的各种数据泄漏事件也暴露出云计算本身存在很多安全隐患。云上的信息安全保护不仅是一个技术问题，更是受到社会制度、文化程度及民众心理等多种因素的影响。这也意味着对于云技术存在的安全问题的解决，不仅要在技术层面上加以完善，更需要结合社会制度来采取相应措施。在现有的社会体制下，法律作为国家的一个强有力的约束手段，必须成为解决相关安全问题的关键力量。下面将分别从国际和国内两个方面，对部分相关的法律法规进行介绍。

7.5.1 国际法律法规

1. 欧盟 GDPR 与云安全

由欧盟理事会和欧盟委员会(EC)联合起草的《通用数据保护条例(GDPR)》于 2016 年 5 月 24 日发布，于 2018 年 5 月 25 日生效。欧盟 GDPR 发展历程如图 7-4 所示。

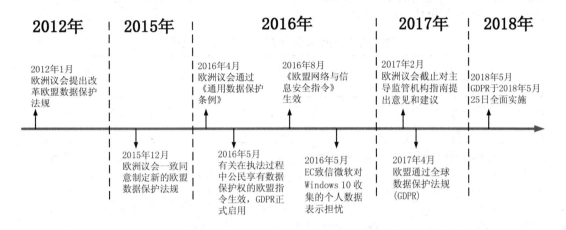

图 7-4 欧盟 GDPR 发展历程

GDPR 不仅适用于位于欧盟境内的企业组织机构，也适用于位于欧盟以外的企业组织机构。GDPR 法案同样适用于数据控制者和数据处理者。处理 16 岁以下儿童的个人数据，必须获得该儿童父母或监护人的同意或授权。当个人数据已经和收集处理的目的无关、数据主体不希望其数据被处理或数据控制者已没有正当理由保存该数据时，数据主体可以随时要求收集其数据的企业或个人删除其个人数据。数据控制者应在 72 小时之内向监管机构报告个人数据的泄漏情况。为确保数据保护合规并处理数据保护相关事务，数据控制者和数据处理者需设置数据保护官。不遵守数据隐私法规会受到严厉的法律制裁和巨额的罚款。

2. 美国国防部云安全要求指南

针对云安全，美国国防部(DoD)对外发布了《国防部云计算战略》。该战略旨在通过对商业云计算服务加以利用，使国防部现有的网络应用从重复、烦琐、成本高昂的状态转变到安全且经济高效的状态，其目标是创建一种更灵活、更安全且费效比更低的服务环境，从而对不断变化的任务需求进行快速响应。

7.5.2 国内法律法规

1.《中华人民共和国网络安全法》与云安全

2017 年 6 月 1 日《中华人民共和国网络安全法》(以下简称《网络安全法》)正式实施，这是我国第一部网络安全的专门性综合立法。

《网络安全法》共有七个章节，一共包含了 79 项条款，涉及的内容涵盖了网络空间安全的方方面面。《网络安全法》的主要内容由其中的网络运行、信息安全、检测和响应及监管处罚四个方面来概述。

2. 中国云计算安全政策和法律蓝皮书

中国云计算安全政策与法律工作组发布了《云安全政策与法律蓝皮书》，此蓝皮书旨在理清中国云计算发展中所面临的安全风险以及相应的政策法律障碍，为规划国家云计算战略明确相应法律建设和改革的思路，也为企业发展云计算服务梳理出如何遵从这些法规的模式，帮助用户正确认识云计算法律保护困境，进而切实维护好各方的合法权益。云服务管辖权及数据处理机构如表 7-2 所示。

表 7-2　云服务管辖权及数据处理机构

数据处理机构的位置	管 辖 权
数据处理机构位于国外，云用户位于国内	此种服务下，只要用户传输了受进出口管辖的数据即会构成出口，并受云用户所在国的管辖
数据处理机构位于国内，云用户位于国外	此种情况下，若云服务提供商向国外云用户传输受进出口管辖的数据则构成出口，并受其所在国家的管辖
数据处理机构和云用户都位于国外	这种情况下，一般不受该国的进出口管辖，但是如果在一国的领土上有特别的经营活动，则应该受到该国的管辖
数据处理机构和云用户都在国内或都位于境外的同一国家	这种情况下，发生在云服务提供商与其所属国用户之间的数据传输行为一般需受到该国进出口管辖
数据处理机构和云用户在多个国家	此种情形是目前最大的云服务提供商在世界范围内普遍遇到的问题。依据属地管辖的要求，只要数据处理活动发生在某国就应该受该国法律管辖，或者只要与特定国家相关就应该受其管辖

思 考 与 练 习

1. 什么是云安全？云安全常见的问题有哪些？
2. 阐述云安全架构的构成。
3. 云安全的安全防护策略有哪些？

第八章　云计算的未来与面临的问题

随着软硬件、虚拟化、网络等技术的不断发展，云计算技术日益成熟，从最初仅仅在大型 IT 公司中出现的云计算技术，逐渐发展到新兴的中小企业也不断出现云计算的身影，并且云计算越来越多地渗透到我们生活中的各个方面。可以说云计算类似于一次技术变革，不仅对当前 IT 相关领域有巨大的影响冲击，而且对人们社会生活领域的影响也越来越大。云计算是否会继续发展？是否会继续影响我们的生活？本章对云计算的未来做一个简单的描述。

8.1　云计算对技术的影响

云计算将改变传统的计算模式以及数据存储模式。数据计算将会变成一种服务，这种服务由大型云计算中心提供。云计算中心就如同大型水厂或者发电站一样，源源不断地提供计算服务。云计算服务类似于一种公共资源，使用者只需要按照需求购买这种服务即可。从而让传统的计算能力由本地转移到远端，远端计算完毕后把结果再呈现给本地用户。用户也不需要在本地存储数据，只需要把数据存储在"云端"即可。至于"云端"在什么地方，用户根本不用关心。用户需要多大的存储量，只要按需购买就可以，根本不用考虑硬件的存储成本和维护成本。云计算的这种模式可以有效地降低企业运行成本，其中包括购买、维护硬件设备及软件的开销。企业只需要与云计算厂商签订合同，便可以享受云计算厂商提供的云服务。除此之外，大带宽的基础网络设施将会普及，因为网络承载着数据的传输，如果网络拥塞，那么云计算将变得徒有虚名。

云计算也将对互联网产品造成巨大的影响，从某种程度上改变互联网企业的运行模式。借助于云计算，更多的互联网产品将以服务的模式提供给用户。用户只需要通过浏览器或者终端设备便可以很方便地使用该软件。Google 的 Chrome OS 便是典型的产品，以 Web 作为平台，通过 Chrome 浏览器便可以运行相应的应用程序，开发者也可以基于此开发新的 Web 应用程序。因此，Google 甚至声称未来所有的应用软件都可以借助互联网以服务的形式提供给大家。云计算彻底改变了 IT 领域中软硬件产品的使用模式，使得软硬件产品不再是用户的专用物品，而是变成一种可用的虚拟资源，由需要使用的用户通过付费模式来有偿使用。

8.2　云计算对产业的影响

　　云计算类似一次技术变革，不仅对现有的技术造成巨大的影响，而且对 IT 产业的影响也越来越显著。软件企业纷纷披上云计算的外衣，要么把自己的软件包装成 SaaS 的产品提供给用户，要么采用 PaaS 形式给用户提供服务，或者采用 IaaS 架构来满足用户需求。硬件企业当然也不甘落后，英特尔、IBM、HP 等老牌硬件厂商也分别制定出自己的产品策略，公布云计算商业规划，并且研发出适用于云计算的硬件产品。不管是软件还是硬件，云计算已经深入到行业内部，对相关产业正在造成越来越多的影响。

　　首先在移动互联网产业领域，云计算将改变传统的数据存储模式，通过宽带网络将原来存储在个人手机和 PC 中的数据与云服务中心进行连接，通过云服务中心给用户提供大量廉价的存储空间以及超过用户想象力的计算能力。用户不需要通过复杂的客户端软件与云端连接，只需要通过简洁的窗口便可以与云端进行交互，从而得到服务。其次，在工业领域，云计算将推动工业化和信息化紧密结合。目前传统单一的经营方式的利润越来越微薄，就拿 IT 行业巨头们来说，传统硬件制造商，例如 HP、IBM 等目前已不仅仅局限于生产硬件产品，而是推出云计算的整体解决方案。把传统的制造产业和云计算捆绑起来，将会给这些公司注入新的活力，带来新的盈利点。最后，在各行各业的推动下，云计算也越来越引起政府的注意。北京、上海、杭州、西安、青岛等城市纷纷启动政府云项目建设，目前已经提出医疗云、社保云、园区云等解决方案。移动互联网深度化、物联网规模化、企业数字化转型加速，三大因素将持续推进中国云计算发展。5G 网络推动物联网走向规模复制，叠加边缘计算、人工智能等新场景的出现带来数据洪流大爆发。企业数字化转型仍是云计算需求增长最主要的驱动力，政府与企业通过业务上云降本增效，来自政府和企业的数字化新需求不断涌现。以上因素使云计算景气度持续提升，2019 年全球云计算市场增速 20.86%，中国增速 38.6%，中国增速远超国际水平，预计未来几年将持续保持 30%左右增长率。

8.3　云计算的未来应用

　　随着云计算的不断发展，国计民生的各个方面都会出现云计算的身影。在公共服务领域，通过云计算可以将各类分散独立的民生业务整合，提供统一平台和服务窗口，可以整合资源，提高效率。对中小企业来说，通过云计算可以节约投资，以低廉的价格获得更高性能的云计算服务。

8.3.1　医疗云

　　医疗卫生系统业务复杂，并且整体规划不是很完善，各地业务规范标准不统一。各个地区和单位往往根据自身需要建立独自的信息系统，容易形成信息孤岛，无法共享数据，医院之间协调性差，遇到紧急疫情的时候无法快速反应，联合诊断。这种模式已经明显不符合未来的发展需求。云计算的出现可以很好改变这种局面。通过云计算相关技术，可以实现医疗系统的集中部署，从而显著降低成本和维护费用，更好地实现了资源的共享。另外，通过云计算搭建的平台，可以把相关机构，例如各大医院、管理部门、药品供应商，甚至物流配送、医疗保险部门集中在一个平台，病人通过云体系中的终端，便可以进行网上挂号、预约门诊，医生也可以进行远程会诊，共享电子病历等操作，从而节省病人排队时间，减少报销流程，达到节约社会资源的目的。同时也可以间接地对各类患者进行分流，病情较轻的患者可以被分流到社区医院，而综合型三甲医院可以把精力放在疑难杂症和危重病人的抢救上。当再有类似于 2003 年的非典疫情发生时，一方面可以很好地控制疫情，另外一方面也不会耽误病人诊疗。

图 8-1 为云医疗信息平台模型图示。

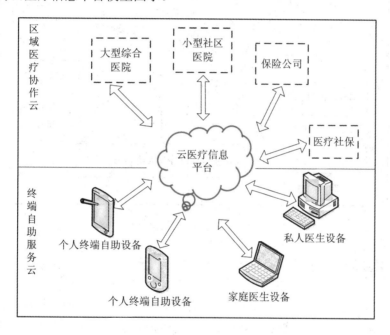

图 8-1　云医疗信息平台模型

8.3.2　社保云

我国社保信息化工作起始于 20 世纪 90 年代，当时没有统一部署规划，建设初期各地的社保信息均处于分散建设状态。截止 2010 年底，各个省市才成功建立自己的社会保障数据中心，并且实现省级数据中心和中央数据中心直连，90% 以上的地市级数据中心和省级数据中心互联。但是目前社保系统功能单一，除了完成专职功能之外，工作辅助功能较弱，包括对社保工作的监管执法、监测分析、公共服务等职能也有待改进。另外，由于目前社保系统采用业务独立建设，很难做到与其他政府相关部门进行信息共享，合作协同，给跨地区业务办理带来不便。造成社保"一卡通"并没有真正意义上"通"起来。不能给使用者提供便捷高效的跨区域服务。云计算的出现，可以很好地解决这些问题。通过搭建智能云社保服务平台，可以为政府部门、社会社保机构、参保单位、职工等，提供一个统一资源平台，把原来分散的业务进行整合，提高政府的公共服务水平。另外，参保人员通过社保云终端设备可以不出家门即可办理各种自助缴费、社保信息查询、社保卡挂失等业务操作，降低社会服务成本，提高政府服务效率，方便参保人员业务办理。

图 8-2 为社保云服务平台图示。

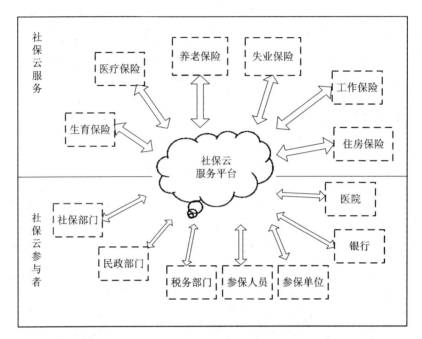

图 8-2　社保云服务平台

8.3.3　电子政务云

我国电子政务云始于 20 世纪 80 年代，在现代化建设中起到巨大作用，但是随着社会的快速发展，早期电子政务实时方案的一些问题也逐渐暴露出来。由于缺乏统一规划，各部门在建设过程中标准不一致，造成某些资源不能共享，重复建设，间接浪费人力物力。另外已经建成的电子政务系统，基本上是围绕某个单位展开的，在单位内部可以很好地实施各种业务，但是各个单位之间由于建设标准、模式不一致，造成单位之间信息沟通不畅，难以协同办公。最后，电子政务体系需要一定的保密性，需要具有专业知识的人员维护，但大多数部门机构及维护人员水平有限，且人事变动比较频繁，给电子政务系统带来一些安全隐患。基于云的电子政务建设可以很好地解决以上问题。电子政务云系统可以通过虚拟化技术，搭建统一的云平台，提供可以动态扩展的云计算和云存储服务，从而节省硬件设备，提高资源利用率，并且更有利于资源的统一管理，满足各部门之间信息互通共享的需求，降低资源共享的难度和成本。各个单位、部门只需要按需向云计算中心申请存储空间和计算服务，利用云终端设备完成业务操作即可，不用再关心硬件的维护、扩容等工作。

图 8-3 为电子政务云平台图示。

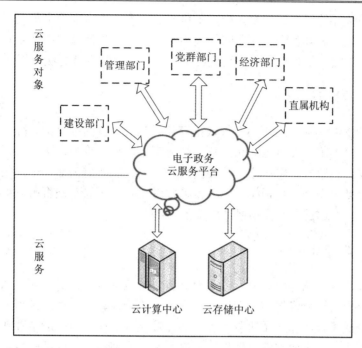

图 8-3　电子政务云服务平台

8.4　云计算面临的问题

云计算的快速发展推动了 IT 行业的技术革新，势必给一些企业和个人带来巨大的创新及盈利空间，从而推动云计算不断向前发展。但是这些并不表明云计算的发展不会遇到一些障碍和挑战。只有克服这些障碍和挑战，云计算才能日益发展成熟，最终实现以更低的能耗，创造出更高的价值。

8.4.1　改进 IT 基础设施

云计算的首要挑战便是 IT 基础设施。虽然云计算依然依托传统的 IT 基础设施来实现，但是云计算改变了传统的 IT 基础设施的分布构成。云计算把计算部分和存储部分从传统的 IT 架构中分离出来，形成计算中心和数据存储中心，计算中心和存储中心以及用户之间通过网络进行交互。这种 IT 架构要求计算中心的运算能力要非常强大，然而并非所有的公司都像 Google、微软、Amazon 等国际大公司一样有能力建立大型的数据中心，对中小企业来说建立一个即节能又符合运算要求的数据中心是一个不可忽视的问题。除了对数据的计算外，还需要考虑数据的存储。单个 PC 上的数据存储很容易实现，用磁盘实现永久存储，用内存实现临时存储。大规模数据存储也可以这样实现。但是大规模的数据存储必然会带来一些问题，例如，随着存储容量的加大数据的寻址时间会变长，如果寻址时间过长，那么云计算将失去意义。另外，大规模数据的备份恢复将成为一个必须面对的问题。如果采用单备份机制，可以节省一些存储空间，但是一旦备份文件损坏，就无法恢复。这样势必给用户带来不可估计的损失。如果采用多备份机制，那么肯定需要多耗费一些存储空间，除此之外，还必须考虑多备份文件之间的同步问题。不管是计算中心还是存储中心，都必须通过网络进行链接。如果没有一个高速网络，那么云计算也就无法发挥威力。

8.4.2　保护用户隐私

在传统的 PC 机时代，用户的个人数据存储在私人电脑的硬盘中。除非硬盘被窃取或者中了病毒，用户不用担心自己的私人数据被泄露。在云计算中，所有数据都存储在服务器中。服务器在什么地方，用户往往不会去关心，也无法知道。那么用户的个人隐私数据存放在服务器上是否安全？是否能被服务器管理者查看、访问？是否可以被同一个服务器中的其他用户访问？这是云计算不得不面临的问题。

8.4.3　制定行业标准

目前云计算领域百花齐放。每家公司根据技术特点都有自己的一套体系。各个公司之间的兼容性较差，用户很难将正在使用的某个公司的云计算产品移植到另外一个公司的平台上。因此，降低了云计算产品的兼容性。云计算能真正在生活中应用并普及，需要建立大量的国际通用标准来协调硬件、软件之间以及硬件内部和软件内部的接口。而这些标准的制定，并不是一个商业公司或者几个商业公司能完成的，往往需要 IT 领域内的研究机构、公司，甚至是个人共同努力来完成。

8.4.4　增强数据存储访问的安全性

数据是云计算处理的核心要素，确保数据的安全性是云计算需要首要解决的问题。未来云计算数据安全问题应该主要从以下几个方面考虑：

首先是存储安全性。由于云计算从根本上改变了用户存储数据的模式，把每个用户分散存储的数据进行集中，存储在服务器中，这就需要保证服务器中存储的每个用户数据都不会丢失，当然，也不能被其他用户的数据覆盖。

其次还需要确保每个用户对数据访问的安全性，也可以理解为用户接口的安全性，即每个用户只能通过特定的接口访问自己的用户数据，不能随便访问其他用户的数据。这就需要在设计接口的时候采用强用户认证、加密等有效机制。另外，还需要避免不良用户或者是非法用户利用接口对服务器进行攻击，窃取用户数据或者是发送垃圾邮件、短信等。

再次，需要保证云计算中数据运行的安全性，即必须保证云计算数据处理的准确性。除此之外，还需要有对应的数据备份与数据恢复机制，当发生不可避免的错误后，能及时恢复正确的数据。

最后还需要确保云计算网络的安全性。对数据处理完毕进行传输时，要保证网络可以正确地把数据传输到用户端。

8.4.5　完善相关法律法规

随着云计算的不断发展，需要相关的法律法规来对云计算进行保护，从而推动云计算更好地向前发展。例如，云计算的用户普遍对个人数据隐私问题比较关注，如何保证用户隐私，不仅仅需要技术支持，而且更需要国家出台相关法律法规，消除用户疑虑。另外，如果云计算中涉及大量国家及企业级别的数据计算存储时，有必要建立完善的资质审核、审批等制度。确保数据安全。

思考与练习

1. 云计算的未来与哪些技术紧密相关？
2. 可以通过哪些方法保护用户存储在"云"中的数据？

参 考 文 献

[1]　吴朱华. 云计算核心技术剖析[M]. 北京: 人民邮电出版社, 2011: 83-90, 165-175.

[2]　雷万云. 云计算技术、平台及应用案例[M]. 北京: 清华大学出版社, 2011, 359-404.

[3]　刘鹏. 云计算[M]. 北京: 电子工业出版社, 2011, 17-131.

[4]　王庆波, 等. 虚拟化与云计算[M]. 北京: 电子工业出版社, 2009, 26-54.

[5]　王庆波, 等. 云计算宝典技术与实践[M]. 北京: 电子工业出版社, 2011, 142-172.

[6]　孙宝华. 基于 Dynamo 的存储机制研究[D]. 西安: 西安电子科技大学学位论文, 2013.

[7]　赛迪顾问. 中国政府云计算应用战略研究(2012)[R]. 北京. 2012.

[8]　程菊生. 云存储中的虚拟化技术[J]. 华为技术. 2010(47): 40-41.

[9]　王良明. 云计算通俗讲义[M]. 3 版. 北京: 电子工业出版社, 2019. 03

[10]　陈晓宇. 云计算那些事儿: 从 IaaS 到 PaaS 进阶[M]. 北京: 电子工业出版社, 2020. 01

[11]　(日)平山毅, 中岛伦明, 中井悦司. 图解云计算架构基础设施和 API[M]. 北京: 人民邮电出版社, 2020.